"十四五"高等职业教育信息技术类系列教材

信息技术与信息素养

杨红飞◎主　编

花燕锋　郭名锦　戴华珍◎副主编

中国铁道出版社有限公司
CHINA RAILWAY PUBLISHING HOUSE CO., LTD.

内 容 简 介

本书是以培养计算机应用能力和信息素养为导向的教材，注重基础性、实用性和目的性。全书分为8章，内容包括信息素养、信息技术、Office办公软件、Photoshop图像处理、会声会影视频处理、Web前端设计等。

本书坚持学以致用的原则，强调应用性，采用案例驱动的方法，从案例分析入手，将知识点融入案例中，便于教师课堂讲授演示，适合学生进行上机操作学习。

本书内容安排合理、通俗易懂、实例丰富，突出理论与实践相结合。通过本书的学习，读者能在较短时间内快速、全面地掌握常用信息技术，提升信息素养。

本书适合作为高等职业院校公共课的教材，也可以作为各类计算机培训和计算机爱好者的参考用书。

图书在版编目（CIP）数据

信息技术与信息素养/杨红飞主编. —北京：中国铁道出版社有限公司，2022.9（2023.7重印）
"十四五"高等职业教育信息技术类系列教材
ISBN 978-7-113-29489-2

Ⅰ.①信… Ⅱ.①杨… Ⅲ.①电子计算机-高等职业教育-教材 Ⅳ.①TP3

中国版本图书馆CIP数据核字（2022）第137305号

书　　名	：信息技术与信息素养
作　　者	：杨红飞

策　　划	：唐　旭	编辑部电话：（010）51873371
责任编辑	：潘星泉　许　璐	
封面设计	：刘　颖	
责任校对	：孙　玫	
责任印制	：樊启鹏	

出版发行：中国铁道出版社有限公司（100054，北京市西城区右安门西街8号）
网　　址：http://www.tdpress.com/51eds/
印　　刷：北京联兴盛业印刷股份有限公司
版　　次：2022年9月第1版　2023年7月第2次印刷
开　　本：787 mm×1 092 mm　1/16　印张：17　字数：548 千
书　　号：ISBN 978-7-113-29489-2
定　　价：52.00元

版权所有　侵权必究

凡购买铁道版图书，如有印制质量问题，请与本社教材图书营销部联系调换。电话：（010）63550836
打击盗版举报电话：（010）63549461

前 言

信息技术与信息素养课程是高等职业院校学生必修的一门公共基础课，计算机的普及和应用已成为现代科学技术和生产力发展的重要标志。利用计算机进行信息的提炼获取、分析处理、开发应用的能力是21世纪高素质人才必须具备的技能。本书旨在培养学生快速全面地掌握日常学习和生活中所需要的信息技术，增强信息意识，提升信息素养，为职业生涯发展和后期的专业学习奠定基础。

本书的编者长期工作在高等职业院校的教学一线，具有丰富的教学经验。编者花了大量时间对大学生的就业前景进行了广泛的实地调研，特别设置了图像和视频编辑处理、Web前端设计等内容，提高学生综合处理各种多媒体信息的能力。

本书在内容选取上，选择与学生日常学习和生活相关的案例，使得学与用相结合，突出案例的实用性；内容安排合理，通俗易懂，实例丰富，突出理论与实践相结合。学生在学习过程中不仅能掌握知识点，还能提高综合分析问题和解决问题的能力。

本书内容包括信息素养、信息技术、Word文字处理、PowerPoint演示文稿、Excel电子表格处理、Photoshop图像处理、会声会影视频处理、Web前端设计，共8章，具有以下特点：

（1）体现"案例驱动"的教学特点。从实际应用出发，以信息素养能力的培养和信息技术应用为主线讲解知识点，提高学生的职业技能和职业素养水平。

（2）采用"工学结合"的教学理念。在结构组织上，以案例驱动的形式将教、学、做融于一体。以学到实用技能、提高职业素养能力为出发点，注重学生信息意识的培养，提高学生综合应用能力。

（3）以赋能为目标组织教学内容，将职业场景、计算机知识、行业知识进行有机整合，各个环节紧紧相扣，满足不同专业、不同层次学生的信息素养提高需求，为步入职场打好基础。

本书适合作为高等职业院校公共课的教材，也可以作为各类计算机培训和计算机爱好者的参考用书。正文中涉及的素材可到www.tdpress.com/51eds/下载。

本书由杨红飞任主编并进行规划与统稿，花燕锋、郭名锦、戴华珍任副主编。具体编写分工如下：郭名锦编写第1章，杨红飞编写第2~3、5~6章，花燕锋编写第4章和第7章，戴华珍编写第8章。田卫东、王红丽、黄乐媚等对本书的编写给予了很大的帮助，并参与了部分核对工作，在此表示衷心的感谢。

由于时间紧迫，编者水平有限，书中难免会有疏漏与不妥之处，敬请专家和读者提出宝贵意见。

编　者
2022年4月

目 录

第1章 信息素养 ... 1
1.1 信息素养 ... 1
- 1.1.1 信息社会的概念和特征 ... 1
- 1.1.2 信息社会带来的挑战 ... 2
- 1.1.3 大学生与信息素养 ... 3

1.2 信息检索 ... 4
- 1.2.1 信息检索的基本策略 ... 4
- 1.2.2 图书信息检索 ... 7
- 1.2.3 数据库信息检索 ... 9
- 1.2.4 网络信息检索 ... 11

1.3 信息安全 ... 14
- 1.3.1 信息安全威胁 ... 14
- 1.3.2 安全防护 ... 16
- 1.3.3 信息伦理 ... 17

拓展训练 ... 17

第2章 信息技术 ... 18
2.1 新一代信息技术 ... 18
- 2.1.1 云计算 ... 18
- 2.1.2 大数据 ... 19
- 2.1.3 人工智能 ... 21
- 2.1.4 物联网 ... 22

2.2 计算机系统 ... 24
- 2.2.1 计算机硬件系统 ... 24
- 2.2.2 计算机软件系统 ... 28
- 2.2.3 计算机的主要性能指标 ... 29

拓展训练 ... 30

第3章 Word文字处理 ... 31
3.1 预备知识 ... 31
- 3.1.1 Word 2016简介 ... 31
- 3.1.2 Word 2016工作界面 ... 31

3.2 文档基础排版 ... 32
- 3.2.1 案例简介 ... 32
- 3.2.2 文档的创建与保存 ... 33
- 3.2.3 输入文本与字符 ... 34
- 3.2.4 设置字体与段落格式 ... 36
- 3.2.5 设置项目符号与编号 ... 37
- 3.2.6 图文混排 ... 38
- 3.2.7 设置文档页面格式 ... 41

3.3 表格制作 ... 43
- 3.3.1 案例简介 ... 43
- 3.3.2 创建表格 ... 44
- 3.3.3 编辑表格 ... 45

3.4 文档高效排版 ... 48
- 3.4.1 案例简介 ... 48
- 3.4.2 案例准备 ... 48
- 3.4.3 样式的应用 ... 49
- 3.4.4 目录的制作 ... 51
- 3.4.5 制作页眉、页脚 ... 53

3.5 邮件合并 ... 55
- 3.5.1 案例简介 ... 55
- 3.5.2 案例准备 ... 56
- 3.5.3 实现方法 ... 57

拓展训练 ... 60

第4章　PowerPoint演示文稿 62
4.1　预备知识 62
4.1.1　PowerPoint工作界面 62
4.1.2　PowerPoint视图 62
4.1.3　制作步骤 63
4.2　PPT设计技巧 64
4.2.1　内容设计 64
4.2.2　版式设计 65
4.3　案例简介 67
4.4　创建与编辑演示文稿 68
4.4.1　创建演示文稿 68
4.4.2　编辑幻灯片 69
4.5　添加文本及各种对象 69
4.5.1　添加文本 69
4.5.2　插入图片 71
4.5.3　插入艺术字 73
4.5.4　插入SmartArt图形 73
4.5.5　插入音频视频 74
4.5.6　插入其他对象 75
4.6　布局与修饰幻灯片 76
4.6.1　应用主题美化幻灯片 76
4.6.2　幻灯片背景的设置 77
4.6.3　应用版式设计幻灯片 77
4.6.4　幻灯片母版的应用 78
4.7　设置超链接 79
4.8　设置动画 80
4.8.1　设置动画效果 81
4.8.2　设置切换效果 82
4.8.3　用动画功能制作短视频 83
4.9　幻灯片的放映与打印 87
4.9.1　设置放映方式 87
4.9.2　放映演示文稿 87
4.9.3　打印演示文稿 88
4.9.4　演示文稿的打包 89
拓展训练 90

第5章　Excel电子表格处理 93
5.1　预备知识 93
5.2　案例简介 95
5.3　表格的创建及设计 95
5.3.1　新建与保存工作簿 95
5.3.2　重命名和删除工作表 95
5.3.3　设置单元格区域的格式 96
5.3.4　设置单元格的数字格式 97
5.3.5　利用填充柄复制格式 98
5.3.6　拆分和冻结窗格 98
5.4　数据输入 99
5.4.1　快速填充数据 99
5.4.2　选择性粘贴数据 100
5.4.3　数据验证 100
5.4.4　使用公式和函数输入数据 100
5.5　使用函数处理数据 102
5.5.1　基本函数 103
5.5.2　统计函数 105
5.5.3　逻辑函数 105
5.5.4　数据库函数 107
5.5.5　财务函数 108
5.5.6　查找函数 109
5.6　数据管理 110
5.6.1　设置条件格式 110
5.6.2　数据的排序 111
5.6.3　数据的筛选 111
5.6.4　数据的分类汇总 112
5.6.5　数据图表化 113
5.6.6　数据透视分析 116
拓展训练 118

第6章 Photoshop图像处理 120

6.1 预备知识 120
- 6.1.1 图像处理基础 120
- 6.1.2 Photoshop CC工作界面 122
- 6.1.3 图像的基本操作 123

6.2 图像选区 125
- 6.2.1 选区的创建 125
- 6.2.2 选区的编辑 126

6.3 常用工具 128
- 6.3.1 裁剪工具 128
- 6.3.2 画笔工具 129
- 6.3.3 填充工具 129
- 6.3.4 图像修复工具 130
- 6.3.5 图章工具 132
- 6.3.6 文字工具 134
- 6.3.7 路径的应用 137

6.4 图像色彩色调处理 140
- 6.4.1 调色基础 140
- 6.4.2 调整图像的色调 142
- 6.4.3 调整图像的色彩 146

6.5 图层 150
- 6.5.1 图层基础知识 150
- 6.5.2 图层的操作 152
- 6.5.3 图层样式 153
- 6.5.4 图层蒙版 154

6.6 通道 157
- 6.6.1 通道的基本操作 158
- 6.6.2 分离与合并通道 159
- 6.6.3 应用案例 160

6.7 滤镜 163
- 6.7.1 滤镜概述 163
- 6.7.2 滤镜的使用 163
- 6.7.3 常用滤镜 165

6.8 综合案例应用 166
- 6.8.1 制作证件照 166
- 6.8.2 数码照片合成 168
- 6.8.3 制作"世界读书日"宣传画 171

拓展训练 176

第7章 会声会影视频处理 178

7.1 预备知识 178
- 7.1.1 会声会影X9工作界面 178
- 7.1.2 常用术语 181
- 7.1.3 设置相关参数 182

7.2 案例简介 183

7.3 新建与保存项目 185

7.4 导入与添加素材 186
- 7.4.1 导入素材 187
- 7.4.2 添加素材 187

7.5 剪辑与调整素材 189
- 7.5.1 剪辑素材 189
- 7.5.2 调整素材 192

7.6 添加文字 193
- 7.6.1 使用素材库添加文字 193
- 7.6.2 使用字幕编辑器添加文字 196

7.7 添加转场效果 197
- 7.7.1 手动添加转场效果 197
- 7.7.2 系统自动添加转场效果 198
- 7.7.3 保存和删除转场效果 199

7.8 编辑音频 200

7.9 添加滤镜 203
- 7.9.1 添加滤镜 203
- 7.9.2 自定义滤镜 204

7.10 渲染输出视频 206
- 7.10.1 输出在计算机上播放的视频 206
- 7.10.2 输出到可移动设备的文件 207
- 7.10.3 输出影片音频 208

拓展训练 ……………………………………… 209

第8章 Web前端设计 ……………………………… 211
8.1 基础知识 ………………………………… 211
8.1.1 网页概述 ………………………… 211
8.1.2 网页制作技术 …………………… 212
8.2 HTML标签 ……………………………… 213
8.2.1 HTML入门 ……………………… 213
8.2.2 文本控制标签 …………………… 214
8.2.3 列表标签 ………………………… 216
8.2.4 超链接标签 ……………………… 218
8.2.5 图像标签 ………………………… 220
8.2.6 表单标签 ………………………… 220
8.2.7 常用标签应用 …………………… 226
8.3 CSS样式 ………………………………… 228
8.3.1 CSS语法结构 …………………… 228
8.3.2 CSS选择器 ……………………… 229
8.3.3 CSS的定义与引用 ……………… 231
8.3.4 CSS常用样式 …………………… 232
8.3.5 CSS样式应用 …………………… 235
8.4 页面布局 ………………………………… 239
8.4.1 盒子模型 ………………………… 239
8.4.2 DIV标签 ………………………… 242
8.4.3 布局属性 ………………………… 243
8.4.4 页面布局应用 …………………… 246
8.5 实战开发 ………………………………… 251
8.5.1 准备工作 ………………………… 252
8.5.2 开发步骤 ………………………… 252
拓展训练 ……………………………………… 262

参考文献 …………………………………………… 264

第 1 章 信息素养

学习目标

- 了解信息社会及信息素养的内涵。
- 掌握信息检索的基本策略。
- 掌握常用信息资源的检索方法。
- 了解信息安全及防护方法。
- 了解信息伦理与相关法律知识。

1.1 信 息 素 养

1.1.1 信息社会的概念和特征

伴随着信息技术快速发展和互联网时代的开启,人类步入了信息社会。信息社会是继农业社会、工业社会之后人类社会的新形态,是以信息科技的发展和应用为核心的高科技社会。信息社会是一个大规模地生产和使用信息与知识,以信息技术为基础、以信息产业为支柱、以信息价值生产为中心、以信息产品为标志、以知识经济为主导的社会。信息社会的特征包括以下五个方面。

1. 信息成为重要战略资源

在信息社会中,信息、知识成为重要的生产要素,成为社会各领域、各行业不可或缺的重要资源。信息资源的获取、处理和利用直接关系到各项工作的进程和结果。例如,在科学研究中,信息是科研工作的前哨;在现代战争中,信息资源的获取和利用程度可决定战局的胜负;在现代管理中,信息是科学决策的依据,是所有管理活动赖以开展的基础。

2. 信息网络成为社会的基础设施

信息化由信息技术、信息产业、信息资源、信息网络等要素综合组成。信息网络属于硬件部分,相当于高速路,是其他部分发挥效能的物质基础。伴随着信息化的发展,信息网络已经成为社会重要的战略性基础设施,信息网络的覆盖水平、便捷程度、安全状态等,对一个国家或地区的经济增长起到至关重要的作用,信息网络的覆盖率和利用率将成为衡量一个国家信息化程度的重要标志。

3. 信息技术广泛应用于社会各个领域

信息技术在资料生产、科研教育、医疗保健、企业和政府管理及家庭生活中得到广泛的应用,对经济和社会发展产生深刻的影响，从根本上改变了人们的生活方式、行为方式和价值观念。信息的"触角"已伸入到社会生活的各个角落，人们主动寻找信息和应用信息的意识不断增强，网络操作日益成为人们日常工作和生活中的一项重要内容，数字化、虚拟化生活方式日渐普及。

4. 信息经济逐渐占据社会经济主导地位

在信息社会中，信息成为比物质和能源更为重要的资源，以开发和利用信息资源为目的的信息经济活动迅速扩大，逐渐取代工业生产活动而成为国民经济活动的主要内容。信息经济在国民经济中占据主导地位，并构成社会信息化的物质基础。

5. 信息价值观逐渐形成

信息价值观是指个体在与信息的交互作用过程中逐渐形成的一种对待信息的内部尺度。首先，在信息社会随着信息成为经济发展的重要战略资源，直接参与生产和流通过程，商品的价值越来越倾向于高科技的信息含量，人们的价值观也由资本价值观向信息价值观转变，信息资源、信息技术越发受人青睐，掌握科学文化知识、把握最新信息、创造知识成为人类追求的社会风尚。其次，随着网络技术在生活中的普及，信息技术为人类创造了一个不受地理限制的虚拟空间，人类可以在这个虚拟空间中享受虚拟社会平等的信息文化生活，每个人同时是信息的查询者、接受者与提供者、传播者。这种信息的相对平等意识不仅是使人们相互尊重、彼此沟通、彼此认同的过程与结果，而且还是对人类共性文化的继承、共享以及对人类差异性文化的了解、评判、欣赏和接纳的过程与结果。信息资源、信息技术不但是现代生活中的必需品，也是推动人类差异文化彼此交融的要素与媒介，信息在人类的价值取向中已占据了重要的地位。

1.1.2 信息社会带来的挑战

信息社会的到来，使人们的工作、学习、生活乃至思维方式都发生了前所未有的变化，让人们在充分享受信息社会带来快捷的同时，也带来了新的挑战，包括三个方面。

1. 信息超载严重

信息超载是指信息数量的产生远远超过用户处理和应用信息的能力时所出现的一种现象，是信息文化产生的结果。

互联网使信息的采集、传播的速度和规模都达到空前的水平，实现了全球的信息共享与交互，成为信息社会必不可少的基础设施。加上通信技术、多媒体技术的快速发展，可以利用多种平台发布各种信息。但与之俱来的问题和汹涌而来的信息有时让人无所适从，从浩如烟海的信息海洋中迅速而准确地获取自己需要的信息变得非常困难。网络信息的增长速度已经超过了人类社会对信息接受及处理的能力。主要表现在5个方面：新闻信息飞速增加、娱乐信息急剧攀升、广告信息铺天盖地、科技信息飞速递增、个人接收信息严重超载。

2. 信息安全困惑

互联网信息时代，用户的隐私威胁日渐严重。通过大数据分析，原本孤立存在的数据之间关联错综复杂，对这些关联进行研究，可以获取某用户的行为轨迹、兴趣爱好、社会关系、买卖信息等。大数据的价值不再单纯来源于其基本用途，而更多来源于它的二次或多次利用，这会造成许多不可预见的影响。这些影响会有意或无意地威胁到用户的切身利益和隐私安全。如果被恶意滥用，甚至会侵犯用户的人身和财产安全。

网络社会的日益发展，突破了私人领域作为隐私权保护对象的物理空间意义，在信息社会中，涉及个人隐私的领域应当包括占据重要地位的网络虚拟空间，如个人计算机系统、网站、个人邮箱、博客空间等。对于虚拟空间的入侵，以及发送大量垃圾信息堵塞他人空间的行为，都属于侵犯隐私权的行为。

3. 用户信息行为失衡

网上的信息良莠不齐，一些分辨力不强和意志力薄弱者容易沉迷于网络，导致道德认知模糊，价值取向紊乱。个别青少年网民不是努力利用网络上的信息资源，而是沉迷于网络游戏、聊天等，不仅浪费时间，还给自己的身心带来伤害。同时，过分依赖网络快餐式地获取知识，而弱化书本阅读和实践，也会导致人的思维能力、表达能力、阅读能力退步。

1.1.3 大学生与信息素养

"信息素养"这一概念是美国信息产业协会主席保罗·泽考斯基于 1974 年提出的。信息素养指能够体现人们在当今信息社会中的信息行为能力、创造能力和思维性能力，个体在信息社会中，能够确定何时需要信息，依法合理有效地运用现代信息技术获取、利用和传播交流信息，解决实际问题的能力与道德修养。但由于大家的理解和认识不同，信息素养出现了两层定义，狭义是指具有应用信息技术的能力；广义是指通过检索获得信息资源得以解决相应需求的能力。信息素养的含义，体现在两个层面：技术方面和人文方面。从技术方面来说，信息素养反映人们利用信息的意识及能力，也就是人们在具体操作中，对操控和运用计算机技术的素养，在一定程度上能够帮助人们获取、传播所需要的信息，从而提高运用计算机信息技术的能力；从人文方面来说，信息素养反映的是人们面对信息的心理状态，或者面对信息的修养，也就是人们对信息、信息时代及教育信息化的认识程度和态度。

1. 信息素养的组成

信息素养是一个内容丰富的概念，主要由信息意识、信息能力、信息道德三部分组成。

1）信息意识

信息意识是人们对信息的自觉心理反应，也就是对信息的敏感程度，以及信息捕捉、判断、分析、评价、利用的自觉程度。信息意识属于意识形态范畴，是产生信息需求和信息行为的内在动力，受个人素质、心理和社会等多种因素影响。

2）信息能力

信息能力是运用信息知识和信息技术解决实际问题的能力，包括信息捕捉获取能力、信息分析鉴别能力、信息处理加工能力、信息交流表达能力。信息能力是信息素养中的核心，大学生必须具备较强的信息能力，才能在信息社会中更好地生存和发展下去。

3）信息道德

信息道德是指人们在信息活动中应遵循的道德规范，在信息领域，信息道德所调节的是信息参与者行为及其之间的关系，要求信息组织与利用、交流与传递的目标与社会整体目标相一致，明确信息参与者的责任、权利和义务，应遵循的信息相关法律法规和道德规范。我国制定了有关计算机网络使用的规定，规范人们的网络行为，培养大学生具有正确的信息伦理道德修养，学会对媒体信息进行判断和选择，自觉地选择对学习、生活有益的内容，抵制不健康的内容，不利用计算机网络从事危害他人信息系统和网络安全、侵犯他人合法权益的活动。这是大学生具有良好信息素养的一个重要体现。

信息素养的三部分是相互联系、相互依存的统一整体。具有强烈的信息意识，才能激发信息能力的提高；信息能力的提升，促进信息知识的学习，加强人们对信息及信息技术作用和价值的认识，进一步增强信息意识；信息道德是信息能力正确应用的保证，关系到信息社会的稳定和健康发展。

信息数量的激增、信息形式的多样、信息质量的差异以及信息近乎无限供给与信息个性化需求之间的矛盾，使得人们在享受信息福利的同时不得不面对信息爆炸、信息超载等困惑和烦恼，具备一定的信息素养已经成为个人适应信息社会的必要条件。作为一种综合能力的具体体现，信息素养不仅关乎个人在信息社会的生存与发展，也关系到整个人类社会的进步与发展。

大学生是青年一代中的重要群体，也是未来国家和社会发展的人才基础，大学生的信息素养教育不仅关系到大学生终身学习能力、竞争能力和创新能力的提升，更关系到社会高层次创新型人才输入的稳定性。

2. 大学生信息素养的目标

大学阶段是人一生的黄金时段，是自我塑造成才的最佳准备期。大学生首先要学习专业知识，掌握专业技能。其次，要学会学习、提升自学能力，让自己成为名副其实的信息素养人，储备终身受益的学习能力与方法。大学生信息素养的目标主要包括以下三个方面。

1）培养信息意识、规范信息行为

只有充分意识到信息的重要性、必要性，才有可能去利用信息，去思考如何才能有效利用信息的问题。

大学生是祖国的未来，是社会主义事业建设的接班人，要担负起建设国家的重任，就必须具备信息素养，学会利用信息、掌握信息。

2）转变学习观念、增强自主学习能力

大学学习的目的不再只是获取知识，更重要的目的是成为社会发展建设所需的人才，储备终身受益的学习能力、方法与思维。因此，大学生要转变自己的学习观念，有意识地培养自主学习能力，变被动学习为主动学习，不断获取信息，更新知识。

3）学会利用资源、拓展学习空间

新媒体技术让人们可以快速获取信息，海量的信息充斥着人们的生活，良莠并存的信息有时会令人产生信息焦虑与恐慌。所以，要学会获取信息、甄别信息、分析信息的技能，掌握网络工具的使用方法。

3. 信息素养教育的途径

信息素养教育的内容是丰富的、发展的，呈现职业化和多元化的发展趋势，要从学校、教学、社会生活三方面共同努力。

1）学校层面

学校可通过图书馆的高效使用来提高学生的信息素养。我国高校图书馆是学校教学不可或缺的一部分，更是包含海量信息资源的地方。所以，高校图书馆应充分发挥自身优势，推进学生的信息素养教育。

2）教学层面

为确保信息素养教育在教学中的良好实施，需将内容与培养模式渗透到各门课程的教学工作中，将信息素养作为教育目标和评价体系中的重要指标。例如，创建一种新的计算机基础课程教学模式，将计算机的实际操作和理论知识有机地结合起来。对于计算机应用技术环节，主要的教学目标是让学生掌握更多的计算机技术，使其能够在实际生活中应用。因此，教师在教学过程中，应该对培养学生计算机信息素养的动手操作能力加以重视。

3）社会生活层面

国家、社会和现实生活也是培养信息素养的重要场所。信息时代是一个学习型社会，每个人想要跟上社会发展的步伐，必须不断地学习，树立终身学习的意识。丰富的信息给人提供了最佳的学习和发展机会，要成为一个能熟练运用信息工具的人，就必须具备计算机信息素养。

1.2 信 息 检 索

信息技术的发展以及信息革命的深化带来了信息资源的快速积累，海量的信息资源在带来信息福利的同时也将我们置于信息过载、信息爆炸的境地。一方面是海量、繁杂、无序的信息资源，另一方面是具体的信息需求，解决矛盾的途径是信息检索。

信息检索又称信息搜索，是指通过具体的检索系统从大量的信息中查找用户所需信息的过程。更广义的理解，信息检索还包括信息存储的过程。

1.2.1 信息检索的基本策略

信息需求产生之后，如何在茫茫的信息海洋中查找需要的信息？可以利用哪些信息检索系统？怎么设计提问才能得到好的检索效果？信息检索策略对于解决这些问题具有重要的意义。

信息检索策略是为实现检索目标而制订的计划或方案，是对整个检索过程的安排。检索策略直接影响最终的检索结果，也是影响检索效率的一个重要因素。信息需求存在多样性，不同的用户对各种信息需求要素的具体要求也不尽相同，用户的身份、职业、知识结构、年龄、性别等均会影响其信息需求的体现。信息需求也具有阶段性，在不同阶段对信息的需求不尽相同。因此，需要根据不同的需求制定相应的检索策略，以实现最终的检索目标。

基于计算机网络的信息检索策略包括分析信息需求、选择资源系统、设置检索条件、调整检索策略等环节。

1. 分析信息需求

分析信息需求是信息检索中最重要的一步。遇到的问题不同，信息需求会有差别，即便是同一问题，解决问题的方法不同，需要的信息也不相同。有些问题，信息需求可能很明确；也有些问题，信息需求可能并不明确，这个时候就需要想办法识别信息需求。

分析信息需求依赖平时的积累，知道尽可能多的信息资源和来源渠道。了解有什么样的信息资源，遇到问题的时候才清楚用哪些信息资源可以解决当前问题。

找攻略是分析信息需求的重要思路。互联网上有各种各样的攻略，他人分享的解决问题的方法和思路，可以提供识别信息需求的线索。例如，备考研究生，开始可能不知道需要什么样的信息资源，互联网有很多备考攻略，里面有考试时间、报名时间、需要的条件和材料、有什么公众号需要关注、应该安装哪些刷题App，按照攻略去查找信息资源，可达到事半功倍的效果。

2. 选择资源检索系统

检索系统是指拥有特定的存储和检索技术设备，存储经过加工的信息资源，供用户检索所需信息的工作系统。检索系统由信息资源、设备、信息存储和检索方法等因素结合而成，是具有采集、加工、存储、查找、传递信息等功能的有机整体。随着计算机和网络应用的普及，图书馆目录卡片、工具书检索体系等手工检索系统已很少使用，目前主要采用计算机进行网络检索。

在选择检索系统时，一般考虑三个方面的因素：

1）内容类型

每个资源检索系统有其特定的内容类型，如"哔哩哔哩"网络可以找视频，古藤堡网络可以找英文电子书，学信网可以查学历和学籍等，搜索引擎可以查询的资源类型多种多样。在选择资源检索系统的时候，要考虑能够检索的资源类型。

2）系统的使用权限

不同的资源检索系统，使用权限是不同的。有些是完全免费的，如搜索引擎、MOOC大型开放在线课程、政府开放数据系统。有些需要付费购买，如超星发现等系统，如果学校图书馆购买了这些系统，在指定的网络范围内或者经过一定的身份认证后可以使用。有的是检索免费，全文需要付费，如CNKI可以免费检索，但要获取全文就需要权限，要么自己付费，要么去已经付费的校园网内获取。在选择资源检索系统的时候，要充分考虑自己的信息需求和访问权限。

3）检索功能

不同的检索系统，检索功能不尽相同，系统提供的检索功能关系到检索技术的应用。在选择资源系统时，要根据自己的需求，充分考虑系统的检索功能能否满足检索需要。有哪些检索点，是否支持布尔逻辑检索、加权检索、截词检索、匹配方式限制等检索技术，有没有图形化的检索界面，这些检索功能在选择系统时需要重点考虑。

3. 确定信息检索方式和检索途径

确定信息检索途径是构造检索策略的核心步骤，很大程度决定了检索策略的优劣与检索效率的高低。进入检索系统后，首先要在信息需求分析的基础上选择合适的检索方式和检索途径。

1）检索方式

检索方式是以检索过程的繁简程度来区分的不同检索过程。基本的检索方式包括初级检索和高级检索，如图1-1所示。不同的数据库对初级检索的称谓不同，如基本检索、快速检索、简单检索等。

图1-1　检索方式

2）检索途径

检索途径又称检索字段、检索入口、检索项等，是指输入的检索条件所查询的数据区域。不同数据库所设的途径不相同，常用的检索途径有题名、作者、关键词等，如图1-2所示。一般来说，选择题名作为检索途径，命中文献的相关度会比较高。但如果检索内容比较冷僻，文献量较少时，可以扩展到关键词、主题等途径。

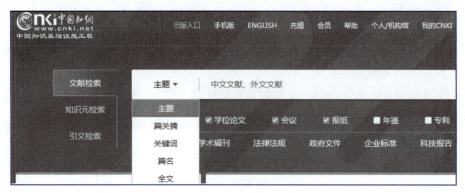

图1-2　常用检索途径

检索词或检索式的确定是构造检索策略的核心步骤，在很大程度上决定着检索策略的优劣与检索效率的高低。

检索词的确定是建立在检索课题概念分析的基础上。检索有时会包含较复杂的主题内容，需要使用检索式来表达信息需求。只有对检索的主题有全面、正确的逻辑分析，选全、选准检索词并能合理运用各种连接组配符号对其进行组配，才能构造出高质量的检索式。在构造检索式前，首先要从宏观上确定使用什么方法得到检索结果。常用的方法是把检索课题剖析成若干个不同的词，再找出各词的相关词、同义词，并用布尔算符"OR"连接成子检索式，然后再用布尔算符"AND"把所有子检索式连接起来，构成一个总检索式。还可以先确定一个范围较广的概念集合，然后提高检索的专指度，得到一个较小的检索结果集合，直至得到满意的结果。

4. 实施信息检索

确定检索词或检索式之后，可开始检索操作。得到检索结果后，根据需要对查全率和查准率进行分析与评价。查全率是指检出的相关文献量与检索系统中相关文献总量的百分比，是衡量系统检出相关文献能力的尺度，如在该系统中有相关文献40篇，只检索出30篇，则查全率是75%。查准率是指检出的相关文献量与检出文献总量的百分比，是衡量系统精准度的尺度，如检出文献总量50篇，与课题相关的只有40篇，则查准率是80%。

如有必要，可适当调整检索策略，完善检索结果，直至达到满意的效果。调整检索策略指的是根据检索结果重新设置检索条件，检索是一个动态调整的过程，很多时候需要根据检索结果对检索条件进行相应的调整，在不断的探索中找到需要的信息。检索策略的调整，一般涉及以下6个方面。

1）检索系统的选择

检索效果不好，首先要考虑使用的检索系统有无问题。如果找到的结果很多，并且查准率比较低，可能是选择的检索系统缺乏针对性。检索策略的调整思路是选择专业性较强的资源系统。例如，用百度找列车时刻表就不合适，正确的做法是选择12306网站，因为百度是一个综合类的搜索引擎，而12306是专业的列车资源系统。

如果找到的结果过少，或者找不到，要思考选择的检索系统是否合适。例如，在维普数据库中找学位论文就不合适，因为维普数据库的收录范围不包括学位论文。

2）检索点的选择

检索词出现位置的限制会影响检索结果的相关性，同时也会影响检索结果的质量和数量。如果要提升查准率，同样的检索词，可以选择相关性较强的检索点，按照"全文→摘要→关键词→标题"的顺序，逐渐收紧检索条件。如果检索结果较少，或者找不到，可以适当牺牲查准率，选择全文、摘要等相关性不太强的检索点。

3）检索词的选择

在检索词契合检索需求的前提下，可以通过调整上位词和下位词来优化检索结果。上位词是指概念上外延更广的主题词。与之相对的是下位词，是指概念上内涵更窄的主题词。例如，"视频"是"MP4"的上位词，"MP4"是"视频"的下位词。

下位词具有更强的专指性，使用下位词可以缩小检索结果的范围，提升查准率。例如，要找办公软件方面的学习资源，Word、Excel、PPT 比 Office 更具有专指性，因为前者是后者的下位词。如果要扩大检索结果的范围，提升查全率，可以用上位词替换下位词。

4）检索范围的限制

在检索系统中，可以通过图形化的界面限定检索范围，图 1-3 所示的 CNKI 的高级检索界面中，可以限定主题、作者、时间范围等。根据具体的检索需求和效果，适当调整这些范围限制。当检索结果较多时，可以缩小检索范围，如缩短时间范围、限定具体学科、单位等。如果检索结果太少，可以放宽范围限制。

图1-3 高级检索界面

5）检索条件的组合

多数检索系统提供高级检索，通过多个检索条件的组合调整检索策略。如果检索结果较多，查准率不高，可以增加条件。多个条件之间，如果有明确的连接关系，可以选择布尔逻辑"与"和"非"；如果没有明确的连接关系，默认的是布尔逻辑"与"。如果查找的结果较少，查全率较低，可以减少条件，使用布尔逻辑"或"。

6）匹配方式的限制

检索点与检索词之间的匹配方式也会影响检索结果，除了"精确"和"模糊"匹配，还包括词频限制、截词检索。匹配方式从"精确"调整为"模糊"，就是放宽检索条件，可以找到更多的结果。要求的词频越高，限制越严格，结果越少，有更好的查准率。截词检索是一种特殊的模糊检索，扩大了检索结果的范围，提升了查全率。

1.2.2 图书信息检索

1. 馆藏图书检索

在现代图书馆中，都是按照文献的索书号进行收藏排架的，读者可以直接进入书库浏览选择自己需要的书刊。但读者如果需要了解图书馆是否收藏有某种图书、存放在哪个位置、当前可否借阅等，就必须借助一种特定的检索系统——图书馆书目数据检索系统。

图书馆书目数据检索系统（简称书目系统）是检索一个图书馆或多个图书馆馆藏图书的工具。通过它读者不仅可以查询图书馆的书目信息、了解热门推荐书目及新书的到馆信息，还可以查看借阅历史信息，自主办理续借、预约等业务。尽管各图书馆的书目系统品牌不一样，但其基本功能和使用方法是相似的。以下以广东文艺职业学院图书馆检索系统为例进行介绍。

1）简单检索

简单检索是系统默认的检索方式，是指通过选择单一检索途径，输入单一检索词检索图书馆目录。一般向读者提供如书名、作者、出版社、索书号等检索途径，如图1-4所示，检索出书名为"红楼梦"的相关书目。

图1-4　简单检索

2）二次检索

在现有检索结果的基础上增加检索条件，使检索结果更加符合读者要求，如图1-5所示，在上一步检索的结果中，选择出版社为"中华书局"，单击"在结果中检索"，进行二次检索。

图1-5　二次检索

3）组合检索

组合检索可以同时提供多个检索字段，各字段之间用"与""或""非"等关系来进行检索，使检索结果更加精确，单击图1-4中的"高级检索"按钮，进入高级检索页面，进行组合检索，如图1-6所示。

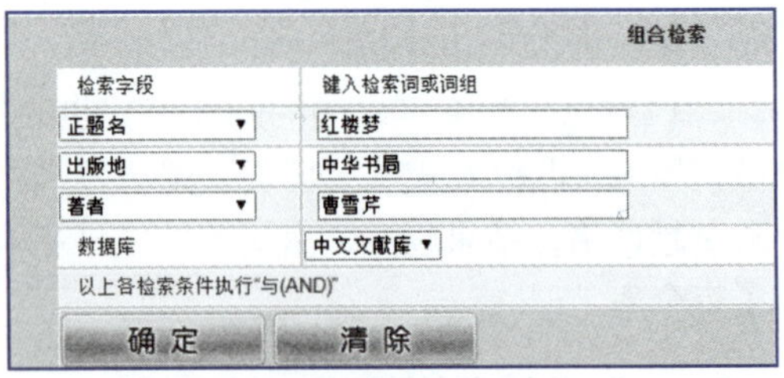

2. 电子书检索

计算机和互联网的发展促使很多信息资源有了数字化的形态。电子书是经过数字化处理的图书，可以通过网络进行传播，阅读时需要借助计算机或专用的电子书阅读设备。电子书有多种文件格式，每一种格式的电子书，都需要使用对应的阅读器才能打开。有些电子书的格式采用了比较通用的格式，如TXT、HTML、PDF等；也有一些专用的电子书格式，如EPUB、MOBI、AZW3等。

图1-6　组合检索

电子书数据库的藏书规模一般比较大，提供多种阅读方式，一般以商业模式进行运营，所以访问需要权限。图书馆购买了电子书数据库并以一定方式授权读者后，读者可以在计算机端或者移动端免费使用。

☞ 去本校图书馆，查看购买的电子书数据库有哪些？找一本电子书，阅读到这本书的第 X 页（X 为自己学号的后两位）

超星电子书数据库是比较知名的，由超星公司开发。读者可以安装超星移动图书馆 App，在移动端访问。也可以在计算机端通过浏览器访问网页版，网页版提供超星阅读器阅读、PDF 阅读等在线阅读方式。

以查找"红楼梦"相关的电子书为例，使用网页版的超星电子书数据库（也称汇雅电子图书库）的步骤如下。

1）找网站

如果图书馆已购买超星电子书数据库，一般会在图书馆首页或资源列表中列出，如图 1-7 所示，并提供具体的链接。在指定的 IP 地址范围内（一般是校园网），可免费使用。

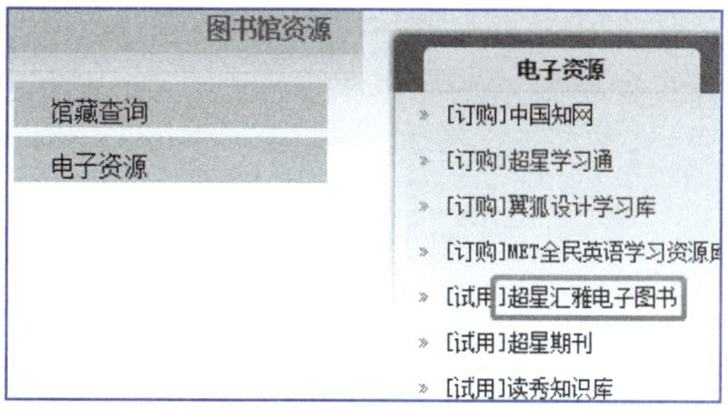

图1-7 超星电子书数据库的链接

2）设置检索条件

在汇雅电子图书首页的快速检索框中输入"红楼梦"，选择检索点"书名"，检索结果如图 1-8 所示。超星数字图书馆提供快速检索、高级检索、分类检索、二次检索等多种检索方式。快速检索提供书名、作者、目录及全文检索四种检索途径；二次检索是在初次检索结果的基础上进一步精炼，缩小检索范围；高级检索提供书名、作者、主题词、等多种途径综合检索，有助于缩小检索范围，提升查准率；分类检索是通过分类导航的方式进行浏览式检索。

图1-8 检索结果

3）阅读全文

如果选择"阅读器阅读"，需要先安装超星阅读器。选择"PDF 阅读"，不需要安装阅读器，直接单击即可在线阅读全文。

1.2.3 数据库信息检索

除图书信息资源外，其他如期刊、专利、政府报告等文献也都有以专门数据库形式出现的信息资源检索系统，如中国知网、维普、万方等中文数据库系统。用户能通过网络在线免费检索期刊论文的信息，可以通过付费或者 IP 地址认证等形式进行论文全文的下载。

CNKI，也称中国知网，是以实现全社会知识资源传播共享与增值利用为目标的信息化建设项目，由清华大学和清华同方发起，始建于 1999 年，其网址为 http://www.cnki.net。

在 CNKI 数据库内，各种常用资源如中国期刊、博硕士学位论文、法律法规、科技报告等多个数据库汇聚起来，用户能一次性在多库内同时检索所需的信息，避免了在不同数据库中逐一检索的麻烦。

1. 简单检索

用户在一站式检索时能通过主题、作者、参考文献、期刊名称等不同检索途径实现检索需求。

☞ 在 CNKI 中查找"云计算"的学术期刊论文，操作步骤如下：

（1）找到 CNKI 学术期刊库。尽管 CNKI 首页提供一框式检索，但首页是综合检索入口，如果要查询学术期刊，需要单击检索框下面的"学术期刊"按钮，进入学术期刊数据库，如图 1-9 示。

图1-9　学术期刊数据库

（2）设置检索条件。选择检索点为"主题"，检索词输入"云计算"，按【Enter】键后可以找到 CNKI 收录的关于"云计算"的学术期刊。

（3）单击搜索结果中的论文标题，可看到论文的题录信息。论文的详情页面中提供手机阅读、分页下载、在线阅读等多种全文获取方式。

2. 在结果中检索

在第一次简单检索的基础上，可以再设定其他检索条件，系统会根据所指定的其他条件缩小检索范围，在前一次检索的结果中进行筛选，匹配出同时符合其他条件的信息。在"结果中检索"可通过多次限定检索条件，逐步缩小检索范围，提高准确率。

☞ 在上一步查找"云计算"的学术期刊论文结果中，筛选期刊名称为"软件"的文献，操作步骤如下：

在上一步检索 70 263 条信息的基础上，选择检索点为"期刊名称"，检索词输入"软件"，然后单击"结果中检索"按钮，系统会在 70 263 条信息中进行第二次检索，匹配出期刊名称为"软件"的文献信息 3 644 条，如图 1-10 所示。

图1-10　在结果中检索效果

3. 高级检索

通过反复进行"在结果中检索"，可以逐步提高检索的准确性，但需要反复进行，增加了检索时间成本。通过高级检索可以对多个条件同时进行限定，使检索更加精准。在高级检索界面中，用户可根据信息需求的目标文献特征，选择相应的检索途径进行条件限制，如主题、作者等，然后在检索框中输入检索词。如果一个检索项需要多项条件限制，可选择"AND""OR""NOT"的逻辑运算关系，再输入其他检索词。布尔逻辑表达式执行的顺序是"NOT，AND，OR"。

☞ 在 CNKI 中查找主题为"云计算"或者"物联网"、期刊名称为"软件"、出版时间为 2015 年至 2022 年的文献，在高级检索界面输入的信息如图 1-11 所示。

图1-11　高级检索

1.2.4　网络信息检索

随着信息的快速增长、更新频繁，要从海量信息中迅速获取自己需要的信息成为必不可少的一种能力。网络信息检索是指用户通过特定的网络检索工具，从网络信息资源中查找并获取信息的行为和过程，具有范围广、速度快、交互性强、操作便捷等特点。

随着网络技术的发展，网络信息检索的方法也不断进步，不同的信息需求在网络信息检索方法的选择上也不尽相同。网络信息检索的主要方法包括浏览网页、利用搜索引擎检索、借助网络导航检索、通过专业资源系统检索。人们最常用的是搜索引擎，了解和学习一些搜索引擎的原理与检索方法，有利于提高网络资源的利用效率。

1. 搜索引擎的组成

搜索引擎指收集了互联网上几千万到几十亿个网页并对其中的每个关键词进行索引，建立索引数据库以提供给用户进行查询的一种检索系统机制。当用户查找某个关键词时，所有包含了该关键词的网页都将作为搜索结果被搜索出来。

搜索引擎起源于1990年加拿大蒙特利尔大学Emtage等三个学生开发的Archie。Google的出现是搜索引擎发展过程中一个重要的里程碑，从此搜索引擎在追求存储规模和检索速度的同时，更注重检索质量。2000年后，搜索引擎进入了全面发展时期，特定领域的专业型搜索引擎大量出现，传统搜索引擎也开始在专业、精确、深度三个方向突出自己的特色。2001年发布的百度搜索引擎目前已经成为全球最大的中文搜索引擎。

搜索引擎一般由搜索器、索引器、检索器、用户接口和索引库五个部分组成，如图1-12所示。工作流程是：搜索引擎通过搜索器对互联网进行漫游和遍历，发现和搜集信息；索引器负责从搜索器搜索到的信息中抽取索引项并建立索引表，形成索引库；检索器根据用户的查询条件在索引库中进行检索，并对检索结果进行相关处理后通过用户接口返回给用户；用户接口为用户提供交互界面。

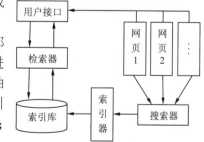

图1-12　搜索引擎的组成

搜索引擎依托于多种技术，如网络爬虫技术、检索排序技术、网页处理技术、大数据处理技术、自然语言处理技术等，为信息检索用户提供快速、高相关性的信息服务。工作原理如图1-13所示。

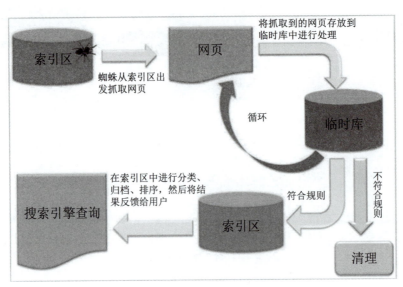

图1-13　搜索引擎工作原理

2. 搜索引擎的分类

按照不同的标准，可以把搜索引擎分为不同的类别。按照检索范围，分为综合搜索引擎和垂直搜索引擎。

综合搜索引擎是指在资源收录的范围、类型等方面没有做明确限制的搜索引擎。这类搜索引擎收录范围包括整个互联网，资源类型涉及网页、视频、音频、图像、文件等所有常见资源类型。一些常用的综合搜索引擎：

https://www.baidu.com	百度
https://www.sogou.com/	搜狗
https://www.so.com/	360
https://cn.bing.com/	必应

垂直搜索引擎是指资源收录范围限制在某一特定领域或特定类型的专业搜索引擎（如机票搜索、旅游搜索、小说搜索等）。与综合搜索引擎相比，垂直搜索引擎数据来源更明确，数据标引的针对性更强，提供的检索服务更精准，常用的垂直搜索引擎有淘宝、天猫、去哪儿网等。除了专门的垂直搜索引擎，综合搜索引擎也陆续推出了各自的垂直搜索引擎，百度、Google等综合搜索引擎大多都有音乐搜索、图片搜索、地图搜索等垂直搜索产品。

3. 常用搜索引擎

百度（https://www.baidu.com）是互联网上的一个面向全球的中文搜索引擎，2000年创立于北京中关村。"百度"二字源于中国宋朝诗人辛弃疾的《青玉案·元夕》诗句"众里寻他千百度"，象征着百度对中文信息检索技术的执着追求。经过多年的发展，百度已成为全球最大的中文搜索引擎，提供的搜索产品涵盖网页、图片、音乐、视频等多种内容，用户既能使用全文搜索形式来进行资源的搜索，也能实现针对某个特定需求采用垂直搜索的方式来进行检索，如搜索某主题的视频。

1）关键词检索

百度的关键词检索比较简单，用户在搜索输入框中输入要查找信息的关键词，可从互联网海量网页信息中抓取到包含该关键词的网页，并以一定的顺序排列反馈给用户。

如果输入多个关键词，并且要求词与词之间存在一定的逻辑关系，百度分别用"空格""|""—"来表示逻辑"与""或""非"。

> **思　考**
>
> 在百度搜索输入框中输入"广州　木棉花""广州|木棉花""广州—木棉花"，检索结果会有什么不一样？

2）高级检索

如果要进一步提高检索结果的效率，可借助百度的高级搜索功能来进行。在百度输入框的右侧，在"设置"菜单中选择"高级搜索"选项，如图1-14所示，可进入百度的高级搜索界面，如图1-15所示。在高级搜索中，用户可对关键词的出现形式与位置进行界定，也可要求检索结果的时间范围，限定要搜索的文档格式等。

图1-14　设置高级搜索

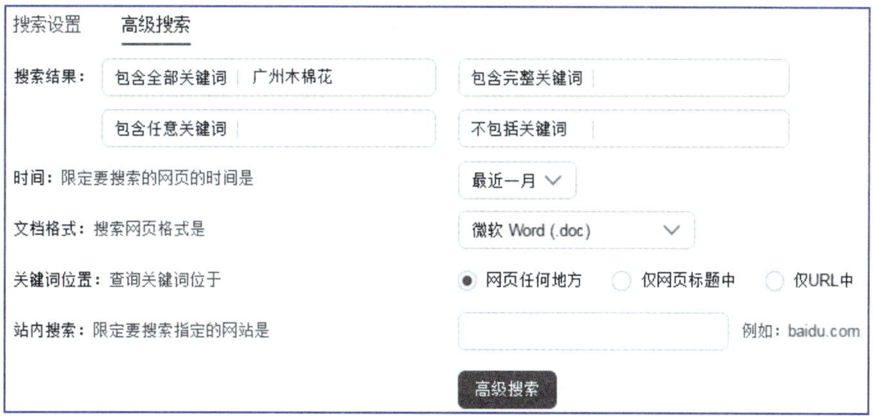

图1-15　高级搜索界面

3）特定文档搜索

在很多情况下，如果需要一些专业资料，就需要对文档限定格式。例如需要收集课程相关资料，就需要找这方面的课件；需要进行某门课程考试，就需要相关真题。检索这类资源，除了构建合适的关键词外，还需要对检索内容进行格式限定。这些特定格式的文档存在的方式不是网页，而是Office文档或者PDF文档。通常情况下，资料、试题以DOC格式放在网上；课件以PPT格式放在网上；数据表格以XLS放在网上；公司的产品手册、学术论文等以PDF格式放在网上；动画资料以SWF格式放在网上。

百度使用"filetype:"语法来对搜索对象做限制，冒号后是文档格式，如PDF、DOC、XLS等。例如用百度搜索2020年12月份全国大学生英语四级的真题，一般而言，试卷在网上的存储格式是DOC，在搜索输入框输入"2020年12月 英语四级 真题 filetype:doc"，检索出来的信息都是DOC文档。当需要特定的文档时，加上格式限定能更有效地找到下载目标。

4）百度快照功能

在进行网络信息检索时，由于网络或其他原因有时会出现"该网页无法显示"而无法登录网站，可以利用"百度快照"功能，如图1-16所示。这是百度搜索引擎为用户暂时存储的大量应急网页信息。用户使用快照页面不会受到死链接或网络堵塞的影响，检索关键词会在快照页面用不同的颜色标明，阅读起来一目了然。

图1-16　百度快照

1.3 信 息 安 全

随着计算机的快速发展以及计算机网络的普及,人们分享着信息化带来的巨大成果,伴随而来的信息安全问题也越来越受到人们广泛的重视与关注。

信息安全是一个广泛而抽象的概念,不同领域对其概念的阐述会有所不同。ISO(国际标准化组织)的定义为:为数据处理系统建立和采用的技术、管理上的安全保护,保护计算机硬件、软件、数据不因偶然和恶意的原因而遭到破坏、更改和泄露。

还有学者把信息安全定义为:关注信息本身的安全,而不管是否应用了计算机作为信息处理的手段。信息安全的任务是保护信息财产,以防止偶然的或未授权者对信息的恶意泄露、修改和破坏,从而导致信息的不可取或无法处理等情况。

信息作为一种资产,是企业或组织进行正常运作和管理不可或缺的资源。从高层次讲,信息安全关系到国家的安全;对组织机构来说,信息安全关系到正常运作和可持续发展;对个人而言,信息安全是保护个人隐私和财产的必然要求。无论是个人、组织还是国家,保持关键信息资产的安全性都是非常重要的。信息安全的任务,就是要采取措施让这些信息资产免遭威胁,将后果降到最低程度,以此维护组织的正常运作。

网络安全是指在分布网络环境中,对信息载体和信息的处理、传输、存储等提供安全保护,以防止数据、信息内容不会因为偶然或恶意的原因而遭到破坏、更改、泄露。

1.3.1 信息安全威胁

信息安全威胁是指某些因素对信息系统的安全使用可能构成的危害,一般把可能构成威胁信息安全的行为称为攻击。信息安全所面临的威胁与环境密切相关,不同威胁的存在及程度是随环境的变化而变化的。常见的信息安全威胁有以下几种:

1. 信息泄露

信息泄露指信息被泄露给未授权的实体。泄露的形式主要包括窃听、截收、侧信道攻击等。

2. 篡改

篡改是指攻击者擅自更改原有信息的内容,但信息的使用者并没有意识到信息已经被更改的事实。

3. 重放

重放是指攻击者可能截获合法的通信信息,此后出于非法的目的重新发送已截获的信息,而接收者可能仍然按照正常的通信信息受理,从而被攻击者欺骗。

4. 假冒

假冒是指用户冒充其他的用户登录信息系统,但是信息系统可能并不能识别出冒充者,使冒充者获得本不该得到的权限。

5. 网络与系统攻击

由于网络和主机系统在设计上存在的一些漏洞,攻击者可能利用这些漏洞来攻击主机系统;此外,攻击者通过对某一信息服务资源进行长期占用,使系统不能正常运转。

6. 恶意代码

恶意代码是指恶意破坏计算机系统、窃取机密信息或秘密地接收远程操控的程序,隐藏在受害者的计算机系统中,这些代码还可以进行自我复制和传播。它包括计算机病毒、网络病毒等。

1)计算机病毒

计算机病毒是入侵并隐藏在计算机系统内,对计算机系统具有破坏作用,影响计算机操作,而且能够自我复制的计算机程序。计算机病毒实际上就是人为造成的,像病毒在生物体内部繁殖导致生物患病一样。

计算机一旦感染了病毒,会表现出各种各样的现象,比较常见的现象包括:

（1）计算机启动或者运行速度明显变慢，程序加载与运行的时间比平时长。
（2）内存空间骤然变小，出现内存空间不足，不能加载执行文件的提示。
（3）突然出现许多来历不明的隐藏文件或者其他文件。
（4）个人文件无故被修改或者破坏。
（5）可执行文件运行后，神秘地消失，或者产生出新的文件。
（6）个人信息泄露，如用户资料、网银账号密码、网游账号密码等。
（7）系统出现无故重启，或者经常出现死机现象。

计算机病毒具有以下 5 种特性：

（1）潜伏性：计算机病毒具有寄生能力，依附在其他程序上，入侵计算机的病毒可能在一段时间内不发作，经过一段时间到达一个预定的日期，或者满足一定的条件才发作，进行破坏活动。

（2）激发性：计算机病毒具有一定的激活条件，这些条件可能是日期、时间、文件类型或者某些特定数据。条件满足时就启动感染，进行破坏或者攻击。

（3）隐藏性：计算机病毒一般不易被觉察和发现，通常伪装成为普通的文件存在计算机中。

（4）传播性：计算机病毒具有再生与扩散能力，能够自动将自身的复制品或者变种感染到其他程序上。这是计算机病毒最根本的属性，也是判断、检测病毒的重要依据。

（5）破坏性：绝大部分的计算机病毒具有破坏性，它不仅耗尽系统资源，使计算机网络瘫痪，删除破坏文件与数据，格式化硬盘，甚至有些病毒会破坏硬件，造成灾难性的后果。

2）网络病毒

网络病毒是基于网络环境运行和传播、影响和破坏网络的计算机病毒，如脚本病毒、蠕虫病毒、木马等。

（1）脚本病毒。脚本病毒主要是采用脚本语言设计的计算机病毒，大都是利用 JavaScript 和 VBScript 脚本语言编写，如爱虫和新欢乐时光病毒。由于脚本语言的易用性，并且脚本在现在的应用系统中特别是 Internet 应用中占据了重要地位，脚本病毒也成为互联网病毒中最为流行的网络病毒。

脚本病毒的特点：编写简单、破坏力大、感染力强、传播范围大、欺骗性强、病毒源码容易被获取，病毒生产较容易。

（2）蠕虫病毒。蠕虫病毒是一种可以自我复制的代码，并且通过网络传播，通常无须人为干预就能传播。蠕虫病毒入侵并完全控制一台计算机之后，就会把这台机器作为宿主，进而扫描并感染其他计算机。当这些新的被蠕虫入侵的计算机被控制之后，蠕虫会以这些计算机为宿主继续扫描并感染其他计算机，这种行为会一直延续下去。蠕虫使用这种递归的方法进行传播，按照指数增长的规律分布自己，进而及时控制越来越多的计算机。

"熊猫烧香"病毒是典型的蠕虫病毒，利用系统的漏洞，使没有修复漏洞的用户自动运行该病毒，使计算机感染病毒之后能主动关闭许多正在运行的杀毒软件，这个特点使得它的传播速度明显快于其他病毒。

蠕虫病毒的特点：有较强的独立性、利用漏洞主动攻击、传播很快、伪装和隐藏方式更先进。

（3）木马病毒。木马病毒是指能通过特定的程序来控制另一台计算机的病毒。木马病毒通常有两个可执行程序：一个是控制端（客户端）；另一个是被控制端（服务端）。运行了木马程序的服务端，会产生一个有着容易迷惑用户名称的进程，该进程会暗中打开端口，向指定地点发送数据（如网络游戏的密码，即时通信软件密码和用户上网密码等），黑客甚至可以利用这些打开的端口进入计算机系统。

木马病毒与一般的病毒不同，它不会自我繁殖，也并不刻意地去感染其他文件，通过将自身伪装，吸引用户下载执行，向施种木马者提供打开被种主机的门户，使施种者可以任意毁坏、窃取被种者的文件，甚至远程操控被种主机。

木马病毒严重危害着现代网络的安全运行，属于恶性病毒，计算机一旦被感染，就会被黑客操纵，使计算机上的文件、密码毫无保留地向黑客展现，黑客甚至还可以打开和关闭用户计算机上的程序。木马病毒常常隐藏在电子邮件中，隐蔽性非常好，用户往往不知情地安装了程序，且安装程序会自动消失，以致目标用户被感染后仍不知道。木马程序容量十分轻小，运行时不会浪费太多资源，不使用杀毒软件是难以发觉的，运行时很难阻止它的行动。木马病毒运行后，立刻自动登录在系统引导区，之后每次在Windows加载时自动运行，或立刻自动变更文件名，甚至隐形，或马上自动复制到其他文件夹中，运行连用户本身都无法运行的操作。

木马病毒的特点：不破坏计算机、不进行自我复制、隐蔽性和欺骗性很强。

1.3.2 安全防护

网络安全防护是一种网络安全技术，致力于解决诸如如何有效进行介入控制，如何保证数据传输的安全性的技术手段，包括物理安全分析技术、网络结构安全分析技术、系统安全分析技术、管理安全分析技术，以及其他的安全服务和安全机制策略。

1. 网络防护措施

1）增强安全防范意识

用户需要强化自身的安全防范意识，不随意点击和下载陌生的文档，减少感染网络病毒。在浏览网页时，不要轻易点击陌生的网页，有些网页窗口中可能会存在恶意的程序代码。用户需要强化自身的网络安全及病毒防范意识，严格规范自身的网络行为，避免出现损失，防止计算机遭到网络病毒的侵害。

2）安装防火墙

在计算机网络的内外网接口位置安装防火墙是维护计算机安全的重要措施，防火墙能够有效隔离内部网络与互联网，让计算机处于一个保密环境，有效地提高计算机网络的安全性，如图1-17所示。防火墙的作用主要在于及时发现并处理计算机网络运行时可能存在的安全风险、数据传输等问题。

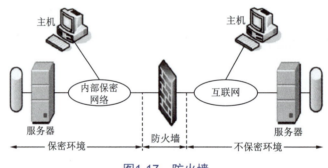

图1-17 防火墙

3）安装杀毒软件

随着计算机网络病毒的不断出现，用户开始认识到杀毒软件的重要性。当前的杀毒软件可以实时地对计算机监测网络病毒和系统漏洞。杀毒软件以及病毒库的及时更新能够有效地查杀新型的网络病毒，其适应能力较强。同时，杀毒软件不会占用系统太多的资源，有时计算机运行速度比较慢是因为杀毒软件在过滤网络病毒。

4）更新计算机系统

计算机会定期检测自身的不足与漏洞，并发布系统的补丁，用户需要及时下载补丁并安装，避免网络病毒通过系统漏洞入侵到计算机中，而造成无法估计的损失。

5）入侵检测系统

入侵检测系统（IDS）是针对数据传输安全检测的操作系统，目的是提供实时的入侵检测及采取相应的防护手段。通过入侵检测系统的使用，可以及时发现计算机与网络之间的异常现象，通过报警的形式给予用户提示。实时入侵检测能力之所以重要，是因为首先它能够对付来自内部网络的攻击，其次还能够缩短黑客入侵的时间。

2. 网络安全与法律

法律可以使人们了解在信息及网络安全的管理和应用中什么是违法行为，自觉遵守法律而不进行违法活动，法律在保护信息网络安全中具有重要作用。

《中华人民共和国网络安全法》是为了保障网络安全，维护网络空间主权和国家安全、社会公共利益，保护公民、法人和其他组织的合法权益，促进经济社会信息化健康发展而制定的法律，共有七章79条，自2017年6月1日起施行。《中华人民共和国网络安全法》包括六大亮点：

（1）明确网络空间主权的原则。
（2）明确网络产品和服务提供者的安全义务。
（3）明确网络运营者的安全义务。
（4）完善个人信息保护规则。
（5）建立关键信息基础设施安全保护制度。
（6）确立关键信息基础设施重要数据跨境传输的规则。

1.3.3 信息伦理

信息伦理是指涉及信息开发、信息传播、信息管理和利用等方面的伦理要求、伦理准则、伦理规约，以及在此基础上形成的伦理关系。信息伦理又称信息道德，它是调整人们之间以及个人和社会之间信息关系的行为规范的总和。信息伦理的产生是信息社会发展的迫切需要，它的发展反映了信息社会的不断进步和完善。信息伦理的发展经历了三个阶段：计算机伦理、网络伦理和现代信息伦理。

信息伦理失范是人们在获取、管理、存储、利用信息过程中产生的各种反伦理行为。在移动通信和互联网普及的今天，信息伦理失范行为主要以网络失范行为为主，违背一定的社会规范和道德准则要求，做出违法、违纪、失德等网络不道德行为和犯罪行为。主要包括：

1. 网络隐私权侵犯

不当获取他人信息、非法转让他人信息、利用计算机病毒侵犯他人信息、向他人邮箱发送垃圾邮件、企业监视员工通信内容等。

2. 网络著作权侵权

按照著作权法的规定，凡未经著作权人许可，又不符合法律规定的条件，擅自利用受著作权法保护的作品的行为，就是侵权著作权的行为。网络环境下的著作权形式有两种：传统作品的数字化形式、以数字化形式出现的网络作品，包括影视作品侵权、文字作品侵权、录音作品侵权、网站侵权等。

3. 网络舆论伦理失范

网络舆论是公众对于公共事物通过信息网络公开表达具有影响力的意见，既有积极作用，也可带来消极影响。网络舆论的伦理失范行为包括网络炒作、网络谣言、网络恶搞、舆论暴力等。

网络炒作的兴起依附于网络舆论平台和热门话题，一些恶意炒作虽然可以有效地博取人们的眼球，但这种超越道德底线的行为违背了人们的意愿，对社会道德的维护产生了巨大的负面影响。网络谣言是通过邮箱、社交软件、论坛等网络介质传播没有事实依据的话语，涉及突发事件、公共领域、名人要员等内容，容易对人们的日常生活、社会稳定、国家形象造成严重影响，还有可能导致不可逆转的社会信任危机。

在当今的网络信息化时代，我们既有权利参加网络道德规范的制定和管理，又有义务自觉地遵守网络道德，自觉遵守《中国互联网行业自律条例》《全国青少年网络文明条例》等信息伦理规范准则。网络高度的自主性和开放性也是检验公民道德品质和自律性的好机会，要求有较高的道德水准，在充分享受网络便利的同时，树立良好的信息伦理意识，在面对新的伦理问题时自动设定自己的行为准则。

拓 展 训 练

1. 使用百度搜索引擎查找近3年中国互联网应用情况的研究报告。
2. 在CNKI数据库中，查找一篇2016年至2022年关于艺术院校毕业生就业研究的硕士或博士论文，写出该论文的中文题名、学位授予单位、学科专业名称、分类号等信息。

第 2 章 信息技术

学习目标

- 了解新一代信息技术。
- 掌握计算机系统的组成。
- 了解计算机的主要性能指标。

2.1 新一代信息技术

21世纪，人类全面迈向了信息时代，信息技术革命是经济全球化的重要推动力量和桥梁，是促进全球经济和社会发展的主导力量，信息产业核心技术已成为世界各国战略竞争的制高点。

新一代信息数据是以云计算、大数据、人工智能、物联网为代表的新兴技术，既是信息技术的纵向升级，也是信息技术与相关产业的横向渗透融合。我国在量子力学、区块链、人工智能等前沿技术领域不断取得突破，应用成果丰硕。随着信息技术的发展，高科技越来越多地参与到人类的生活中，例如公共场合通过人脸识别发现通缉的逃犯、手机银行通过人脸识别进行登录验证、汽车选择最优道路进行自动驾驶、机器人担任客服回答各种问题，等等。本节将介绍新一代的信息技术：云计算、大数据、人工智能和物联网基础知识。

2.1.1 云计算

云计算是分布式计算的一种，指的是通过网络"云"将巨大的数据计算处理程序分解成无数个小程序，然后通过多部服务器组成的系统处理和分析这些小程序，得到结果并返回给用户。简而言之，就是用户的计算需求不必在本地计算机上实现，而只要把计算需求交给"云平台"，"云平台"把巨量数据分解成无数个小任务，分发给众多服务器，最后汇总出计算结果，返回给用户，如图2-1所示。例如，吃鱼不必自己造船、结网、出海、烹饪，只需在饭店下订单，饭店会准时上菜，这个饭店会同时服务众多顾客。云计算又称为网格计算，通过这项技术，可以在很短的时间内（几秒钟）完成对数以万计数据的处理。

图2-1 云计算示意图

随着用户越来越多，程序越来越复杂，对计算能力和安全性的要求也越来越高。在不断提升的需求推动下，云计算技术不断升级，应用也越来越普及。在客户端，用户只需利用终端设备，如计算机、智能手机、平板计算机等，接入互联网后，就可以按需获取和使用这些资源，包括硬件、软件、平台、存储和服务等。用户不必关心"云"在哪里，"云"为用户屏蔽了数据中心管理、大规模数据处理、应用程序部署等。

云计算主要由数据存取处理、资源分配共享、系统安全保障和服务灵活应用 4 个功能区组成。这四大功能区由四大技术支撑：数据中心技术、软件定义技术、云安全技术、移动云计算技术。

自从 2006 年 Google 在搜索引擎大会上首次提出"云计算"的概念以来，我国高度重视云计算的发展并通过制定政策、设立自主专项等方式提供顶层设计。以 2009 年 1 月阿里在南京建立首个"电子商务云计算中心"为标志，我国云计算市场迅速呈现百花齐放的态势，一系列云计算厂商（如腾讯云、百度智能云、华为云等）纷纷涌入，也带活了服务器、存储、操作系统、中间件等整条信息产业链。如今越来越多的应用正迁移到"云"上，云计算服务已经普遍服务于互联网中，通过云端共享数据资源已经成为社会生活的一部分。通过网络，可以云服务的方式，为企业、商户及个人终端用户等多群体提供非常便捷的应用。主要包括以下方面：

1. 存储云

存储云又称云存储，是在云计算技术上发展起来的一个新的存储技术，是一个以数据存储和管理为核心的云计算系统。用户可以将本地资源上传至云端，可以在任何地方连入互联网来获取云上的资源。谷歌、微软等大型网络公司均有云存储的服务，在国内，百度云和微云则是市场占有量最大的存储云。存储云向用户提供了存储容器服务、备份服务、归档服务和记录管理服务等，大大方便了使用者对资源的管理。

2. 教育云

教育云是指教育信息化的一种发展，可以将所需要的任何教育硬件资源虚拟化，然后将其传入互联网，向教育机构和师生提供一个方便快捷的平台，现在流行的慕课就是教育云的一种应用。通过教育云平台可以有效整合幼儿教育、中小学教育、高等教育以及继续教育等优质教育资源，逐步实现教育信息共享、教育资源共享及教育资源深度挖掘等目标。

3. 医疗云

医疗云是指在云计算、移动技术、多媒体、通信、大数据以及物联网等新技术基础上，结合医疗技术，使用"云计算"来创建医疗健康服务云平台，实现医疗资源的共享和医疗范围的扩大。医院的预约挂号、电子病历、医保等都是云计算与医疗领域结合的产物。医疗云推进了一套全新的医疗健康服务系统，有效地提高了医疗保健的质量。

4. 金融云

金融云是指利用云计算的模型，将信息、金融和服务等功能分散到庞大分支机构构成的互联网"云"中，旨在为银行、保险和基金等金融机构提供互联网处理和运行服务，同时共享互联网资源，从而解决现有问题并且达到高效、低成本的目标。2013 年，阿里云整合阿里巴巴旗下资源并推出阿里金融云服务，就是现在常用的快捷支付，由于金融与云计算的结合，只需在手机上简单操作，就可以完成银行存款、购买保险等操作。

5. 政务云

政务云上可以部署公共安全管理、容灾备份、城市管理、应急管理、智能交通等应用，通过集约化建设、管理和运行，可以实现信息资源整合和政务资源共享，推动政务管理创新，加快向服务型政府转型。

云计算作为一种新兴的资源使用和交付模式逐渐为学界和产业界所认知。我国云发展创新产业联盟评价云计算为"信息时代商业模式上的创新"。继个人计算机终端变革、互联网技术变革之后，云计算被看作第三次 IT 浪潮，是我国战略性新兴产业的重要组成部分。它将带来生活、生产方式和商业模式的根本性改变，已成为当前全社会关注的热点。

2.1.2 大数据

大数据时代的悄然来临，让信息技术的发展发生了巨大变化，并深刻影响着社会生产和人们生活的方方面面。大数据将改变人类的生活以及理解世界的方式，它让人类掌握数据、处理数据的能力实现了质的跃升。

大数据（Big Data）是指无法在一定时间内用常规软件工具进行捕捉、管理和处理的数据集合，是需要新处理模式才能具有更强的决策力、洞察发现力和流程优化能力的海量、高增长率和多样化的信息资产。它主要解决海量数据的存储和分析计算的问题。IBM 最早将大数据的特征归纳为 4V：Volume（数据海量化）、Velocity（数据处理快速化）、Variety（多样）、Value（低价值密度），如图 2-2 所示。

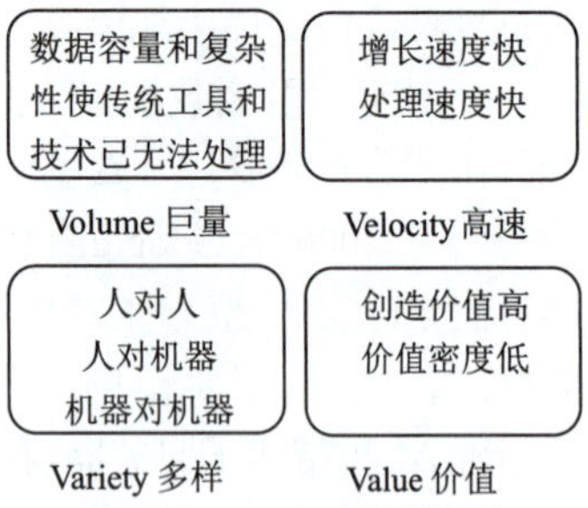

数据容量和复杂性使传统工具和技术已无法处理	增长速度快处理速度快
Volume 巨量	Velocity 高速
人对人 人对机器 机器对机器	创造价值高 价值密度低
Variety 多样	Value 价值

图2-2　大数据的特征

1. 大数据关键技术

从大数据的生命周期来看，大数据关键技术包括大数据采集、大数据预处理、大数据存储管理、大数据分析。

1）大数据采集

大数据采集是指对各种来源的结构化和非结构化海量数据进行的采集。流行的数据库采集有 Sqoop 和 ETL，传统的关系型数据库 MySQL 和 Oracle 也是许多企业的数据存储方式。网络数据采集是一种借助网络爬虫或网站公开的 API，从网页获取非结构化或半结构化数据，并将其统一结构化为本地数据的数据采集方式。文件采集包括实时文件采集和处理技术 flume 采集、基于 ELK 的日志采集和增量采集等。

2）大数据预处理

大数据预处理是指在进行数据分析之前，先对采集的原始数据进行包括"清洗、填补、平滑、合并、规格化、一致性检验"等系列操作，旨在提高数据质量，为后期的分析工作奠定基础。数据预处理包括 4 个部分：数据清洗、数据集成、数据转换和数据规约。

3）大数据存储管理

大数据存储管理首先要解决的问题是数据海量化和存储快速增长的需求。存储的硬件架构和文件系统的性价比要大大高于传统技术，存储容量计划应可以无限制扩展，且要求有很强的容错能力和并发读写能力。

4）大数据分析

大数据分析包括可视化分析、数据挖掘算法、预测性分析，是对杂乱无章的数据进行萃取、提炼和分析的过程。可视化分析是指借助图形化手段，清晰并有效地传达与沟通信息的分析手段，主要应用于海量数据关联分析，借助可视化数据分析平台，对分散异构数据进行关联分析，并做出完整分析图表的过程。数据挖掘算法是通过创建数据挖掘模型对数据进行试探和计算的数据分析手段。数据挖掘算法多种多样，不同算法因基于不同的数据类型和格式会呈现出不同的数据特点。预测性分析是大数据分析最重要的应用领域之一，通过结合多种高级分析功能（预测模型、数据挖掘、文本分析、机器学习等）达到预测不确定事件的目的，运用相关的指标来预测将来的时间，为采取的措施提供依据。大数据分析的技术路线主要是通过建立人工智能系统，使用大量样本数据进行训练，让机器模仿人工获得从数据中提取知识的能力。

2. 大数据的应用

大数据在各行各业得到深度应用，在商品零售、消费、医疗、公安、文化传媒等方面都有深入的融合应用。

1）商品零售大数据

运用大数据对商业市场预测及决策分析的众多案例中最著名的是"啤酒与尿布"。沃尔玛在对消费者购物行为进行统计分析时发现，啤酒与尿布这两件看上去毫无关系的商品经常会出现在同一个购物篮中。经过后续调查发现，男性顾客在购买婴儿尿布时，常常会顺便搭配几瓶啤酒来犒劳自己。沃尔玛发现了这一独特的现象，开始在卖场中尝试将啤酒与尿布摆放在相同的区域，让年轻的父亲可以同时找到这两件商品，并很快完成购物，这个促销手段获得了很好的商品销售收入。如今，"啤酒与尿布"的数据分析成果早已成了大数据技术应用的经典案例，可以知道准确、有效的大数据分析可以助力企业的业务运营、改进产品，帮助做出更好、更有利于市场发展的经营决策。

2）消费大数据

电子商务网站亚马逊在 2013 年获得了一项名为"预测式发货"的新专利，可以通过对用户数据的分析，在他们还没有下单购物前，提前发出包裹，通过这项专利，亚马逊将根据消费者的购物偏好，提前将他们可能购买的商品配送到距离最近的快递仓库。这将大大缩短货物运输时间，从而降低消费者前往实体店的冲动。为了决定要运送哪些货物，网站会参考用户之前的订单、商品搜索记录、愿望清单、购物车，甚至包括用户的鼠标在某件商品上停留的时间。

3）医疗大数据

以新冠疫情防控为例，将大量的行为轨迹数据化，为科学精准防控奠定了基础。例如，在追溯疑似感染患者方面，利用互联网手段，阿里巴巴"疫情服务直通车"及时推出"患者同行程"查询功能，让每一个在疫情期间乘坐过飞机、火车等交通工具的人，可以主动查询自己的行程里面有无新冠肺炎患者同行。掌握大数据的多家地图应用平台迅速推出利于疫情防控的出行指南，以满足用户特殊时期的出行需求。疫情期间，全国一体化政务服务平台推出"防疫健康码"，累计申领近9亿人，使用次数超过400亿人次，支撑全国绝大部分地区实现"一码同行"。此外，很多平台具备疫情地图展示、发热门诊查询、同程信息查询等功能。

4）公安大数据

大数据挖掘技术的底层技术最早是英国军情六处研发用来追踪恐怖分子的技术。大数据筛选犯罪团伙，与锁定的罪犯乘坐同一班列车，住同一酒店的两个人可能是同伙。过去，刑侦人员要证明这一点，需要通过把不同线索拼凑起来排查疑犯。如今，通过越来越多数据的挖掘分析，某一片区域的犯罪率以及犯罪模式都将清晰可见。大数据可以帮助警方定位最易受到不法分子侵扰的区域，创建一张犯罪高发地区热点图和时间表。不但有利于警方精准分配警力，预防打击犯罪，也能帮助市民了解情况，提高警惕。

5）文化传媒大数据

Netflix是著名的影视网站，从一个传统的DVD租赁公司发展成为最成功的全球化媒体公司，它的成功之处在于其强大的推荐系统，数据起到了最核心的作用。该系统基于用户视频点播的基础数据，如评分、播放、快进、时间、地点、终端等，存储在数据库后通过数据分析，计算出用户可能喜爱的影片，并为其提供定制化的推荐。

2.1.3 人工智能

人工智能（Artificial Intelligence，AI）是计算机科学的一个分支，是研究、开发用于模拟、延伸和扩展人的智能的理论、方法、技术及应用系统的一门新的技术科学。它指的是人类制造的机器所表现出的智能，最终目标是让机器具有像人脑一样的智能水平。例如，谷歌研发的AlphaGo（阿尔法狗，如图2-3所示），通过将强化学习和深度卷积神经网络有机结合起来，达到了一个超人类的水平。

图2-3 AlphaGo与李世石对弈

1. 人工智能的涵盖范围

人工智能包括计算机视觉、机器学习、自然语言处理、语音识别、生物识别等。

1）计算机视觉

计算机视觉技术运用由图像处理操作及机器学习等技术组成的序列来将图像分析任务分解为便于管理的小块任务。让计算机具备和人眼一样观察和识别的能力，更进一步地说，是指用摄像机和计算机代替人眼对目标进行识别、跟踪和测量，并进一步做图像处理，使计算机处理成为更适合人眼观察或传送给仪器检测的图像。目前计算机视觉应用广泛的是人脸识别和图像识别。

2）机器学习

机器学习是让机器具备人一样学习的能力，专门研究计算机怎样模拟或实现人类的学习行为，以获取新的知识或技能，重新组织已有的知识结构使之不断完善自身性能，它是人工智能的核心。机器学习按照学习方法分为监督学习、无监督学习、半监督学习和强化学习。机器学习在数据挖掘与分析、模式识别、生物信息等领域应用较为广泛。

3）自然语言处理

对自然语言文本的处理是指计算机拥有与人类类似的对文本进行处理的能力，是计算机科学领域与人工智能领域的一个重要方向。自然语言处理包括自然语言理解和自然语言生成两部分,实现人机间自然语言通信,意味着要使计算机既能理解自然语言文本的意义，也能以自然语言文本来表达给定的意图、思想等，前者称为自然语言理解，后者称为自然语言生成。自然语言处理的终极目标是用自然语言与计算机进行通信，使人们可以用自己最习惯的语言来使用计算机。自然语言处理分为语法语义分析、信息抽取、文本挖掘、信息搜索、机器翻译、问答系统和对话系统7个方向。

4）语音识别

语音识别是让机器通过识别和理解过程把语音信号转变成相应的文本或命令的高新技术，包括特征提取技术、模式匹配准则及模型训练技术。语音识别是人机交互的基础，主要解决让机器听懂人类语言的问题，是人工智能目前最成功的应用。

5）生物识别

生物识别可融合计算机、光学、声学、生物传感器，利用人体固有的身体特性（如指纹、人脸、静脉、声音、步态等）进行个人身份鉴定，最早应用在司法鉴定。

21世纪，互联网新科技层出不穷。伴随着大数据、云计算以及算力的发展，人工智能技术的研究及应用也迅速壮大，在语音、图像、自然语言方面取得了卓越的成绩。最近几年，在算法、计算能力及大数据等技术的推动下，人工智能的应用场景及产品化思路逐渐明朗，蕴含巨大的发展潜力和商业价值。

2. 人工智能的应用

如今，AI在各种行业、领域发挥着巨大的作用，为工业、安防、医疗、司法等各类传统行业带来机遇与发展潜力。

1）智能工业

人工智能的第一个阶段是生产力和生活效率的提升，最开始的发展都是为了代替大部分劳动力的工作，尤其对于工业，趋势也是尤为明显。如今的智慧工厂已经开始使用大量的人工智能技术算法，虽然还无法全面代替人类，但是采用人类+机器的运营模式后，不但工作效率大幅提升，更给工厂节省了额外开支，最主要的是客户的服务量也有所提升，为企业带来业务量的激增。

2）智能安防

园区管理、人脸识别、车辆追踪、视频信息提取被广泛应用于安防，有利于维护社会稳定，提高刑侦效率，在智慧城市的构建部署中，可有效提升城市治理能力。如今监控摄像头很常见，但普通的监控摄像头在方便了场景记录和重现之外，也出现了新的挑战，即摄像头所拍摄的内容仍然需要人工检测和提取。使用人工来同时监控多个摄像头传输的画面，非常容易疲倦，也容易出现问题发现不及时或判断失误的情况。因此，非常有必要在监控摄像头系统引入人工智能，进行24小时无间断的持续监控。例如，利用人工智能来判断画面中是否出现异常人员，如果发现异常可以及时通知安保人员。

3）智能医疗

人工智能走进医疗方向已经是正在运行的动作了，尤其是在医学影像方面，人工智能的工作效率不但相比人类医生有了急速的提升，在病理诊断中表现得尤为突出。通过人工智能技术自动分析，再辅以远程会诊、远程查体等音视频通信应用工具，将赋予医疗行业一个新的业务模式。图像识别、医疗诊断提升治疗效率，弥补医疗资源不平衡带来的隐患。

4）智能司法

以信息技术为基础的人工智能已经嵌入司法领域，构建成现代意义的智慧审判活动。智慧审判随着科技和社会的进步，创新并开拓司法工作新局面、推进与落实司法改革各项要求应运而生。提高效率，降低法律服务成本，通过已有的法律条文、参考文献及历史案件等数据，进行推论，使更多需要法律服务的人得到帮助。

此外，人工智能在智能家居、智能教育等领域也有深入的应用。结合计算机视觉技术能够完成物体识别、人脸识别、追踪等应用。在自然语言理解方面，语音识别、对话机器人（如Siri、Cortana等）正在成为下一代人机交互的入口。

2.1.4 物联网

物联网（Internet of things，IoT）是物物相连的互联网，是互联网的延伸，它利用局部网络或者互联网等通信技术把传感器、控制器、机器、人和物等通过新的方式联在一起，进行信息交换和通信，形成人与物、物与物相连，实现信息化和远程管理控制，如图 2-4 所示。

1. 物联网的关键技术

物联网是新一代信息技术的重要组成部分，涉及经济、政治、文化、社会和军事各领域，关键技术有射频识别、传感网、M2M 系统框架等。

1）射频识别技术

射频识别技术（Radio Frequency Identification，RFID）是一种无线系统，由一个询问器（或阅读器）和很多应答器（或标签）组成。标签由耦合元件及芯片组成，每个标签具有扩展词条唯一的电子编码，附着在物体上标识目标对象，它通过天线将射频信息传递给阅读器，阅读器是读取信息的设备。RFID 技术让物品能够"开口说话"，赋予了物联网一个特性，即可跟踪性，人们可以随时掌握物品的准确位置及其周边环境。

图2-4 物联网

2）传感网

传感网（Micro Electro Mechanical Systems，MEMS）是由微传感器、微执行器、信号处理和控制电路、通信接口和电源等部件组成的一体化的微型器件系统。其目标是把信息的获取、处理和执行集成在一起，组成具有多功能的微型系统，集成于大尺寸系统中，从而大幅度地提高系统的自动化、智能化和可靠性水平。

3）M2M 系统框架

M2M 是 Machine-to-Machine 的简称，是一种以机器终端智能交互为核心的、网络化的应用与服务，使对象实现智能化的控制。M2M 技术涉及 5 个重要的技术部分：机器、M2M 硬件、通信网络、中间件、应用。M2M 系统框架基于云计算平台和智能网络，可以依据传感器网络获取的数据进行决策，改变对象的行为进行控制和反馈。

2. 物联网的应用

物联网的应用十分广泛，在医疗、交通、家居、公共安全等方面的应用尤为突出。物联网结合人工智能等新兴技术，在多个领域的应用日益深入，并极大促进了原来互联网场景的智能化和自动化能力，从而为用户提供新的价值。

1）智能医疗

在医疗卫生领域，物联网是通过传感器与移动设备来对生物的生理状态进行捕捉，如心跳频率、体力消耗、葡萄糖摄取、血压高低等生命指数。把它们记录到电子健康文件中，方便个人或医生查阅。同时，能监控人体的健康状况，把检测到的数据送到通信终端，在医疗开支上可以节省费用，人们的生活也更加轻松。

2）智能交通

物联网技术在道路交通方面的应用比较成熟。随着社会车辆越来越普及，交通拥堵甚至瘫痪已成为城市的一大问题。对道路交通状况实时监控并将信息及时传递给驾驶人，让驾驶人及时做出出行调整，有效缓解了交通压力，提高了车辆的通行效率。

3）智能家居

智能家居是物联网在家庭中的基础应用，随着宽带业务的普及，智能家居产品涉及方方面面。家中无人，可利用手机等产品客户端远程操作智能空调，调节室温；甚至还可以学习用户的使用习惯，从而实现全自动的温控操作。出门在外，可以在任意时间、地点查看家中的实时状况及安全隐患。看似烦琐的种种家居生活因为物联网变得更加轻松、美好。

4）公共安全

近年来全球气候异常情况频发，灾害的突发性和危害性进一步加大，互联网可以实时监测环境的不安全性情况，提前预防、实时预警、及时采取应对措施，降低灾害对人类生命财产的威胁。利用物联网技术可以智能感知大气、土壤、森林、水资源等各方面指标数据，对于改善人类生活环境发挥着巨大作用。

物联网被称为继计算机、互联网之后，世界信息产业的又一次新浪潮。物联网的广泛应用，可以使人类以更加精细和动态的方式管理生产和生活，这种高级智能的信息交换与通信状态，可以大大提高社会资源的利用率和生产力水平，改善人与自然的关系，实现高质量的人类社会经济发展与生活方式转变。

2.2 计算机系统

2.2.1 计算机硬件系统

1946年诞生了ENIAC（Electronic Numerical Integrator and Calculator，电子数字积分计算机），是世界上第一台真正意义上的电子数字计算机。ENIAC的出现，使人类社会从此进入了电子计算机时代。

直到目前的各种计算机，不管机型大小、功能强弱，他们的基本结构和工作原理都是相同的，都属于冯·诺依曼结构计算机，其原理都是基于存储程序控制原理，基本内容包括3个方面：

（1）采用二进制形式表示计算机的指令和数据。

（2）计算机系统有5个基本组成部分：运算器、控制器、存储器、输入设备和输出设备。

（3）将程序（由一系列指令组成）和数据存放在存储器中，并让计算机自动地执行程序。

计算机系统包括硬件系统和软件系统两大部分，如图2-5所示。硬件系统是指所有构成计算机的物理实体，包括计算机系统中的一切电子、机械、光电等设备。软件系统是指计算机运行时所需要的各种程序、数据以及有关信息资料。软件和硬件密切相关、互相依存。

计算机系统是硬件和软件的结合体，硬件是计算机的"身躯"，软件是计算机的"灵魂"，两者缺一不可，互相协作，互相依赖。

计算机的硬件系统，从设计原理上来讲，由运算器、控制器、存储器、输入设备和输出设备五大部分组成，如图2-6所示。控制器和运算器合称为中央处理器（CPU），它是计算机的核心部分。存储器分为内存储器和外存储器。输入、输出设备称为外围设备。

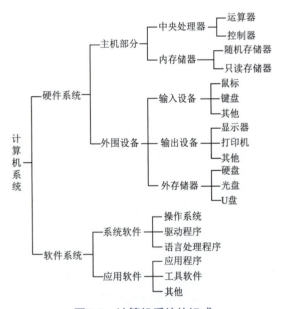

图2-5 计算机系统的组成

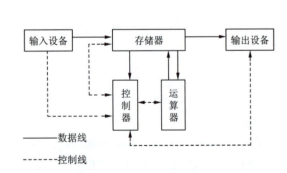

图2-6 计算机硬件系统

一台普通的计算机，通常由主机、显示器、键盘、鼠标构成。另外，根据不同的工作还需要配上扬声器（俗称音箱）、打印机、扫描仪、投影仪、摄像头等。主机是计算机的核心部件，所有重要部件都装在主机里面，打开机箱就能看到内部的结构，在一块主板上面插着很多功能卡，由系统总线将它们连接在一起。具体的组成部分包括主板、CPU、内存、外存储器、光盘驱动器、数据线、移动存储器、显卡、声卡、电源机箱、鼠标、键盘、显示器等。

1. 主机部分

主机包括主机箱内的主机部件，通常有主板、CPU、内存储器、显卡、声卡等。

1）主板

每台计算机的主机箱内都有一块比较大的电路板，称为主板或母板，如图2-7所示。主板是计算机中其他部件的载体，是计算机最重要的组件之一。主板上安装着CPU、内存储器、显卡、声卡、扩展槽、芯片组以及硬盘、光驱、电源等外围设备，它们共同决定了计算机的性能水平。

芯片组是直接封装在主板上的电子元件，主板的主要芯片组是由南桥芯片和北桥芯片构成的。北桥芯片是一块位于CPU插座附近的控制芯片，负责计算机系统的数据传输和各种信号的控制，北桥芯片的类型确定了主板所能支持的CPU类型和最高频率、内存类型和最大容量、AGP插槽的性能等。南桥芯片一般位于PCI插槽的附近，负责控制和管理各种输入/输出设备(通常所说的I/O总线设备，如PCI设备、USB设备、硬盘等)的调配和数据传输。

图2-7　主板

主板的优劣主要取决于采用的芯片组及焊接技术，因为主板的线路全部是激光焊接的，精细的线路走向对主板的性能有很大的影响。选购主板时主要考虑它的稳定性、可扩展性及安全保护性等，参考指标有外频、倍频、总线类型等。随着计算机的发展，不同型号的主板结构可能略有不同。有的主板带有集成声卡、显卡，有的额外安装独立声卡和显卡。

2）CPU

CPU（Central Processing Unit，中央处理器）的性能基本决定了计算机的性能，是计算机系统的核心，计算机的所有运作都受CPU控制。CPU主要由运算器和控制器组成，其外形如图2-8所示。

图2-8　CPU

（1）运算器：运算器是对数据进行加工处理的部件，也称为算术逻辑单元（Arithmetic Logic Unit，ALU）。它的功能是在控制器的控制下对内存或内部寄存器中的数据进行算术运算（加、减、乘、除）和逻辑运算（与、或、非、比较、移位）的操作。

（2）控制器：控制器的作用是使计算机能够自动地执行程序，控制计算机的各个部件协调地工作。它不具有运算功能，只负责对指令进行分析，并根据指令的要求，有序地向各部件发出控制信号，协调和指挥整个计算机系统的操作。

CPU最主要的性能指标是主频，即CPU的时钟频率，代表CPU每秒能运算的次数。主频越高，执行一条指令的单位时间就越短，速度就越快。

目前，世界上最大的CPU生产商是Intel。Intel的CPU从286、386，到赛扬系列、奔腾系列，再到现在的多核CPU，第十代i7、i9系列。每一代CPU，速度都会有革命性的进步。

3）内存储器

计算机系统的一个重要特征是具有极强的存储能力。存储器是计算机的记忆部件，是存放计算机的程序和数据的地方，存储器容量越大，能存储的信息越多。存储器分为内存储器和外存储器。其中，内存储器需要和 CPU 进行数据的交互，其存取速度应尽量与 CPU 处理速度相配。

内存储器简称内存，又称主存储器，如图 2-9 所示。内存主要用来存放当前运行的程序与待处理的数据以及运算结果，它可以直接跟 CPU 进行数据交换，因此存取速度快，内存越大，可同时运行的任务越多。例如，在计算机中有一个 MP3 文件，作为音乐文件永久存储在硬盘中，一旦播放 MP3 文件就是由 CPU 控制其在内存中运行。

图2-9　内存

内存一般按字节分成许许多多存储单元，每个存储单元都有一个编号，称为地址。CPU 通过地址可以找到所需的存储单元。当 CPU 从存储器中取出数据时称为读操作，把数据存入存储器中称为写操作，写、读操作又称为存取或访问。

内存储器主要由以下三种存储器构成：随机存储器、只读存储器、Cache 高速缓冲存储器。

（1）随机存储器（Random-Access Memory，RAM）：是通常所说的内存，用来临时存放程序或软件运行时，各种需要处理的数据，是临时性存储。在计算机断电后，RAM 中的数据或信息将会全部丢失。现在使用的 DDR4 内存，是为新一代 CPU 和操作系统开发的内存，内存容量更大，传输更可靠，功耗更低。内存容量包括 4 GB、8 GB、16 GB、32 GB 等，随着 CPU 处理能力大大提高，新的操作系统版本不断更新，高速、大容量内存的出现，使计算机运行效果更佳。

（2）只读存储器（Read-Only Memory，ROM）：ROM 的信息一般由厂家写入，使用时通常只能读取，不能写入，所以用来存放固定的程序。存放在 ROM 中的信息是永久性的，不会在断电后消失。例如 BIOS（基本输入/输出系统），它控制计算机的基本输入/输出系统。在每次重启后，都能保证正常工作，其指令集合不会随着计算机重启而丢失。

（3）Cache 高速缓冲存储器：由于 CPU 的运行速度高于内存存取速度，当 CPU 直接从内存中存取数据时要等待一定时间周期，而 Cache 的存取速度快，可以保存 CPU 刚用过或循环使用的一部分数据，如果 CPU 需要再次使用该部分数据时可从 Cache 中直接调用，这样就避免了重复存取数据，减少 CPU 的等待时间，提高系统的效率。

4）显卡

显卡全称显示接口卡，又称显示适配器，如图 2-10 所示。显卡作为计算机主机中的重要组成部分，是计算机进行数模信号转换的设备，承担输出显示图形的任务，它将计算机的数字信号转换成模拟信号并通过显示器显示出来。

显卡的质量参数包括显示芯片、显示内存等。选购显卡的标准取决于消费者的使用要求，普通用户使用一般的显卡就可以；对于一些图形图像设计者，显卡在真彩色渲染、显存频率上要有出色的性能。目前，有些主板或 CPU 中集成了显卡，也可不单独购买。

5）声卡

声卡（见图 2-11）是多媒体技术中基本的组成部分，负责实现声波/数字信号相互转换。声卡的基本功能是把来自传声器（俗称话筒）、磁带、光盘的原始声音信号加以转换，输出到耳机、扬声器、扩音机、录音机等声响设备。

图2-10　显卡

图2-11　声卡

一般的用户对声卡的要求都不高，大部分主板集成了声卡的功能，可不单独购买。对于一些音乐制作人士或者音乐发烧友，需配置较好的声卡。选购声卡的标准包括采样率、失真度、信噪比等。

2. 外围设备

外围设备包括外存储器、输入设备、输出设备。

1）外存储器

外存储器是指除计算机内存及 CPU 缓存以外的存储器，在计算机断电后仍然能保存数据。外存储器通常容量较大，可用于存储大量数据资料，如硬盘、固态硬盘、光盘、移动存储器等。

（1）硬盘。硬盘是最主要的外存储设备，容量较大，存取速度较快。计算机通过内外存之间不断的信息交换来使用外存中的信息，其中的信息要送入内存后才能使用，CPU 不能直接访问外存。硬盘在使用过程中，一般划分为多个分区，表示为"C:""D:""E:"等，其中 C 盘是系统盘，安装操作系统软件，其他盘为数据盘。

硬盘（见图 2-12）由多个金属盘片组成，并有多个磁头同时读 / 写。硬盘存储器通常采用温彻斯特技术，它把磁头、盘片及执行机构都密封在一个容器内与外界环境隔绝，可避免空气尘埃的污染，也可以把磁头与盘面的距离减少到最小，加大数据存储密度，从而增加了存储容量。硬盘片的每个面上有若干个磁道，每个磁道分成若干个扇区，每个扇区有 512 B，目前

图2-12　硬盘

硬盘的转速一般是 7 200 r/min。计算机所用的硬盘，其容量越来越大，常见的为 500 GB ～ 2 TB 不等。选购硬盘时，主要标准是容量、读取速度等。

（2）固态硬盘。固态硬盘是用固态电子存储芯片阵列制成的硬盘，如图 2-13 所示。固态硬盘的存储介质分为两种：一种是采用闪存（Flash 芯片）作为存储介质；另一种是采用 DRAM 作为存储介质。固态硬盘在接口的规范和定义、功能及使用方法上与普通硬盘完全相同，在产品外形和尺寸上也完全与普通硬盘一致。它被广泛应用于军事、车载、工控、视频监控、医疗、航空、导航设备等领域。它的优点主要是读 / 写速度快、防震抗摔、低功耗、无噪声、工作温度范围大、轻便等；缺点主要是容量不够大、寿命短、售价高等。

（3）光盘。光盘是一种外部存储器，可以存放声音、图像、动画、视频、电影等多媒体信息，具有容量大、价格便宜、保存时间长、适宜保存大量的数据等特点。

DVD 光驱（见图 2-14）是指读取光盘驱动器的设备，可以同时兼容 CD 与 DVD。标准 DVD 盘片的容量为 4.7 GB，相当于 CD-ROM 光盘的 7 倍，可以存储 133 min 电影。DVD 盘片可分为 DVD-ROM、DVD-R（可一次写入）、DVD-RAM（可多次写入）、DVD-RW（读和重写）、单面双层 DVD 和双面双层 DVD。目前的 DVD 光驱多采用 ATAPI/EIDE 接口或 Serial ATA（SATA）接口，这意味着 DVD 光驱能像硬盘一样连接到 IDE 或 SATA 接口上。选购 DVD 光驱时，主要标准是其纠错能力、读 / 写速度、噪声等。

（4）移动存储器。移动存储器是指可以随身携带的存储器。目前，常用的移动存储器有移动硬盘、U 盘等。

移动硬盘主要指采用计算机外设标准接口的硬盘，作为一种便携式的大容量存储系统，它具有容量大、

单位存储成本低、速度快、兼容性好等特点。移动硬盘还具有极高的安全性，一般采用玻璃盘片和巨阻磁头，并且在盘体上精密设计了专有的防震、防静电保护膜，提高了抗震能力、防尘能力和传输速度。

U盘已经成为移动存储器的主流产品，如图2-15所示。它是一种新型半导体存储器，其特点是在不加电的情况下可以长期保持存储的信息，U盘容量大、体积小、重量轻且不易损坏，容量一般在1～512 GB之间。随着U盘技术的日渐成熟，带有各种附加属性的闪存盘不断推出，如无驱型（无须用户安装驱动程序）、加密型（对其中的数据进行加密处理）和启动型（可以引导系统）等。

图2-13　固态硬盘　　　　　图2-14　DVD光驱　　　　　图2-15　闪存盘

2）输入设备

输入设备将信息用各种方法传入计算机，并将原始信息转化为计算机能接收的二进制数，以使计算机能够处理，是计算机与用户或其他设备通信的桥梁。常见的输入设备包括鼠标、键盘、摄像头、扫描仪、绘图板、手写笔等。

随着Windows操作系统的流行和普及，鼠标已成为计算机必备的标准输入装置。用户的各种数据、命令和程序通常都是通过键盘输入计算机，在键盘内部有专门的控制电路，当用户按下键盘上的任意一个键时，键盘内部的控制电路会产生一个相应的二进制代码，然后把这个代码传入计算机。

一些常用键的使用方法：

（1）【Enter】键：常说的回车键，按下此键表示开始执行命令或结束一个输入行并跳到下一行开头。

（2）空格键：键盘中下方的长条键，每按一次键即在当前输入位置空出一个字符。

（3）【Shift】键：上档键，在打字区中一左一右共分布两个。在键盘上有一部分按键上有两个符号，凡是要输入上部的符号时，需同时按该符号键和【Shift】键；此键与字母键结合，可进行大小写字母的输入。

（4）【Delete】键：删除键，删除当前光标位置右边的字符。

（5）【Backspace】键：退格键，删除当前光标位置左边的字符。

（6）【Ctrl】键：控制键，通常与其他键组合成为快捷键。

（7）【Alt】键：交替换档键，通常配合其他键组合使用，多用于选择软件上的菜单，例如打开Word软件，按【Alt + F】组合键，相当于打开"文件"菜单。

（8）【Tab】键：制表定位键，按此键可使光标移动8个字符的位置或移动到下一个定点。

（9）【Caps Lock】键：英文大/小写锁定键，当锁定大写字母时，按字母键会输入大写字母，结合【Shift】键输入小写字母。

（10）双态键：包括前面所说的【Insert】键和3个锁定键，【Insert】键实现插入/改写的状态转换，【Caps Lock】键实现英文字母大/小写的状态转换，【Num Lock】键实现小键盘的数字/编辑的状态转换，【Scroll Lock】键实现滚屏/锁定的状态转换。

3）输出设备

输出设备是计算机硬件系统的终端设备，把各种计算结果数据或信息以数字、字符、图像、声音等形式表现出来。常见的输出设备包括显示器、音箱、打印机、耳机、绘图仪等。

显示器最重要的参数是尺寸及分辨率，屏幕尺寸是依屏幕对角线计算，以英寸（Inch）为单位；分辨率以像素为单位，常表示为1 920像素×1 080像素或1 366像素×768像素（即宽屏比例16:9）。目前显示器主要分为LED显示屏和LCD液晶显示屏。

部分触控显示屏（又称触控屏幕，如手机显示屏）具备触摸交互的功能，既是输入设备又是输出设备。

2.2.2　计算机软件系统

计算机的硬件系统是一个受指挥的工具，要想发挥其功能来完成具体的计算，就必须为其提供相应的程序指令和数据。没有任何软件支持的计算机称为裸机，裸机本身几乎不能完成任何功能，只有配备一定的软件才能发挥其作用。

计算机软件是指实现算法指令的程序及其文档，可分为系统软件和应用软件两大类，如图 2-16 所示。

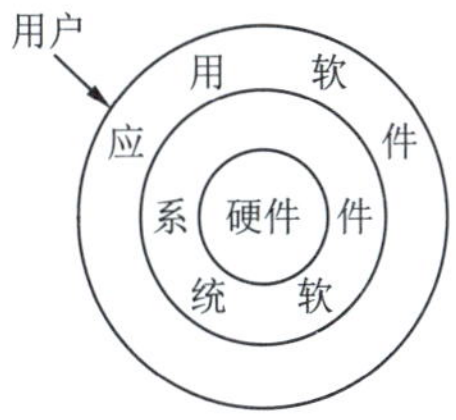

1. 系统软件

系统软件包括计算机运行所需要的软件，通常负责管理、控制和维护计算机的各种软硬件资源，具有生成、准备和执行其他程序的功能，并且为用户提供友好的操作界面，位于软件系统的最底层。系统软件包括各类操作系统、显卡及其他设备的驱动程序、计算机语言及其编译系统。

图2-16　软件和硬件的关系

操作系统是最基本、最核心的系统软件，任何其他软件都必须在操作系统的支持下才能运行。它的作用是管理计算机系统中所有的硬件和软件资源，合理组织计算机的工作。同时，它又是用户和计算机之间的接口，为用户提供一个使用的工作环境。目前使用广泛的操作系统有 Windows 7、Windows 10、Windows 11、Linux 和 UNIX 等。

2. 应用软件

应用软件是为解决各种应用问题而编制的程序，涉及计算机应用的各个领域，如各种科学计算程序、数据统计与处理程序、自动控制程序等。绝大多数用户都要使用应用软件，为工作和生活服务。应用软件处于软件系统的最外层，直接面向用户，为用户服务，例如常见的 Office 办公软件、特定用户程序、科学计算软件包等。

2.2.3　计算机的主要性能指标

一台计算机功能的强弱或性能的好坏，不是由某项指标来决定的，而是由它的系统结构、指令系统、硬件组成、软件配置等多方面的因素综合决定的。对于大多数普通用户来说，可以从以下几个指标来评价计算机的性能。

1. 运算速度

通常所说的计算机运算速度，就是 CPU 内核工作的时钟频率，是指计算机每秒能执行多少条指令，一般用"百万条指令/秒"（MIPS）为单位来描述，微型计算机一般采用主频来描述计算机速度，是衡量计算机性能的一项主要指标。一般来说，主频越高，计算机处理数据的能力越强，运算速度就越快。

2. 字长

CPU 在同一时间内能直接处理的一组二进制数称为"字"，而这组二进制数的位数就是"字长"，是计算机性能的一个重要标志。在其他指标相同时，字长越长，计算精度越高，处理能力越强。早期的计算机字长一般是 8 位、16 位、32 位，现在大多数是 64 位。

3. 内存容量

内存容量反映计算机及时存储信息的能力，内存容量越大，系统功能越强大，能处理的数据量也越庞大。常见的内存容量为 4 GB、8 GB、16 GB、32 GB 等，目前市面上主流的内存是 DDR4，主流的主板一般有 4 个内存插槽。

4. 外存储器的容量

通常是指硬盘容量，外存储器容量越大，可存储的信息就越多，可安装的应用软件就越丰富。常见的机械硬盘 HDD 造价低、寿命长，容量常为 1 TB 或 2 TB；固态硬盘 SSD 由固态电子存储芯片阵列制成，噪声小、效率高（读/写速度快），容量常为 256 GB 或 512 GB，价格要比机械硬盘贵很多。

5. 存取速度

存取速度指存储器完成一次读或写操作所需的时间。连续两次读或写操作所需要的时间，称为存取周期。

对于半导体存储器来说，存取周期大约为几十毫秒，它的快慢会影响到计算机的速度。

此外，机器的兼容性、系统的可靠性及可维护性、外围设备的配置等也都常作为计算机的技术指标。在实际应用时，应该把它们综合起来考虑，同时遵循性能价格比的原则。

拓 展 训 练

1. 控制器和（　　）组成计算机的中央处理器。
   A. 存储器　　　　B. 运算器　　　　C. 显示器　　　　D. 主板
2. 以下设备不属于存储设备的是（　　）。
   A. 硬盘　　　　　B. 内存　　　　　C. U 盘　　　　　D. 主板
3. 在存储设备中，计算机关机后数据会丢失的是（　　）。
   A. 硬盘　　　　　B. 光盘　　　　　C. U 盘　　　　　D. 内存
4. 以下设备不属于输出设备的是（　　）。
   A. 显示器　　　　B. 打印机　　　　C. 扬声器　　　　D. 电视卡
5. 冯·诺依曼对计算机的两点设计思想是（　　）。
   A. 引入 CPU 和存储器概念　　　　B. 采用机器语言和汇编语言
   C. 采用二进制和存储程序控制的概念　　　　D. 采用高级语言编程
6. 微型计算机中运算器的主要功能是进行（　　）。
   A. 实现算术运算和逻辑运算　　　　B. 保存各种指令信息供系统其他部件使用
   C. 对指令进行分析和译码　　　　D. 按主频指示规定发出时钟脉冲
7. 下面不是系统软件的是（　　）。
   A. DOS 和 Windows　　B. DOS 和 UNIX　　C. WPS 和 Word　　D. UNIX 和 Linux
8. 下面列出的四项中，不属于计算机病毒特征的是（　　）。
   A. 潜伏性　　　　B. 激发性　　　　C. 传染性　　　　D. 免疫性
9. 在 Windows 10 中，用户可以同时启动多个应用程序，按（　　）组合键可以在各应用程序之间进行切换。
   A.【Alt+Tab】　　B.【Alt+Shift】　　C.【Ctrl+Alt】　　D.【Ctrl+Esc】
10. 在 Windows 10 中，按（　　）组合键切换中/英文输入法。
    A.【Ctrl+Space】　　B.【Alt+Shift】　　C.【Shift +Space】　　D.【Ctrl+Shift】
11. 在进行文件操作时，要选择多个连续的文件，必须首先按住（　　）键。
    A.【Ctrl】　　　　B.【Alt】　　　　C.【Shift】　　　　D.【Space】
12. 下列不属于云计算特点的是（　　）。
    A. 私有化　　　　B. 灵活性　　　　C. 通用性　　　　D. 高可靠性
13. 下列关于大数据特点的说法中，错误的是（　　）。
    A. 数据价值密度高　　B. 数据规模大　　C. 数据类型多样　　D. 数据处理速度快
14. 下列关于物联网的叙述错误的是（　　）。
    A. 是物物相连的互联网
    B. 核心和基础是互联网，是互联网的延伸
    C. 不能适应异构网络和协议
    D. 包括传感器技术、智能嵌入技术、RFIID 等技术
15. 下列（　　）不属于人工智能的实例。
    A. 超市手持式条形码扫描器　　　　B. 机器人
    C. Web 搜索引擎　　　　D. 智能个人助理

Word 文字处理

学习目标

- 了解 Word 2016 的常用功能和使用技巧。
- 掌握字体、段落、项目编号、图文混排等基础排版方法。
- 掌握插入艺术字、图片、表格等对象的方法。
- 掌握目录、页眉页脚、样式等高效排版方法。
- 掌握邮件合并的应用。
- 了解页面设置的操作方法。

Word 2016 是一个基于 Windows 环境的文字处理软件，主要用于文字处理和表格制作。使用 Word 2016 可以编排出精美的文档、规整的工作报告、美观的书稿等。本章通过通知的制作、求职简历的制作、毕业论文排版、邀请函等案例来讲解 Word 2016 文字、表格、图文混排、页面布局等操作。

3.1 预备知识

3.1.1 Word 2016 简介

Microsoft Office 2016 是微软公司推出的 Office 系列软件，是办公处理软件的代表产品。它不仅在功能上进行了优化，还增添了许多实用的功能，且安全性和稳定性等方面得到巩固。Office 2016 集成了 Word、Excel、PowerPoint、Access 和 Outlook、OneNote 等常用的办公组件的功能。

Word 2016 主要用于制作通知、信函、广告、小报、论文等，广泛应用于各行各业的多样化文档处理及日常办公事务中。Word 2016 在旧版 Word 的基础上进行了功能扩充和改进，如改进的搜索和导航体验、向文本添加视觉效果、将用户的文本转化为引人注目的图表、向文档加入视觉效果、恢复用户认为已丢失的工作、将屏幕快照插入到文档中等功能，为协同办公提供了更加简便的途径。

3.1.2 Word 2016 工作界面

打开 Word 2016 看到的文档窗口如图 3-1 所示。窗口主要包括标题栏、选项卡、功能区、文档编辑区、状态栏等。

图3-1　Word 2016工作界面

（1）标题栏：位于窗口最上面，左侧是快速访问工具栏，中间是标题，右侧是窗口控制按钮。快速访问工具栏包含一组常用命令按钮，是可自定义的工具栏，若要向快速访问工具栏添加命令按钮，右击某个按钮，选择快捷菜单中的"添加到快速访问工具栏"命令，在快速访问工具栏上将出现该按钮。

（2）选项卡：Word 2016中所有的命令以按钮的形式放在选项卡中，单击选项卡中的功能区按钮执行相关的命令。在Word 2016中包括文件、开始、插入、设计、布局、引用、邮件、审阅、视图和帮助等10个选项卡。

（3）功能区：在选项卡的功能区中，所有命令按钮都根据功能分组，便于查找和使用。

（4）文档编辑区：位于窗口中间，是用户编写文档的区域。

（5）状态栏：位于窗口最下面，左侧显示当前页数、总页数、总字数、语言地区、插入方式等，右侧显示各种视图的按钮和显示比例。

3.2　文档基础排版

3.2.1　案例简介

以文字为主体的文档称为"文字型文档"，常见的文字型文档有通知、产品说明书、会议安排、宣传小报等。通知是办公中使用率较高的文档类型，必须符合办公行文的格式和要求，应简洁、清楚地说明通知的内容。

学院团委近期拟组织全体同学进行户外拓展活动，由相关教师负责写一份通知，并进行排版，排版的效果如图3-2所示。

本案例主要涉及文档基础排版的内容，包括：创建文档、保存文档、输入文本及字符、设置字符格式、设置段落格式、设置项目编号、查找与替换、首字下沉、分栏、边框底纹、图片、艺术字、文本框、页面设置、打印等。

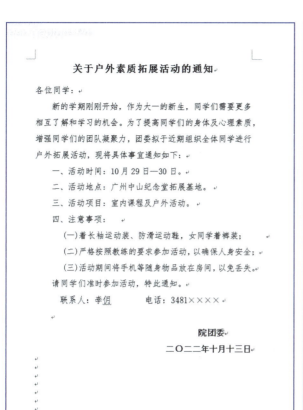

图3-2 活动通知效果图

3.2.2 文档的创建与保存

1. 创建文档

创建文档常用的方法有3种：

（1）启动 Word 2016，自动创建一个名为"文档1"的新文档。
（2）单击"快速访问工具栏"中的"新建"按钮。
（3）选择【文件→新建】命令，在"可用模板"列表中选择"空白文档"。

2. 保存文档

（1）保存新文档。完成新建文档后，将新文档保存在指定路径下，命名为"户外拓展通知.docx"，操作步骤如下：

单击"快速访问工具栏"中的"保存"按钮，弹出"另存为"对话框，在对话框中选择保存文档的路径，如选择路径"E:\第3章项目"；在"文件名"框中输入"户外拓展通知"；在"保存类型"下拉列表中选择"Word 文档（*.docx）"，如图 3-3 所示。单击"保存"按钮。

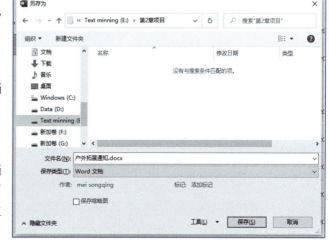

图3-3 "另存为"对话框

> **提示**
>
> 保存文档时，要设置好 3 个参数：保存位置、文件名、保存类型，特别注意 Word 文档的默认扩展名是 .docx。用户可以把扩展名改为 .doc，方法是在"另存为"对话框的"保存类型"下拉列表中选择"Word 97—2003 文档"选项。

（2）保存已有文档。一般有 3 种方法：

① 单击"快速访问工具栏"中的"保存"按钮。

② 选择【文件→保存】命令。

③ 按【Ctrl+S】组合键。

（3）自动保存文档。"自定义保存文档方式"可以设置文档默认文件位置、文档保存格式、文档保存间隔时间等信息。操作步骤如下：

选择【文件→选项】命令，在弹出的"Word 选项"对话框中，选择"保存"选项，可根据需要进行设置，如将"保存自动恢复信息时间间隔"设置为 5 分钟，"将文件保存为此格式"设置为"Word 文档（*.docx）"等，如图 3-4 所示。

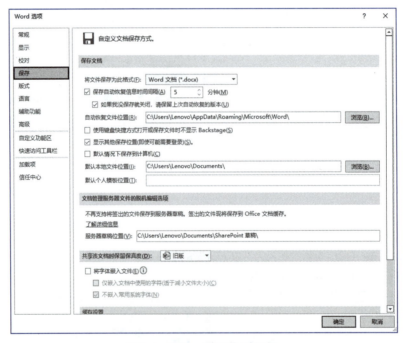

图 3-4 "Word 选项"对话框

3.2.3 输入文本与字符

文档的内容一般可包括英文字母、数字、符号、汉字、表格和图形等，可通过键盘输入、复制粘贴、插入符号等方式来完成。

☞ 对照活动通知的效果图，通过适当的方式输入通知的文字。

1. 使用键盘输入

在文档编辑区中，先切换到合适的输入法，如搜狗等，然后在光标处输入标题"关于户外素质拓展活动的通知"。常用的中文标点符号也可由键盘输入，在中文输入状态，常用标点符号与键盘字符对照表见表 3-1。

表3-1 常用标点符号与键盘字符对照表

名　　称	标　　点	输　入　键	说　　明
顿号	、	\	
单引号	' '	'	自动配对
双引号	" "	Shift+ " " "	自动配对
破折号	——	Shift+ "－"	——
省略号	……	Shift+ "^"	
人民币号	￥	Shift+ "$"	
左书名号	《	Shift+ "<"	
右书名号	》	Shift+ ">"	

> **提　示**
>
> 输入文本时要注意以下事项：
> - 中英文切换用【Ctrl+空格】组合键。
> - 用【Delete】键来删除光标后的字符；用【Backspace】键来删除光标前的字符。
> - 为了排版方便，在各行结尾处不要按【Enter】键，当一段结束时，按【Enter】键。【Enter】键表示插入一个段落标记。

2. 使用复制粘贴输入

操作步骤如下：

（1）打开素材"素材—通知.docx"，选中第一页文字。

（2）选择右键快捷菜单中的"复制"命令（或者按【Ctrl+C】组合键）。

（3）打开文件"户外拓展通知.docx"，将光标定位在第2行，选择右键快捷菜单中的"粘贴"命令，将文字复制到新文件（或者按【Ctrl+V】组合键）。

常用组合键与功能的对照表见表3-2。

表3-2 常用组合键与功能对照表

组　合　键	功　　能	组　合　键	功　　能
Ctrl+C	复制	Ctrl+X	剪切
Ctrl+V	粘贴	Ctrl+A	全选
Ctrl+S	保存	Ctrl+F	查找
Ctrl+O	打开	Ctrl+N	新建

3. 输入特殊符号

有些特殊符号是键盘上没有的，如生僻字、版权符号、商标符号等，可以进行特殊符号的插入。输入符号的操作步骤如下：

（1）将光标定位在倒数第三行的文字"电话"前。

（2）输入文字"人"，选中输入的"人"。

（3）选择【插入→符号→其他符号】命令，弹出"符号"对话框，如图3-5所示。

（4）选择所需的文字"佣"，单击"插入"按钮。

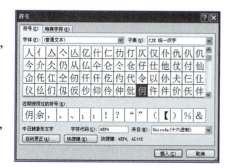

图3-5 "符号"对话框

3.2.4 设置字体与段落格式

1. 设置字体格式

字体的格式设置包括字体、字形、字号、字体颜色、字符间距等。在【开始→字体】功能区或者在"字体"菜单中可设置相关的格式。在对文档进行编辑时,要遵循"先选定,后操作"的原则。用鼠标选择文本的操作方法见表3-3。

表3-3 使用鼠标选择文本操作方法

选择文本	操作方法
一个单词	双击该单词
一个句子	按住【Ctrl】键,单击该句子的任何位置
一行文字	在选定区,单击该行
连续多行文字	在选定区,单击首行,向下拖动鼠标
一段	在选定区,双击该段中的任意一行
整个文档	按【Ctrl+A】组合键,或按【Ctrl】键的同时单击选定区
矩形区域	按住【Alt】键,拖动鼠标
任意数量文字	拖动鼠标选择文字

👉 将标题"关于户外素质拓展活动的通知"设置为"宋体、小二号、加粗、字符间距加宽1磅",其他文字设置为"仿宋、三号"。操作步骤如下:

(1)选中标题"关于户外素质拓展活动的通知"。

(2)在【开始→字体】功能区中,单击右下角的 按钮。弹出"字体"对话框,在"字体"选项卡中设置"中文字体"为宋体,"字形"为加粗,"字号"为小二号,如图3-6所示。或者在"字体"功能区中设置字体、字形、字号相关格式,如图3-7所示。

(3)打开"字体"对话框的"高级"选项卡,设置"字符间距(加宽)"1磅,如图3-8所示。

(4)按上述方法设置其他文字的格式。

图3-6 "字体"对话框

图3-7 "字体"功能区

图3-8 "高级"选项卡

2. 设置段落格式

段落的格式设置包括对齐方式、大纲级别、左右缩进、首行缩进、段前段后间距、行距等。在【开始→段落】功能区中可设置相关的格式。

👉 将标题"关于户外素质拓展活动的通知"设置为"居中对齐、段后间距0.5行",将第2段到第12段设置"首行缩进2个字符、行距30磅",将最后两行设置"右对齐"。操作步骤如下:

(1)选中标题"关于户外素质拓展活动的通知"。

（2）在【开始→段落】功能区中，单击右下角的 按钮。弹出"段落"对话框，在"缩进和间距"选项卡中设置"对齐方式"为居中，"间距（段后）"为0.5行，然后单击"确定"按钮，如图3-9所示。

（3）选中第2段到第12段，在"段落"对话框中，设置"特殊格式（首行缩进）"为2字符，"行距（固定值）"为30磅。

（4）选中最后两行，在"段落"对话框中，设置"对齐方式"为右对齐。

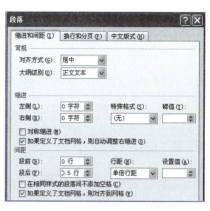

> **提示**
> 在编辑文档的过程中，需要将多处文本或段落设置相同格式时，为了减少重复的排版操作，可以使用【开始→剪贴板】功能区中的"格式刷"工具 ，实现字符格式、段落格式的复制。

图3-9 "段落"对话框

3.2.5 设置项目符号与编号

对于按一定顺序或层次结构排列的文字，可以为其添加项目符号和编号。给文档添加项目符号和编号，使文档更具有层次感，有利于阅读和理解。项目编号一般使用阿拉伯数字、中文数字或英文字母，以段落为单位进行标识。项目符号主要用于区分文档中不同类别的文本内容，使用原点、星号等符号表示项目符号。

☞ 参考图3-10，给第4～10段加上项目编号，操作步骤如下：

（1）选中第4～10段。

（2）在【开始→段落】功能区中，单击"编号"按钮 ，在编号库中，选择样式"一、二、三"，如图3-11所示。

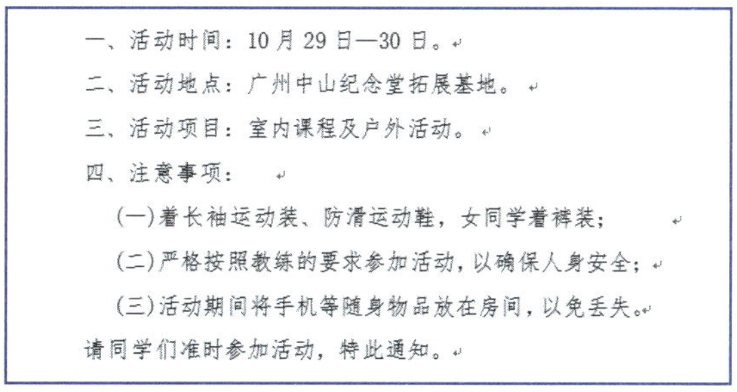

图3-10 "项目编号"效果　　　　　图3-11 项目编号库

（3）选中第8～10段，此时为一级编号，如图3-12所示。

（4）单击"增加缩进量"按钮 ，编号更新为二级标题，效果如图3-13所示。

（5）在编号库中，选择样式"（一）、（二）、（三）"，显示图3-10所示的效果。

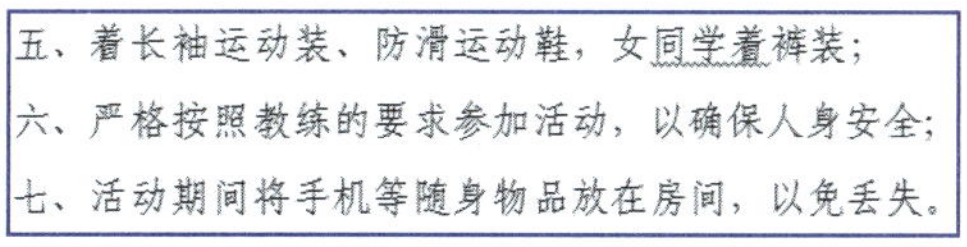

图3-12 一级编号效果图　　　　　图3-13 二级编号效果图

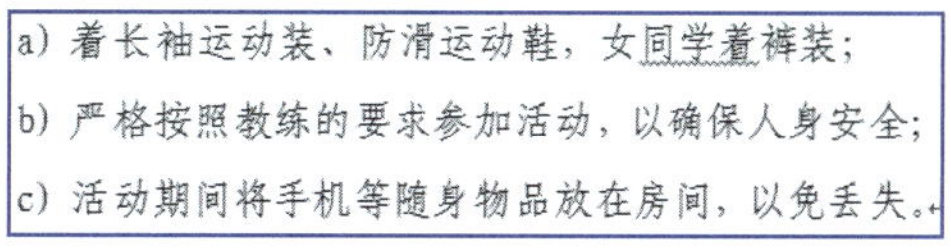

> **提示**
> - 设置项目编号格式的方法：在【开始→段落】功能区中，单击"编号"按钮 ，选择"定义新编号格式"，在弹出的对话框中设置"编号样式""编号格式""对齐方式""字体"等。
> - 删除项目符号的方法：选择已添加项目符号的段落，在【开始→段落】功能区中，单击"编号"按钮，选择"无"选项。

3.2.6 图文混排

在文档排版中，常常需要制作一些具有吸引力的文档，借助丰富的图装饰文档，如音乐会宣传、社团招新、旅游景点宣传、服装表演宣传等。图文混排，就是将文字与图片混合排列，通过搜集相关的素材，对素材进行布局设计，借助各种修饰手段美化文档。常用的图文混排包括：首字下沉、分栏、边框底纹、图片、艺术字、文本框等。案例的第二页是对中山纪念堂的介绍进行图文混排操作，排版的效果如图3-14所示。

☞ 打开素材"素材-通知"，选中第二页"广州中山纪念堂"的文字，复制粘贴到当前文档"户外拓展通知"的第二页。

1. 分栏

分栏功能可以调整文档的布局，使文档更具有灵活性。利用分栏功能可以将文档设置为两栏、三栏等，还可根据需要控制栏的宽度和间距。

☞ 参考图3-14的效果图，将正文前三段的文字分成三栏，操作步骤如下：

（1）选中文字。

（2）在【布局→页面设置】功能区中，单击"栏"按钮，在下拉列表中选择"更多分栏"，在"分栏"对话框中选择"三栏"，然后单击"确定"按钮，如图3-15所示。

图3-14 "图文混排"效果图

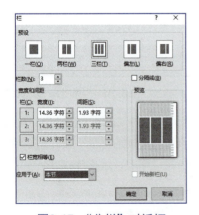

图3-15 "分栏"对话框

2. 边框和底纹

为文本或段落添加边框和底纹，让文档的某些部分突出显示，加以强调，使文档更加独特、美观。

☞ 参考图3-14的效果，将最后一段添加浅绿色的粗实线边框、浅绿色的浅色下斜线底纹。操作步骤如下：

（1）选中最后一段文字。

（2）在【开始→段落】功能中，单击"框线"按钮，选择下拉列表中的"边框和底纹"，在"边框和底纹"对话框中，选择"边框"选项卡，设置"样式"为粗实线、"颜色"为浅绿色、"应用于"段落，如图3-16所示。

（3）选择"底纹"选项卡，设置"样式"为浅色下斜线、"颜色"为浅绿色、"应用于"段落，如图3-17所示。

图3-16 "边框"选项卡

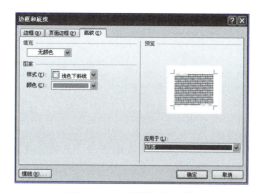
图3-17 "底纹"选项卡

（4）单击"确定"按钮，效果如图 3-14 所示。

3. 查找和替换

使用查找和替换功能，可在文档中查找某一字符或字符串，或把文档的某些内容批量替换或修改。

☞ 将正文中所有的文字"中山"替换为绿色、华文新魏、加粗的"中山"。操作步骤如下：

（1）选中正文的文字。

（2）在【开始→编辑】功能区中，单击"替换"按钮，打开"查找和替换"对话框，在"查找内容"文本框中输入"中山"，在"替换为"文本框中输入"中山"，如图 3-18 所示。

图3-18 "查找和替换"对话框

（3）单击"更多"按钮，选择【格式→字体】命令，在"替换字体"对话框中设置"字体"为华文新魏、加粗，"字体颜色"为绿色，然后单击"全部替换"按钮。

> **提 示**
> 如果"替换字体"的格式设置错误，单击"不限定格式"按钮后，再重新设置新的格式。

4. 艺术字

使用艺术字功能可生成具有特殊视觉效果的文字。在文档中插入艺术字，能为文档增加特色。

☞ 参考图 3-14 的效果图，将标题"广州中山纪念堂"设置为艺术字，"样式"为"填充 - 橄榄色，强调文字颜色 3，粉状棱台"，"文本效果"为上弯弧，"环绕方式"为紧密型环绕。操作步骤如下：

（1）选中标题"广州中山纪念堂"。

（2）在【插入→文本】功能区中，单击"艺术字"按钮，选择样式"填充：蓝色，主题色 5"，即可添加艺术字。

（3）选中艺术字"广州中山纪念堂"，在【形状格式→艺术字样式】功能区中，单击【文本效果→转换】，选择"跟随路径"中的"拱形"，如图 3-19 所示。

（4）在【形状格式→排列】功能区中，单击"环绕文字"按钮，选择下拉列表中的"四周型环绕"。适当调整艺术字的位置和大小。

5. 图片

在文档中插入适当的图片，可使文档变得更加丰富多彩。Word 2016 中插入的图片包括剪贴画、来自用户文件的图片、形状等。

（1）在【插入→插图】功能区中，单击"图片"按钮，在"插入图片"对话框中，选择要插入的图片"中山纪念堂 .jpg"，然后单击"插入"按钮。

（2）选择图片，在【图片格式→图片样式】功能区中，选择"柔化边缘矩形"。

（3）在【图片格式→排列】功能区中，单击"环绕文字"按钮，在下拉列表中选择"四周型"。

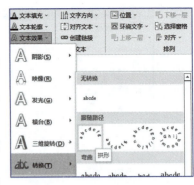

图3-19 "艺术字"文本效果

（4）将光标移到图片四周的控制点处，当光标变为双向箭头时，按住鼠标左键拖动图片控制点，适当调整图片的大小，并拖动图片到合适的位置。

6. 首字下沉

首字下沉通过加大字符，主要用在文档或章节的开头处。首字下沉分为下沉与悬挂两种方式，下沉是首个字符在文档中加大，占据文档中多行的位置；悬挂是首个字符悬挂在文档的左侧部分，不占据文档中的位置。

☞ 将文档第一个字"中"设置首字下沉2行，字体为"华文新魏"。操作步骤如下：

（1）把光标定位在要设置首字下沉的段落。

（2）在【插入→文本】功能区中，单击"首字下沉"按钮，在打开的下拉列表中选择"首字下沉"选项。

（3）在"首字下沉"对话框中，设置"位置"为下沉，"字体"为华文新魏，"下沉行数"为2，然后单击"确定"按钮，如图 3-20 所示。

图3-20 "首字下沉"对话框

> **提 示**
>
> 取消首字下沉的操作方法：把光标定位在要取消首字下沉的段落，在"首字下沉"按钮的下拉列表中选择"无"。

7. 文本框

文本框是一种可移动、可调大小的文字或图形容器。使用文本框，可以在页面中放置数个文字块，或使文字按与文档中其他文字不同的方向排列，对文档进行轻松布局。在文档中不仅可以添加内置文本框，还可以绘制"横排"或"竖排"文本框。

☞ 参考图 3-14 的效果图，将图片"联系我们"插入文本框中，设置文本框的形状轮廓为"无轮廓"。操作步骤如下：

（1）在【插入→文本】功能区中，单击"文本框"按钮，在打开的下拉列表中选择"绘制文本框"。

（2）光标变为"十"字形状，拖动鼠标可绘制大小合适的文本框。

（3）将图片"联系我们"插入文本框中。

（4）选择文本框，在【形状格式→形状样式】功能区中，单击"形状轮廓"按钮，在打开的下拉列表中选择"无轮廓"，文本框的边框取消。

（5）在二维码下面，插入两个小的文本框并设置"无轮廓"，分别输入文字"微信订阅号""微信服务号"。

☞ 参考图 3-14 的效果图，将"素材-通知"中的"参观须知"文字放在横排文本框中，设置文本框的形状轮廓为"绿色，2.25磅实线"，形状填充为"浅蓝色"。操作步骤如下：

(1)在【插入→文本】功能区中,选择"文本框"按钮,在打开的下拉列表中选择"绘制文本框"。

(2)光标变为"十"字形状,拖动鼠标绘制大小合适的"横排"文本框。

(3)将"素材 - 通知"中的"参观须知"文字复制到"横排"文本框中。

(4)选择"横排"文本框,在【形状格式→形状样式】功能区中,单击"形状轮廓"按钮,在打开的下拉列表中设置颜色为绿色,粗细为2.25磅。单击"形状填充"按钮,在打开的下拉列表中设置颜色为浅蓝色。

3.2.7 设置文档页面格式

1. 页面设置

由于排版的需要,通常需要打印不同规格的文档,所以在编辑文档之前需要对页面进行适当的设置。页面设置通常包括页边距、纸张方向、纸张大小等设置,页边距是指打印纸的边缘与正文之间的距离,分为上、下、左、右页边距。

> 将文档"户外拓展通知"的页边距设置为"上、下2.5厘米,左、右3厘米",纸张方向为"纵向",纸张大小为A4。操作步骤如下:

(1)在【布局→页面设置】功能区中,单击"页边距"按钮,在打开的下拉列表中选择"自定义边距"。

(2)在弹出的"页面设置"对话框中,单击"页边距"选项卡,上、下框中输入2.5厘米,左、右框中输入3厘米,"纸张方向"选择"纵向";单击"纸张"选项卡,设置纸张大小为A4,然后单击"确定"按钮,如图3-21所示。

2. 设置页面边框

单调的页面看起来会很枯燥,尤其是打印之后,用户可根据需要为文档添加页面边框。设置页面边框可以为打印出来的文档增加效果。给文档添加页面边框的操作步骤如下:

(1)在【设计→页面背景】功能区中,单击"页面边框"按钮,在弹出的"边框和底纹"对话框中,设置"样式""颜色""宽度"等,如图3-22所示。

图3-21 "页面设置"对话框

图3-22 "页面边框"选项卡

(2)在"艺术型"下拉列表框中选择带图案符的边框线,作为页面边框。

(3)单击"确定"按钮即可看到效果。

3. 设置页面颜色

使用背景填充效果中的渐变、纹理、图案、图片等选项,可以为背景增加许多新的元素,使文档更加美观、亮丽。给文档添加页面背景的操作步骤如下:

(1)在【设计→页面背景】功能区中,单击"页面颜色"按钮,在下拉列表中选择合适的颜色;如果选择"其他颜色",在打开的"颜色"对话框中,选择背景颜色。

(2)在下拉列表中选择"填充效果"选项,在弹出的"填充效果"对话框中选择"渐变"选项卡,设置合适的"颜色""底纹样式"等，如图 3-23 所示。

（3）在"填充效果"对话框中，选择"纹理"选项卡，选择一种纹理效果，可得到纹理背景效果，如图 3-24 所示。

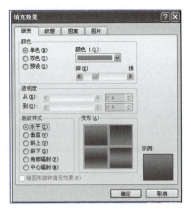
图3-23 "渐变"选项卡

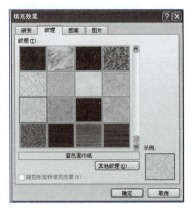
图3-24 "纹理"选项卡

（4）在"填充效果"对话框中，选择"图案"选项卡，设置合适的"图案""前景""背景"等，即可得到图案背景效果。

（5）在"填充效果"对话框中，选择"图片"选项卡，单击"选择图片"按钮，弹出"选择图片"对话框，在对话框中选择合适的背景图片，单击"插入"按钮，可得到图片效果的背景。

4. 设置水印

水印是向文档中添加某些信息以达到文件真伪鉴别、版权保护等功能。嵌入的水印信息隐藏于文件中，不影响原始文件的可观性和完整性。给文档添加水印的操作方法如下：

（1）在【设计→页面背景】功能区中，单击"水印"按钮，在下拉列表中选择"机密"或"紧急"类的水印样式。

（2）在下拉列表中选择"自定义水印"选项，在弹出的"水印"对话框中，选择"图片水印"，单击"选择图片"按钮，在"插入图片"对话框中选择图片，创建图片水印，如图 3-25 所示。

（3）在"水印"对话框中，选择"文字水印"，在文字框输入文字，设置字体、字号、颜色和版式，创建文字水印。

（4）在"水印"下拉列表中，选择"删除水印"选项，可将水印删除。

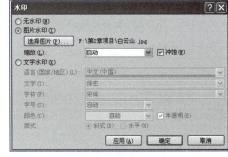
图3-25 "水印"对话框

5. 设置页眉页脚

 在文档的页眉处输入文字"户外拓展"，页脚处插入页码。操作步骤如下：

（1）将光标定位在第一页，双击页眉区域，进入页眉页脚视图，输入文字"户外拓展"。

（2）在【页眉和页脚工具 - 设计→关闭】功能区中，单击"关闭页眉页脚"按钮，退出编辑页眉页脚的视图。所有页面都添加了页眉。

（3）在【插入→页眉和页脚】功能区中，选择"页码"按钮，在下拉列表中，选择【页眉底端→普通数字 2】，在文档的页脚添加页码。

> **提 示**
>
> 在文档未分节，还是一个整体的情况下，插入页眉页脚，所有页面的页眉页脚都是统一的。

6. 文档视图方式

视图方式是指浏览文档的模式。Word 2016 提供了多种在屏幕上显示文档的视图方式，目的是让用户能更好、更方便地浏览文档的某些部分，从而更好地完成不同的操作。

常用的视图方式有以下几种：页面视图、阅读视图、Web 版式视图、大纲视图、草稿，编辑 Word 文档时常用的是页面视图。要切换到不同的视图，可在【视图→文档视图】功能区中，单击要切换的视图方式。

3.3 表格制作

3.3.1 案例简介

据有关资料统计，全国每年有 500 余万大学毕业生，并在逐年快速增长。在这种激烈的就业竞争之中，制作一份大方得体的简历，在就业路上会起到事半功倍的效果。

刘××是音乐系毕业班的学生，近期有一场艺术类专业的专场招聘会，刘××计划制作一份简历参加招聘会。为了在应聘时给用人单位留下良好的印象，在众多的简历中让用人单位挑中，设计的简历应该尽量丰富，内容简洁明了，将自己所有的特长体现在简历中。

用表格表达内容，效果比较直观，一张表格可以代替大篇的文字叙述，所以在简历制作中使用表格，可让内容简洁明了，也方便排版。刘××制作的简历效果如图 3-26 所示。

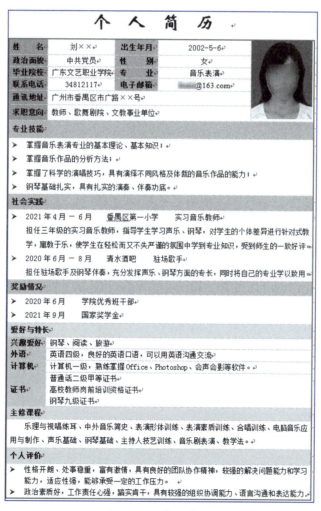

图3-26 简历效果

本案例涉及的知识点包括：表格的制作、单元格的合并与拆分、表格的格式设置、边框底纹的设置、表格样式应用等。

3.3.2 创建表格

创建表格的方法主要有以下 3 种：

1. 拖动鼠标创建表格

将光标定位在需要插入表格的位置，在【插入→表格】功能区中，单击"表格"按钮▦，在下拉列表中选择表格的行数和列数，松开鼠标即可创建表格，如图 3-27 所示。

2. 通过对话框创建表格

通过对话框创建表格的操作步骤如下：

（1）将光标定位在需要插入表格的位置。

（2）在【插入→表格】功能区中，单击"表格"按钮▦，在下拉列表中选择"插入表格"，在弹出的"插入表格"对话框中，输入列数、行数，并在"自动调整"操作中，选择所需的选项，如图 3-28 所示。

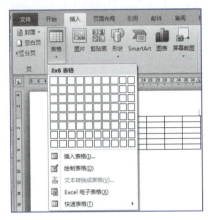

图3-27 "插入表格"下拉列表

图3-28 "插入表格"对话框

3. 使用表格模板创建表格

在【插入→表格】功能区中，单击"表格"按钮▦，在下拉列表中选择"快速表格"，选择所需的表格模板。Word 2016 为用户提供了表格式列表、带副标题、日历等 9 种表格模板。为了更直观地显示模板效果，在每个表格模板中都自带了表格数据。

> 新建一个 Word 文档,保存文件名为"简历 .docx"。参考图 3-26 所示的效果,输入表格标题"个人简历",然后创建一个 5 列 21 行的表格。操作步骤如下：

（1）启动 Word,自动新建一个空白的文档,选择【文件→保存】命令，在弹出的"另存为"对话框中选择保存位置，并在文件名文本框中输入文件名"简历 .docx"，然后单击"保存"按钮。

（2）在文档的第一行，输入文字"个人简历"，按【Enter】键创建新行。

（3）将光标定位在第二行，在【插入→表格】功能区中，单击"表格"按钮▦，在下拉列表中选择"插入表格"，在弹出的"插入表格"对话框中，设置列数为 5，行数为 21，然后单击"确定"按钮，创建新表格，如图 3-29 所示。

（4）选择文字"个人简历"，设置格式为"华文新魏、一号、加粗、居中"。

图3-29 "插入表格"效果

3.3.3 编辑表格

1. 调整表格大小

为了使表格更加美观，同时使表格与文档更加协调，可以调整表格的大小。

☞ 将文档"简历"中的表格的宽度设置为 15.5 厘米。操作步骤如下：

（1）将光标定位在表格中。

（2）在【表格工具 - 布局→表】功能区中，单击"属性"按钮，在弹出的"表格属性"对话框中，在"尺寸"栏中设置度量单位为"厘米"，指定宽度为 15.5 厘米。

（3）单击"确定"按钮，如图 3-30 所示。

图3-30 "表格属性"对话框

> **提示**
> 调整表格大小的方法还有以下两种：
> - 使用鼠标调整：移动光标到表格的右下角，当光标变成双向箭头时，拖动鼠标可调整表格大小。
> - 使用自动调整：在【表格工具-布局→单元格大小】功能区中，单击"自动调整"按钮，在打开的下拉列表中，选择所需的选项。

2. 调整行高、列宽

☞ 将文档"简历"中的表格，设置第 1 行至第 6 行的高度为 0.6 厘米，第 1、3 列的宽度为 2 厘米，第 2、4 列的宽度为 4 厘米。操作步骤如下：

（1）选中第 1 行至第 6 行。

（2）在【表格工具 - 布局→表】功能区中，单击"属性"按钮，在弹出的"表格属性"对话框中，选择"行"选项卡，设置"指定高度"为 0.6 厘米，"行高值"为"固定值"，如图 3-31 所示。

（3）按住【Ctrl】键，选中第 1、3 列。

（4）在【表格工具 - 布局→表】功能区中，单击"属性"按钮，在弹出的"表格属性"对话框中，选择"列"选项卡，设置"指定宽度"为 2 厘米，"度量单位"为"厘米"，如图 3-32 所示。

图3-31 "行"选项卡

图3-32 "列"选项卡

（5）用上述方法设置第 2、4 列的宽度为 4 厘米，然后单击"确定"按钮。

> **提示**
> 行高、列宽还可以使用鼠标或标尺直接进行调整。

3. 合并、拆分单元格

通过使用合并、拆分单元格功能可以对单元格进行自定义的组合大小，制作出多种形式、多种功能的表格。

☞ 参考图3-26所示的效果，对单元格进行合并操作。操作步骤如下：

（1）选中第5列的前6个单元格。

（2）在【表格工具 - 布局→合并】功能区中，单击"合并单元格"按钮，将所选的6个单元格合并为一个单元格。

（3）利用上述方法将其他单元格进行合并，效果如图3-33所示。

> **提示**
> 拆分单元格的操作方法：选择需要拆分的单元格，在【表格工具 - 布局→合并】功能区中，单击"拆分单元格"按钮，在"拆分单元格"对话框中设置拆分的列数和行数。

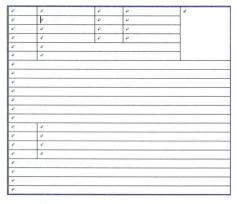

图3-33 "合并单元格"效果

4. 输入内容、设置格式

☞ 参考图3-26所示的效果，在表格中输入文字，将第1～6行文字的对齐方式设置为水平、垂直均居中对齐；插入图片，设置图片的环绕方式为"浮于文字上方"。操作步骤如下：

（1）参考效果图3-26，在表格中输入文字。

（2）将内容为标题的单元格，文字设置为加粗；有多行文字的单元格，设置行间距为"多倍行距：1.25"，并设置合适的项目符号。

（3）选中第1～6行，选择右键快捷菜单中的"单元格对齐方式"命令，单击第2行第2列的对齐方式，如图3-34所示。

（4）将光标定位在第5列第1个单元格。

（5）插入图片"简历照片"，在【图片工具 - 格式→排列】功能区中，单击"环绕文字"按钮，选择下拉列表中的"浮于文字上方"，调整图片大小。

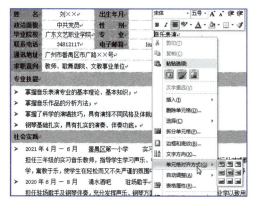

图3-34 "单元格对齐方式"菜单

5. 设置边框底纹

设置表格边框的线条类型与颜色、底纹颜色，可以增加表格的美观性与可视性。

☞ 将文档"简历"中的表格，设置外边框"样式"为实线、"颜色"为"深蓝，文字2,淡色40%"、"粗细"为2.25磅；内边框"样式"为虚线、"颜色"为"深蓝,文字2,淡色40%"、"粗细"为1磅；内容为标题的单元格，设置底纹填充颜色为"白色,背景1,深色15%"。操作步骤如下：

（1）单击表格左上角的全选按钮，选中整个表格。

（2）在【表格工具 - 设计→边框】功能区中，单击"边框"按钮，在打开的下拉列表中选择"边框和底纹"选项。

（3）在打开的"边框和底纹"对话框中选择"边框"选项卡，在设置栏选择"自定义"，选择"样式"为实线、"颜色"为"深蓝,文字2,淡色40%"、"粗细"为2.25磅，在预览栏单击上、下、左、右表格线，添加外边框。选择"样式"为虚线、"粗细"为0.75磅，在预览栏单击中间的2条表格线，添加内边框。单击"确定"按钮，如图3-35所示。

（4）选择第1列的第1至6个单元格，在【表格工具 - 设计→表格样式】功能区中，单击"底纹"按钮，在下拉列表中选择颜色"白色,背景1,深色15%"，如图3-36所示。

图3-35 "边框和底纹"对话框

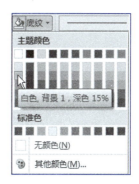
图3-36 设置底纹

6. 插入行、列

插入行或列的方法有两种：

（1）使用快捷菜单。在表格中选择需要插入的行或列并右击，在弹出的快捷菜单中选择"插入"命令，再选择所需的选项即可。

（2）使用按钮。在表格中选择需要插入的行或列，在【表格工具 - 布局→行和列】功能区中，根据需要单击相应的按钮，插入行或列。

7. 删除行、列

删除行或列的方法有 2 种：

（1）使用快捷菜单。选择需要删除的行或列并右击，在弹出的快捷菜单中选择"删除行"或"删除列"命令。

（2）使用按钮。选择需要删除的行或列，在【表格工具 - 布局→行和列】功能区中，单击"删除"按钮，在下拉列表中选择相应的选项即可。

8. 绘制斜线表头

斜线表头是指在表格单元格中绘制斜线，以便在斜线单元格中添加表格项目名称。绘制斜线表头的操作步骤如下：

（1）把光标定位在表格中。

（2）在【表格工具 - 布局→绘图】功能区中，单击"绘制表格"按钮 。

（3）鼠标指针变为笔的形状，在单元格中拖动鼠标，绘制斜线。

（4）如果不再需要绘制斜线，再单击一次"绘制表格"按钮，鼠标指针恢复原状。

9. 表格样式

表格样式是包含线条颜色、文字颜色等格式的集合，Word 2016 为用户提供多种内置表格样式。用户可根据实际情况，应用内置样式或自定义表格样式，来设置表格的外观。

（1）应用内置样式，操作步骤如下：选中表格，在【表格工具 - 设计→表格样式】功能区中，选择合适的样式。

（2）修改表格样式，操作步骤如下：选中已应用样式的表格，在【表格工具 - 设计→表格样式】功能区中，右击样式，在弹出的快捷菜单中选择"修改表格样式"命令，弹出"修改样式"对话框，在"将格式应用于"的下拉列表中，选择要修改的表格项目，然后在相应的项目中设置格式进行修改，如图 3-37 所示。

（3）删除表格样式，操作步骤如下：选择应用样式的表格，在【表格工具 - 设计→表格样式】功能区中，右击所应用的样式，在

图3-37 "修改样式"对话框

弹出的快捷菜单中选择"删除表格样式"命令。

3.4 文档高效排版

3.4.1 案例简介

文字型文档、图文混排型文档、表格型文档一般只有一页或者两三页。而长文档少则几十页，多则几百页，掌握文档高效排版的方法，可以大大提高工作效率。对于长文档的驾驭能力可以充分检验对 Word 软件掌握的程度。

在学习和生活中常常需要处理一些长文档，如实验指导书、毕业论文等。针对长文档的编辑，Word 提供了很多专用的功能，例如只需要一个命令就可以从几百页的书中将这些目录提取出来，很轻松地进行目录的调整。

长文档撰写的一般步骤主要包括：页面设置、样式的修改与新建、构建文档结构、编辑正文文字、插入图片并添加题注、插入表格并添加题注、为图和表添加引用、设置节、制作封面、设置页眉页脚、自动生成目录与索引等。

毕业论文是要在学业完成前写作并提交的论文，是教学或科研活动的重要组成部分之一。刘 ×× 是音乐系毕业班的学生，近期要完成毕业论文的撰写、排版，并进行答辩。本案例通过"毕业论文"的制作，讲解 Word 文档高效排版的技巧。毕业论文一般包括封面、摘要和关键字、目录、正文、结论、参考文献、致谢和附录等。

其中，正文是毕业论文的主体，一般由若干章节组成。

本案例涉及的知识点包括：导航目录、分节、样式、页眉页脚、图片、自动生成目录等。

3.4.2 案例准备

1. 页面设置

☞ 打开本章素材"素材 - 论文 .docx"，将其另存为"毕业论文 .docx"，设置文档的页边距为"上、下 2.5 厘米，左、右 3 厘米，纸张方向为"纵向"，纸张大小为 A4；设置文档属性标题为"毕业论文"，作者为"刘思思"，单位为"广东文艺职业学院"。操作步骤如下：

（1）打开"素材 - 论文 .docx"，选择【文件→另存为】命令，在"另存为"对话框中，输入文件名为"毕业论文 .docx"。

（2）在【布局→页面设置】功能区中，单击"页边距"按钮，在打开的下拉列表中选择"自定义边距"。

（3）在弹出的"页面设置"对话框中按要求设置页边距、纸张方向、纸张大小，然后单击"确定"按钮，如图 3-38 所示。

（4）选择【文件→信息】命令，在信息面板中，更改相关的属性。

2. 构建文档结构

文档结构图是一个独立的窗格，在窗口左侧的导航窗格中显示，由文档各个不同级别的标题组成，显示整个文档的层次结构。Word 文档中如果有合理的文档结构图，不仅能快速定位到某一章节的内容，还能通过查看文档结构图对文章主要内容有大致了解。

图 3-38 "页面设置"对话框

"大纲视图"主要用于设置 Word 文档的格式和显示标题的层级结构，易于编辑，并可以方便地折叠和展开各种层级的文档。大纲级别包括正文文本、1～9 级标题，1～9 级标题会出现在文档结构图中，而正文文本不会出现在文档结构图中。大纲的级别体现内容的包含关系，比如 2 级内容从属于 1 级，3 级内容从属于 2 级。

☞打开文档"毕业论文 .docx",在大纲视图中,设置如图 3-39 所示的文档结构图。操作步骤如下:

(1)打开文档"毕业论文 .docx"。

(2)在【视图→显示】功能区中,选择"导航窗格",在窗口左侧出现导航窗格。

(3)在"视图"功能区中,单击"大纲视图"按钮,进入大纲视图。

(4)选择第 3 页的文字"摘要",在【大纲→大纲工具】功能区中的"大纲级别"下拉框中,选择"1 级","摘要"被设置为"1 级"标题的格式,在导航窗格中,出现文字"摘要",如图 3-39 所示。

(5)选择第 5 页的文字"一、发声技术运用上的异同",设置为"1 级"标题;选择文字"1.1 民族唱法的发声技术",设置为"2 级"标题;选择文字"1.1.1 真声唱法",设置为"3 级"标题。

(6)使用上述方法,设置第二章、第三章、结论、参考文献等标题为对应的大纲级别,效果如图 3-40 所示。

图3-39 设置"大纲级别"

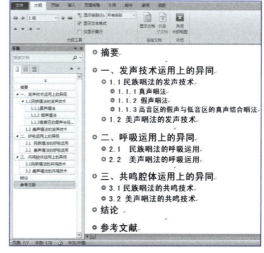

图3-40 文档结构图

(7)在【大纲→关闭】功能区中,单击"关闭大纲视图"按钮,退出大纲视图,返回页面视图。

3.4.3 样式的应用

样式是一组命名的字符和段落格式的组合,可以使用 Word 提供的各种样式对文档进行格式化。在文档中使用样式不仅可以减少重复操作,而且还可以快速地格式化文档,确保文本格式的一致性。

当 Word 自带的样式不能满足用户的需求时,可以修改样式的格式设置,或者新建样式。若文档中使用了某个样式,当修改了该样式后,文档中使用此样式的文本将自动更新。

1. 新建样式

☞新建样式"毕业论文正文",设置字体格式为"宋体、小四",段落格式为"1.5 倍行距、首行缩进 2 字符"。操作步骤如下:

(1)在【开始→样式】功能区中,单击按钮,打开"样式"任务窗格,在窗格的左下角单击"新建样式"按钮,如图 3-41 所示。

(2)在弹出的对话框中,设置名称为"毕业论文正文",样式类型为"段落",设置字体格式为"宋体、小四",如图 3-42 所示。

(3)单击"格式"按钮,在弹出的列表中选择"段落",在"段落"对话框中设置段落格式为"1.5 倍行距、首行缩进 2 字符"。

(4)单击"确定"按钮,在"样式"任务窗格中出现新样式"毕业论文正文"。

图3-41 "样式"窗格

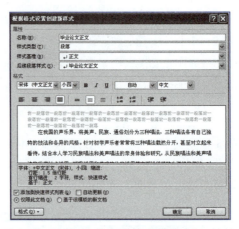

图3-42 "根据格式设置创建新样式"对话框

2. 应用样式

☞ 将文档中的所有正文文字,设置为"毕业论文正文"样式。操作步骤如下:

(1)在文档第3页"摘要"部分,选择所有的正文文字。
(2)在【开始→样式】功能区中,单击样式"毕业论文正文",如图3-43所示。
(3)使用上述方法,对其他章节的正文文字应用样式"毕业论文正文"。

3. 编辑样式

☞ 将样式"标题1",段落对齐方式更改为"居中"。操作步骤如下:

(1)将光标定位在第3页"摘要"处。
(2)在【开始→样式】功能区中,右击样式"标题1",在弹出的快捷菜单中选择"修改"命令。
(3)在弹出的"修改样式"对话框中,设置对齐方式为"居中",单击"确定"按钮,如图3-44所示。

图3-43 应用"毕业论文正文"样式

图3-44 "修改样式"对话框

(4)所有应用了样式"标题1"的文字,包括所有的一级标题"摘要""一、发声技术运用上的异同""二、呼吸运用上的异同""三、共鸣腔体运用上的异同""结论""参考文献"的对齐方式都批量更改为居中对齐。

> **提示**
>
> 若文档中使用了某个样式,修改该样式后,文档中所有使用此样式的文本格式将自动更新。样式的应用为长文档的编辑和修改提供了非常方便的操作。

4. 为样式设置快捷键

当文档中使用了比较多种类的样式时，为样式设置快捷键可以快速使用样式，提高排版效率。

☞ 为样式"毕业论文正文"设置快捷键【Alt+Q】，操作步骤如下：

（1）在【开始→样式】功能区中，右击样式"毕业论文正文"，在弹出的快捷菜单中选择"修改"命令。

（2）在弹出的"修改样式"对话框中，单击"格式"按钮，在列表中选择"快捷键"。

（3）在弹出的"自定义快捷键"对话框中，将光标定位在"请按新快捷键"下的文本框，按【Alt+Q】组合键，在文本框中出现Alt+Q，如图3-45所示。

（4）依次单击"指定"按钮、"关闭"按钮、"确定"按钮，完成快捷键的设置。

（5）选中正文部分的文字，按【Alt+Q】组合键，即可应用样式"毕业论文正文"。

图3-45 "自定义键盘"对话框

3.4.4 目录的制作

一般书籍、论文等在正文之前都会提供目录，以方便读者通过目录了解整个文档的主要内容和结构。

1. 新建目录

☞ 在文档第2页"目录"的下方，生成带有三级标题的文档目录。操作步骤如下：

（1）将光标定位在"目录"的下一行。

（2）在【引用→目录】功能区中，单击"目录"按钮，在下拉列表中选择"自定义目录"。

（3）在打开的"目录"对话框中，选择"目录"选项卡，设置"格式""显示级别"等项目，单击"确定"按钮，如图3-46所示。

（4）在文字"目录"的下方添加了目录，效果如图3-47所示。

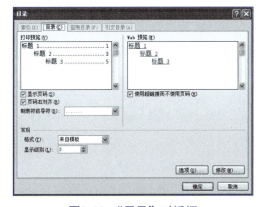

图3-46 "目录"对话框

图3-47 "目录"效果图

> **提 示**
> 要在较长的Word文档中成功添加目录，首先要正确使用带有级别的样式，例如"标题1"~"标题9"样式，具体操作见"2.4.2案例准备"中的"构建文档结构"。或者在"段落"对话框中设置大纲级别。

2. 修改目录

在Word中，一般采用目录模板的默认样式编制目录。如果想让目录具有不同的格式，可以修改目录的样式。

☞ 设置文档目录的格式，一级标题为"宋体、小四号、加粗，段前0.5行、段后0.5行、单倍行距"，二级标题为"宋体、小四号，行距固定值20磅"，三级标题为"宋体、五号，行距固定值20磅"。操作步骤如下：

（1）将光标定位在"目录"的任意位置。

（2）在【引用→目录】功能区中，单击"目录"按钮，在下拉列表中选择"自定义目录"。在打开的"目录"对话框中，单击"修改"按钮，弹出"样式"对话框，如图3-48所示。

（3）在"样式"对话框中选择样式"TOC 1"，单击"修改"按钮，弹出"修改样式"对话框，如图3-49所示。

（4）在"修改样式"对话框中，设置样式的字体格式为"宋体、小四号、加粗"，段落格式为"段前0.5行、段后0.5行、单倍行距"，单击"确定"按钮，返回"样式"对话框。

（5）使用上述方法，按照要求设置"目录2""目录3"的格式，单击"确定"按钮。

（6）弹出提示信息框，提示用户是否将设置的目录替换为所选目录，单击"确定"按钮。

（7）修改格式后的目录效果如图3-50所示。

图3-48 "样式"对话框

图3-49 "修改样式"对话框

图3-50 修改格式的目录效果

> **提 示**
> "目录1"～"目录3"的格式分别对应目录显示的"标题1"～"标题3"的格式。修改某个级别的目录格式后，所有该级别的目录都会自动更新格式。

3. 更新目录

如果文档中用于创建目录的样式内容发生变化，使用该样式生成的目录需要进行更新，以保持与样式内容一致。更新目录的操作步骤如下：

（1）将光标定位在目录的任意位置。

（2）在【引用→目录】功能区中，单击"更新目录"按钮，或者右击已有的目录，在弹出的菜单中选择"更新域"命令，弹出"更新目录"对话框，如图3-51所示。

（3）在"更新目录"对话框中，选择"更新整个目录"选项，将目录的内容和页码都更新；选中"只更新页码"单选按钮，则只对目录的页码进行更新，内容不更新。

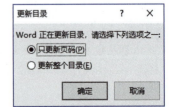

图3-51 "更新目录"对话框

3.4.5 制作页眉、页脚

页眉、页脚通常用于显示文档的附加信息，如页码、日期、作者名称、单位名称、徽标或章节名称等。页眉在页面的顶部，页脚在页面的底部。在文档未分节还是一个整体的情况下，插入和编辑页眉、页脚，所有页面的页眉、页脚都是统一更改，不能制作不同的页眉、页脚。

分节符是指在节的结尾插入的标记，起着分隔文本及格式的作用，包含节的格式设置元素，如页面方向、页眉和页脚，页码的格式等。通常，长文档各个章节的页眉、页脚是不同的，通过插入"分节符"，使长文档的各个章节独立，从而制作不同的页眉、页脚。

文档"毕业论文.docx"需要制作页眉、页脚的要求包括：

（1）页眉。
① 封面、目录没有页眉；
② 正文奇数页页眉：学校 logo+ 一级标题；
③ 正文偶数页页眉：学校 logo+ 论文名称；
④ 结论、参考文献页眉：学校 logo+ 一级标题。

（2）页脚。
① 封面没有页脚；
② 目录页脚：页码，居中，页码格式为"I、II、III"；
③ 正文页脚：页码，居中，页码格式为"1、2、3"。

为了达到要求中的效果，首先使用分节符将文档的各章节独立。例如，在"目录"的开头、结尾处插入分节符，将"目录"的内容从整体中独立出来。按照要求，需要将文档分成 7 节，如图 3-52 所示。

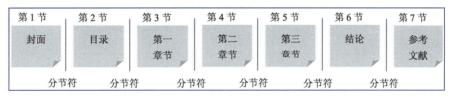

图3-52 文档分节图

1. 插入分节符

☞ 在"封面""目录""摘要""第一章节""第二章节""第三章节""结论"的末尾分别插入分节符，将各章节分成单独的一节。操作步骤如下：

（1）将光标定位在"封面"的最后一个回车符，在【布局→页面设置】功能区中，单击"分隔符"按钮，在打开的下拉列表"分节符"区域中，选择"下一页"，即可在光标处插入标记"⋯⋯分节符(下一页)⋯⋯"。

（2）将光标分别定位在"目录""摘要""第一章节""第二章节""第三章节""结论"的最后一个回车符，使用上述操作方法，在相应位置插入"⋯⋯分节符(下一页)⋯⋯"。

如果在插入分节符后，没有显示标记"⋯⋯分节符(下一页)⋯⋯"，在【开始→段落】功能区中，单击"显示/隐藏编辑标记"按钮，可将标记显示出来。

2. 断开分节符链接

长文档各节之间，虽然文本被分隔成不同节，但默认状态是"链接"，表示在修改上一节的页眉页脚时会使下一节也修改，为了让各节有不同的页眉页脚，需在各节之间断开链接。

☞ 在"封面""目录""摘要""第一章节""第二章节""第三章节""结论"的各节之间，断开链接。操作步骤如下：

（1）将光标定位在"目录"的某一位置。双击页眉区域，进入页眉页脚视图。

（2）在【页眉和页脚工具-设计→选项】功能区中，选择"奇偶页不同"选项。

（3）在【页眉和页脚工具-设计→导航】功能区中，单击"链接到前一条页眉"按钮，取消"与上一节相同"的状态。同理，在页脚位置也取消链接。

（4）将光标分别定位在"摘要""第一章节""第二章节""第三章节""结论"的页眉位置，取消各节的链接。

（5）在"摘要"的页脚位置，取消链接。

3. 输入页眉、页脚的内容

各节页眉、页脚的制作方法相似，内容通常包括文字、图片、边框底纹等操作。制作页眉页脚时，每节不管有多少页，通常只需要制作一次。如果选择了"奇偶页不同"选项，则奇数页、偶数页分别制作一次。

☞ 设置正文奇数页页眉为"学校logo+一级标题"，正文偶数页页眉为"学校logo+论文名称"，结论、参考文献页眉为"学校logo+一级标题"。操作步骤如下：

（1）将光标定位在第5页"第一章"的任意位置。

（2）双击页眉区域，进入页眉页脚视图，显示"奇数页页眉"，插入图片"学校logo"，调整图片大小，设置靠左对齐；输入文字"一、发声技术运用上的异同"，设置靠右对齐，效果如图3-53所示。

图3-53 "奇数页页眉"效果图

（3）将光标定位在第6页的页眉位置。

（4）显示"偶数页页眉"，插入图片"学校logo"，调整图片大小，设置靠左对齐；输入文字"浅谈民族唱法与美声唱法的异同"，设置靠右对齐，效果如图3-54所示。

图3-54 "偶数页页眉"效果图

（5）使用上述方法，设置"第二章""第三章""结论""参考文献"的页眉。

（6）在【页眉和页脚工具-设计→关闭】功能区中，单击"关闭页眉和页脚"按钮，退出编辑页眉页脚的视图。观察各节的页眉内容，是否达到要求。

☞ 设置目录页脚为"页码,居中,页码格式Ⅰ、Ⅱ、Ⅲ"，正文页脚为"页码,居中,页码格式1、2、3"。操作步骤如下：

（1）将光标定位在第2页"目录"的任意位置。

（2）双击页脚区域，进入页眉页脚视图，在"页眉和页脚工具-设计→页眉和页脚"功能区中，单击"页码"按钮，在打开的菜单中选择"设置页码格式"，弹出如图3-55所示的"页码格式"对话框。设置"编号格式"为"Ⅰ、Ⅱ、Ⅲ"；在"页码编号"栏，设置"起始页码"为Ⅰ，单击"确定"按钮。

（3）再次单击"页码"按钮，在打开的菜单中选择"页面底端→普通数字2"，可为"目录"添加页码，效果如图3-56所示。

图3-55 "页码格式"对话框

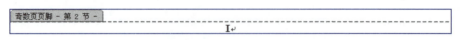

图3-56 "目录"页脚效果图

（4）将光标定位在第3页"摘要"的页脚位置。

（5）在"页眉页脚"功能区中，单击"页码"按钮，在打开的菜单中选择"设置页码格式"，在"页码格式"对话框中，设置"编号格式"为"1、2、3"；在"页码编号"栏，设置"起始页码"为1，单击"确定"按钮。

（6）单击"页码"按钮，在打开的菜单中选择"页面底端→普通数字2"，即可为所有的正文添加页码，效果如图3-57所示。

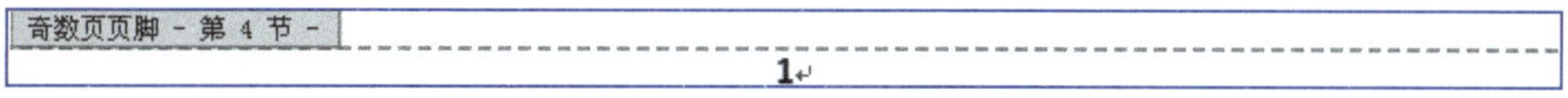

图3-57 "正文"页脚效果图

（7）在【页眉和页脚工具 - 设计→关闭】功能区中，单击"关闭页眉和页脚"按钮，退出编辑页眉页脚视图。

> 提示
> 在【插入→页眉和页脚】功能区中，也可进行页码的添加和编辑。

4. 设置页眉页脚的格式

输入页眉页脚的内容后，如果需要对内容进行字体、段落、边框底纹等格式的设置，方法和普通视图下的操作一样。

☞ 设置正文的页眉字体格式为"宋体、五号、加粗"，文字下方的横线为"双实线"。操作步骤如下：

（1）将光标定位在第5页的位置。双击页眉区域，进入页眉页脚视图。

（2）选中页眉的文字"一、发声技术运用上的异同"，在【开始→字体】功能区中，设置字体格式为"宋体、五号、加粗"。

（3）在【开始→段落】功能区中，单击"边框和底纹"按钮，在打开的列表中选择"边框和底纹"，在弹出的"边框和底纹"对话框中，选择样式为"双实线"，在预览处单击下框线按钮 ，应用于"段落"，如图3-58所示。

图3-58 "边框和底纹"对话框

（4）单击"确定"按钮，即为页眉设置好格式，效果如图 3-59 所示。

图3-59 页眉效果图

3.5 邮件合并

3.5.1 案例简介

在日常工作中，经常需要制作邀请函、通知书、贺卡、水电费缴费单、工资条等，这类文档的内容基本是相同的，大量内容是重复的，只有少量数据有变化。如果使用复制粘贴的方法，效率低下，而且容易出错。

针对这类文档的制作，Word 2016 提供了"邮件合并"的高级应用功能，所有大量内容相似的文档都可以通过"邮件合并"功能实现，能很大程度上提高工作效率。

"邮件合并"最初是在批量处理"邮件文档"时提出的，在邮件文档（主文档）的固定内容中，合并与发送信息相关的一组通信资料（数据源：如 Word 表格、Excel 表、Access 数据表等），从而批量生成需要的邮件文档。

应用"邮件合并"时，通常需要制作的数量比较大，文档内容可分为两部分：

（1）固定不变的部分：称为主文档，通常是 Word 文档，例如制作信封时，信封上的寄信人地址、邮政编码等信息是固定不变的部分。

（2）变化的部分：称为数据源，制作信封时，信封上的收信人地址、邮政编码等信息是变化的部分。

Word 2016 邮件合并支持的数据源类型包括：Word 表格、Excel 表、Access 数据表、Outlook 联系人列表、HTML 文件等。

本案例使用的数据源是 Word 表格"嘉宾信息.docx"，要求在文档的第一行插入表格，在表格前面不能有其他文字，表格的第一行是标题行，否则邮件合并不能识别其中的信息。

邮件合并把来自数据源中的数据分别加入主文档对应的合并域中，由此批量生成多个与主文档相似，但在合并域中插入了不同数据的页面。合并域是一个变量，它随着数据源中的内容进行变化。数据源包含合并域中使用的数据，如姓名、地址等信息。

本节通过案例"制作邀请函"来讲解"邮件合并"功能的使用，效果如图 3-60 所示。

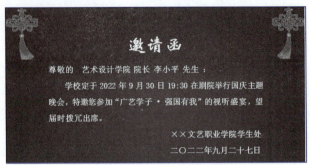

图3-60　邀请函效果图

3.5.2　案例准备

邮件合并制作之前，需要准备两份文件：主文档和数据源。在本案例中，数据源已经准备好，主文档需要用户建立，并编辑排版。

☞新建一个 Word 文件，保存文件名为"邀请函（主文档）.docx"，设置"页边距"为"上、下为1.5厘米，左、右为3厘米"，设置"纸张大小"为"宽21厘米,高12厘米"，设置页面背景为图片"邀请函背景.jpg"。操作步骤如下：

（1）新建一个 Word 文件，选择【文件→另存为】命令，在弹出的"另存为"对话框中，输入文件名为"邀请函（主文档）.docx"。

（2）在【布局→页面设置】功能区中，单击"页边距"按钮，在打开的下拉列表中选择"自定义边距"。

（3）在弹出的"页面设置"对话框中，单击"页边距"选项卡，设置"页边距"为"上、下为1.5厘米,左、右为3厘米"，如图 3-61 所示。

（4）在"页面设置"对话框中，单击"纸张"选项卡，设置"纸张大小"为"自定义大小"，"宽度"为"21厘米"，"高度"为"12厘米"，如图 3-62 所示。

图3-61　"页边距"选项卡

图3-62　"纸张"选项卡

（5）在【设计→页面背景】功能区中，单击"页面颜色"按钮，在下拉列表中选择"填充效果"选项，弹出"填充效果"对话框，选择"图片"选项卡，单击"选择图片"按钮，弹出"选择图片"对话框，在对话框中选择本章素材中的图片"邀请函背景.jpg"，单击"插入"按钮，返回"填充效果"对话框，如图 3-63 所示。

（6）单击"确定"按钮，将图片设置为文档的背景。

图3-63 "填充效果"对话框

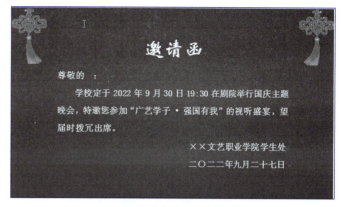

图3-64 "主文档"效果图

☞ 参考图 3-64，在文档左上方、右上方插入图片 "中国结.gif"，设置图片大小为 "宽 3.5 厘米，高 2.3 厘米"，环绕方式为 "浮于文字上方"。操作步骤如下：

（1）将光标定位在文档第 1 行。

（2）在【插入→插图】功能区中，单击 "图片" 按钮，在 "插入图片" 对话框中，选择图片 "中国结.jpg"，然后单击 "插入" 按钮，将图片插入到文档中。

（3）选中图片，在【图片格式→排列】功能区中，单击 "环绕文字" 按钮，选择下拉列表中的 "浮于文字上方"。

（4）在【图片格式→大小】功能区中，设置图片宽 3.5 厘米，高 2.3 厘米。

（5）将图片拖动到文档右上角。

（6）将图片复制一份，粘贴在文档左上角，在【图片格式→排列】功能区中，单击旋转按钮，选择下拉列表中的 "水平翻转"，效果如图 3-64 所示。

3.5.3 实现方法

Word 提供了 "邮件" 菜单来完成邮件合并，在对应的功能区中包括完成邮件合并的所有工具。

1. 选择收件人

在邮件合并中，变化的部分（如信封上的收信人地址、邮政编码等信息）来源于数据源，所以要先打开数据源作为收件人，才能将对应的信息插入到主文档中。

☞ 打开文档 "邀请函（主文档）.docx"，选择 "嘉宾信息.docx" 作为收件人。操作步骤如下：

（1）打开文档 "邀请函（主文档）.docx"。

（2）在【邮件→开始邮件合并】功能区中，单击 "选取收件人" 按钮，在弹出的下拉列表中选择 "使用现有列表"。

（3）在 "选取数据源" 对话框中，选择 "嘉宾信息.docx"，然后单击 "打开" 按钮，如图 3-65 所示。

图3-65 "选取数据源"对话框

> **提 示**
> 在打开数据源之前，"编写和插入域""预览结果"等功能区中的工具是灰色的、不可用的状态。打开数据源后，工具被激活。

2. 编辑收件人

在选取了收件人后,默认表格中的所有记录都为收件人。可根据需要,对收件人进行排序、筛选、查找重复收件人、查找收件人、验证地址等操作。

☞ 编辑收件人列表,将重复的收件人删除,筛选出"办公地址"在"教学楼"的收件人。操作步骤如下:

(1)在【邮件→开始邮件合并】功能区中,单击"编辑收件人列表"按钮,弹出"邮件合并收件人"对话框,如图 3-66 所示。

(2)在"邮件合并收件人"对话框中,单击"查找重复收件人"按钮,弹出"查找重复收件人"对话框,如图 3-67 所示。

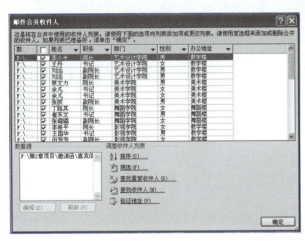

图3-66 "邮件合并收件人"对话框

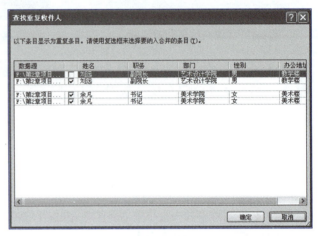

图3-67 "查找重复收件人"对话框

(3)在"查找重复收件人"对话框中,将重复的记录取消其中一条,然后单击"确定"按钮,将重复的收件人删除。返回"邮件合并收件人"对话框。

(4)单击"筛选"按钮,弹出"查询选项"对话框,如图 3-68 所示。

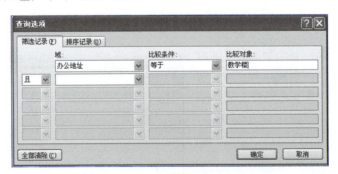

图3-68 "查询选项"对话框

(5)在"查询选项"对话框中,设置筛选条件,"域"为"办公地址","比较条件"为"等于","比较对象"为"教学楼",然后单击"确定"按钮,筛选出"办公地址"在"教学楼"的收件人。

(6)返回"邮件合并收件人"对话框,单击"确定"按钮。

3. 插入合并域

合并域是在主文档中插入的变化的内容,每个收件人的内容都不一样,内容来自数据源。

☞ 在主文档中插入收件人列表中的"部门""职务""姓名"等域。操作步骤如下:

(1)将光标定位在文字"尊敬的"后面。

(2)在【邮件→编写和插入域】功能区中,单击"插入合并域"按钮,在弹出的下拉列表中选择"部门",

在文档中增加合并域"«部门»",如图 3-69 所示。

(3)用上述方法插入合并域"«职务»""«姓名»",效果如图 3-70 所示。

图3-69 "插入合并域"列表

图3-70 插入合并域的效果

4. 插入规则

规则是在邮件合并时,通过添加判断条件或命令,根据收件人列表中的信息返回不同的内容,实现邮件合并的智能决策功能。

☞在合并域"«姓名»"后,添加规则"如果…那么…否则…",如果收件人的性别为"男",显示为"先生",否则显示为"女士"。操作步骤如下:

(1)将光标定位在合并域"«姓名»"的后面。

(2)在【邮件→编写和插入域】功能区中,单击"规则"按钮,在弹出的下拉列表中选择"如果…那么…否则…",弹出"插入 Word 域:IF"对话框,如图 3-71 所示。

(3)在"插入 Word 域:IF"对话框中,设置"域名"为"性别","比较条件"为"等于","比较对象"为"男",在"则插入此文字"处输入"先生",在"否则插入此文字"处输入"女士",然后单击"确定"按钮,如图 3-72 所示。

图3-71 "规则"列表

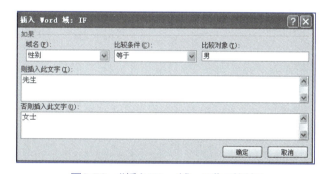

图3-72 "插入Word域:IF"对话框

(4)选择插入的合并域,设置字体格式为"宋体、三号、加粗、白色",效果如图 3-73 所示。

图3-73 插入规则的效果

5. 预览结果

☞ 在完成邮件合并之前，可对结果进行预览，如果有错误的地方可以及时修改。操作步骤如下：

（1）在【邮件→预览结果】功能区中，单击"预览结果"按钮，在合并域的位置显示为具体的收件人信息。

（2）单击 按钮，对其他收件人的信息进行预览。

（3）再次单击"预览结果"按钮，返回合并域的内容。

6. 完成邮件合并

完成邮件合并后，可将最后的结果保存到一个新的文档中，方便查阅或者打印。

☞ 完成邮件合并，将生成的新文档保存为"邀请函（效果）.docx"。操作步骤如下：

（1）在【邮件→完成】功能区中，单击"完成并合并"按钮，在打开的下拉列表中选择"编辑单个文档"，如图3-74所示。

（2）在弹出的"合并到新文档"对话框中，设置"合并记录"为"全部"，如图3-75所示。

（3）单击"确定"按钮，生成新文档"信函1"，内容为所有符合条件的收件人的邀请函，将新文档另存为"邀请函（效果）.docx"。

图3-74 "完成并合并"列表

图3-75 "合并到新文档"对话框

拓 展 训 练

1. 打开本章"拓展训练"文件夹下的文档"羊城八景.docx"（见图3-76），对文档进行如下设置：

（1）页面设置。自定义纸张宽度为21厘米，高度为29厘米；页边距为上、下各2.5厘米，左、右各3厘米。

（2）将标题"新世纪羊城八景"设置为艺术字，"样式"为"填充-红色、强调文字颜色2、暖色粗糙棱台"，文字环绕方式为上下型。

（3）将正文的文字设置为"仿宋、四号"，首行缩进2个字符，段前间距0.5行，段后间距0.5行，行间距设为固定值25磅。

（4）将文中所有"广州"一词格式化为红色、加粗的字体。（提示：使用查找替换功能快速格式化所有对象）。

（5）在文中插入图片"广州.jpg"，设置为椭圆形效果、四周型环绕，适当调整合适大小和位置。

（6）将正文第三段添加方框，线型为双波浪型，颜色为蓝色；设置底纹，颜色为淡紫色，边框和底纹都应用于段落。

（7）将正文第五段到末尾，设置为两栏格式。

（8）页眉页脚。在页眉位置输入文字"新世纪羊城八景"，页脚位置插入页码，格式为"第*页 共*页"。

（9）将制作的结果保存至"拓展训练"文件夹中。

新世纪羊城八景

新世纪羊城八景

羊城八景特指广州市的景点，从古至今，八景的选取各不相同。新世纪羊城八景从 2001 年 8 月 23 日开始，经来自广州地区市政、规划、园林、建筑、旅游、文化、文博等各方面 20多位专家评审，62万市民参与推荐投票，从 30个候选景点中，精中选精，最后经历时一年的多次反复论证，终于使优中更优者脱颖而出。

广州市委、市政府领导自始自终对评选工作十分重视，并亲临指导。2002 年 7月 26日上午 8时 50分，随着黄华华、林树森、王德业、李卓彬等 8 位市领导在广州火车东站水景瀑布前揭幕，宣布了“新世纪羊城八景”的诞生。

广东省委副书记、广州市委书记、市人大常委会主任黄华华指出，广州城市建设变化很大，时隔15年后重新评选羊城八景就是要反映出广州在新世纪的新面貌。通过“八景”的评选，将进一步振奋全体市民的精神，更积极地投入到建设美丽家园之中。

新世纪羊城八景分别是：云山叠翠、珠水夜韵、越秀新晖、天河飘绢、古祠留芳、五环晨曦、黄花皓月、莲峰观海。

第 1 页/ 共 2 页

新世纪羊城八景

云山叠翠是指白云山风景区。白云山在广州城北 15 公里，由 30 多座山峰组成，面积 28 平方公里。白云山是五岭中之大庾岭的余脉，屹立于珠江三角洲。

珠水夜韵是指珠江夜景。珠江，是流经广州的一条大江。广义的珠江是指西江、北江和东江三条河流的总称；狭义的珠江是指从广州市区北面的名门（流溪河）到东面的黄埔港这一段流经市区的河道，全长约 70公里。珠江是广州的母亲河。

越秀新晖指越秀山或越秀公园。越秀山又称粤秀山，为白云山之余脉，因有越王台遗址而得名。面积 92.8万平方米，平均海拔约 65米。

天河飘绢是指中信广场和车站瀑布这两个景点。广州新城市中轴线最美的一处地方，无疑就是它的第二段火车东站绿化广场之水景瀑布飞流直下以及琼楼玉宇中信广场。

“古祠留芳”是指陈家祠。陈家祠又名陈氏书院，位于中山七路，筹建于光绪十四年（1888 年），落成于光绪三十一年（1905 年）。古祠占地 1.5万平方米，坐北朝南，大门前有颇大的广场，门内有前、后、东、西四院。

“五环晨曦”是指广东奥林匹克体育中心。广东奥林匹克体育中心位于天河区东圃镇黄村，是广东省政府为承办第九届全国运动会而兴建的一座现代化体育场馆。设计上采用了飘带造型的独特设计，新颖、浪漫，形如飘带。

“黄花皓月”是指黄花岗公园或称黄花岗七十二烈士墓。黄花岗位于广州先烈中路，是为纪念在 1911年 4月 27日由孙中山领导的广州起义中牺牲的革命烈士而建的。

“莲峰观海”是指番禺莲花山风景区。莲花山风景区坐落于番禺区东部，因山上婷婷玉立美丽的莲花石而得名。

第 2 页/ 共 2 页

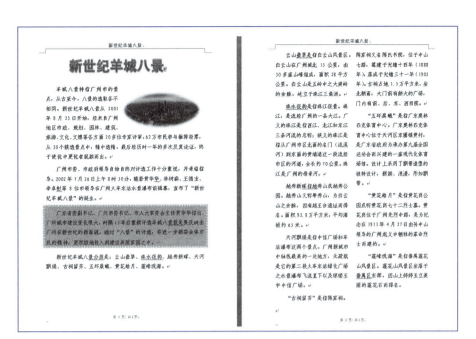

图3-76 “羊城八景”效果

2. 参考图 3-77，进行表格的制作与编辑。

（1）新建一个 Word 文件，将文件保存在“拓展训练”文件夹中，文件名为“课程表 .docx”。

（2）鼠标定位在文档的起始位置，参考图 3-77，输入表格标题“课程表”。

（3）绘制一个 7 列 10 行的表格。

（4）设置行高列宽。第一行 1.4 厘米，其余行 1 厘米。列宽为 2.1 厘米。

（5）参考图 3-77，对单元格进行合并。

（6）输入文字，将文字设置为水平与垂直方向都居中对齐。

（7）边框和底纹。设置表格的外边框为 1.5 磅、蓝色的双实线边框，内边框为 1.5 磅的虚线。参照图 3-77 设置部分行的底纹为灰色。

3. 邮件合并。打开本章“拓展训练”文件夹下的文档“成绩单模板 .docx”和“学生信息 .xlsx”，参照图 3-78 进行邮件合并，制作 50 位同学的考试成绩通知，将邮件合并后的结果保存至“拓展训练”文件夹下，文件名为“班级总成绩单 .docx”。

课程表

星期 / 节次		星期一	星期二	星期三	星期四	星期五
上午	第一节					
	第二节					
	课间休息					
	第三节					
	第四节					
午间休息						
下午	第五节					
	第六节					
	第七节					

图3-77 “课程表”效果

田苗苗同学：

本学期考试成绩通知如下：

英语	98	思政	94	计算机	84
体育	68	绘画基础	76	艺术概论	81

教务处

图3-78 “成绩单”效果

第4章 PowerPoint演示文稿

学习目标

- 掌握演示文稿的设计技巧。
- 了解PowerPoint 2016的常用功能和使用技巧。
- 了解创建演示文稿的一般步骤。
- 掌握在演示文稿中添加文本及各种对象的方法。
- 掌握布局与修饰幻灯片的方法。
- 掌握幻灯片的动画、超链接设置。
- 掌握演示文稿的放映方法。

PowerPoint 2016 是 Microsoft Office 2016 中的一个应用软件，专门用于编制和播放演示文稿。演示文稿是由若干张幻灯片组成的一种计算机文档，PowerPoint 2016 默认的文件扩展名为 .pptx。演示文稿被广泛应用于演讲、教学、学术报告、产品演示等展示中。

用 PowerPoint 2016 制作演示文稿，可以在其中插入声音、图片、图表及视频信息，使文稿内容充实；可以设置幻灯片中各种对象的动画效果，增强文稿的可观性；可以设置幻灯片超链接，实现互动式放映；可以将演示文稿以 Web 页的方式发布到网上，用浏览器观看；可以实现 Office 系列软件之间的数据共享。

4.1 预备知识

4.1.1 PowerPoint工作界面

启动 PowerPoint 2016 后，系统将出现 PowerPoint 2016 的基本操作界面，主要有快速访问工具栏、标题栏、选项卡、功能区、工作区、状态栏、备注区、视图切换按钮，如图 4-1 所示。

4.1.2 PowerPoint视图

PowerPoint 2016 提供了 5 种视图：普通视图、幻灯片浏览视图、阅读视图、大纲视图、备注页视图。单击视图控制按钮 可在各种视图间进行切换，也可在"视图"选项卡进行切换。

1. 普通视图

普通视图是最常用的视图，也是默认视图，包含 3 个区：大纲区、幻灯片区、备注区。这些工作区使得用户可以在同一位置使用幻灯片的各种特征，拖动工作区边框可调整不同区域的大小。

（1）大纲区：用于显示、编辑演示文稿的缩略图或者大纲。可组织演示文稿中的内容，可输入演示文稿中的所有文本。

（2）幻灯片区：可以查看每张幻灯片中的文本外观。可以在单张幻灯片中添加图形、视频和声音等元素，并创建超链接以及向其中添加动画效果。

（3）备注区：在备注窗格中可以添加演说者备注或其他说明性的信息。

图4-1　PowerPoint窗口

2. 幻灯片浏览视图

在幻灯片浏览视图中，按照编号由小到大的顺序显示演示文稿中全部幻灯片的缩略图，在该视图中可以清楚地纵观全部幻灯片的排列顺序。

在该视图中，不能改变幻灯片中的内容，但可以删除幻灯片、复制幻灯片、调整幻灯片的位置，向其他演示文稿或应用程序传送幻灯片等。同时，可以在该视图中设置如定时、切换方式和切换效果等幻灯片的演示特征。

3. 阅读视图

阅读视图用于在一个设有简单控件以方便审阅的窗口中查看演示文稿。如果要更改演示文稿，可随时从阅读视图切换至某个其他视图。

4. 大纲视图

大纲视图用于编辑幻灯片，查看、编排演示文稿的大纲，并在大纲窗格中在幻灯片之间跳转。还可以通过将大纲从 Word 粘贴到大纲窗格来轻松创建整个演示文稿。

5. 备注页视图

用来编辑、修改备注页。

4.1.3　制作步骤

制作理想的演示文稿，一般要遵从以下步骤：

（1）任务描述：先设计标题幻灯片，以及其他幻灯片的张数、标题、内容、布局等。

（2）素材准备：准备需要的图片、视频、音频等。

（3）选取或者创建应用设计主题。

（4）逐张制作幻灯片，包括文本、图片、动画、切换等。

（5）修改演示文稿。

（6）放映演示文稿。

（7）保存、打印演示文稿。

4.2　PPT设计技巧

PPT设计包含逻辑、心理、设计、动画、文案等方面。除了巧妙的构思、精致的图文、精彩的动画，有效传达才是PPT设计的根基。根基不稳，PPT只是浮于表面，看起来很精美，但并不能真正地打动观众。

本节主要从PPT演示文稿的内容和版式设计两个方面进行PPT设计技巧的讲解。通过案例，分别展示可取的做法和不可取的做法，让读者更易于理解和掌握PPT的设计技巧。

4.2.1　内容设计

1. 突出观点及关键信息

前期构思好PPT演示文稿在内容上的设计思路，合理安排每一页PPT所要展示的内容。提炼出每一页PPT的观点，并采用最明显的方式呈现，不要让观众寻找和揣测。这就要求：

（1）观点要清晰、明确：不要把观点混在大段文字中，不可模棱两可或含混不清。

（2）观点要醒目：放在每一页最容易看到的位置。

（3）突出关键信息：每页PPT内容中不是所有的信息都是重要的，要让观众聚焦于观点和关键信息上，通过颜色、大小、位置等对比，强化关键信息，弱化辅助信息。

2. 每页一个观点

每页PPT只能有一个观点，其他内容都围绕这个观点按层次分布。切勿在一页中放多个焦点性的内容，这会让画面不透气，也会使观众抓不住重点。

案例1：某科技公司的企业介绍PPT实例，此页介绍该公司研发投入情况，如图4-2、图4-3所示。

图4-2　案例1可取设计

图4-3　案例1不可取设计

可取设计：

（1）标题就是观点"研发投入占比高"明确且醒目。

（2）四个证明性的内容独立放在左侧，明确且醒目。

（3）图表一看就懂，观点鲜明。

不可取设计：

（1）"研发投入"是中性词，无法传达准确信息。

（2）观点散落在小字中，需要观众自己寻找。
（3）图表中数据和图形分离，不容易理解。

3. 精简文字且文字图示化

（1）文字图示化。相对于文字，人们更容易理解和记忆图形。优秀的PPT并不是要把所有要讲的内容都摆在页面上，而是要提炼核心观点，找出内在逻辑，并转化成图表、图标、图片等可视化图形。

（2）精简文字。大胆删除以下五类文字：

① 原因性文字：表现为因为、由于、基于、所以、因此等。
② 解释性文字：表现为冒号、破折号、括号、双引号等引出的内容。
③ 重复性文字：机构名称、会议主题等反复出现的内容。
④ 辅助性文字：介词、连词、助词、叹词等虚词以及动词、形容词等实词。
⑤ 铺垫性文字：用于寒暄、客套用语等。

案例2：某足球俱乐部工作汇报PPT实例，此页介绍两种足球机制，如图4-4、图4-5所示。

图4-4 案例2可取设计

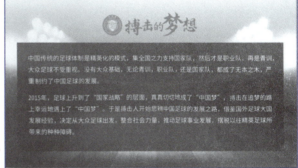

图4-5 案例2不可取设计

可取设计：文字用图示化语言表达，清晰明了。

不可取设计：
（1）满篇文字可能会引起观众内心的抵触情绪。
（2）观众难以找到文字间的逻辑关系，也无法形成图示化概念。

4.2.2 版式设计

在版式设计方面，主要包括：字体设计、图片设计、数据设计。

1. 选用合适的字体

每种字体都有自己的气质。根据主题选择合适的字体，能强化演示者的情感诉求。一般来说，粗黑体、书法体给人有力的感觉，纤细的字体给人轻盈的感觉，卡通字体给人活泼的感觉，宋体等衬线字体给人艺术的感觉。

案例3：某培训机构的PPT实例，此页旨在表现该名言，如图4-6、图4-7所示。

图4-6 案例3可取设计

图4-7 案例3不可取设计

可取设计：
（1）采用的字体是书法体，书法体更能强化"拼搏""梦想"等文字的力量感。
（2）文字错落排列，抑扬顿挫，更有感染力。

不可取设计：
（1）采用的字体是仿宋，仿宋字体简约、时尚，与主题所表达的力量、斗志昂扬的氛围不协调。
（2）文字整齐划一，方方正正，给人冷静、理性的感觉。

2. 大字点燃情绪

并非所有的文字都要转化为图片和图表。对于口号、数字、提问、关键词或关键句，直接用有设计感的文字会更有视觉冲击力，更能够调动观众的情绪。这种文字设计的诀窍就是放大、烘托、置于中心、减少干扰。

案例4：某企业校园招聘的PPT实例，如图4-8、图4-9所示。

图4-8 案例4可取设计

图4-9 案例4不可取设计

可取设计：巨大的文字、厚重的字体、绚丽的颜色都能给观众带来明显的视觉冲击力，并记忆深刻。

不可取设计：观点淹没在正文中，不突出。画面复杂、零碎，让观众难以理解、难以记忆。

3. 图片真实且采用高品质的图片

（1）图片真实：照片是有力的证据，一张不那么精美的真实照片，远比100张漂亮的通用照片更有说服力。

（2）高品质的图片：图片的质量很大程度上影响PPT的质量。要选择精度高（满屏图片至少在1 920像素以上）、色彩明亮、饱和度高、对比明显、画面有层次、焦点突出、符合场景需要的图片。

案例5：某化工集团的企业介绍PPT实例，此页主要介绍企业文化，如图4-10、图4-11所示。

图4-10 案例5可取设计

图4-11 案例5不可取设计

可取设计：采用该公司真实拍摄的照片，尽管表情各异，但正是这种真实性，把企业文化深刻地表现了出来。

不可取设计：选用国外通用模特的照片，虽然照片色彩明亮、姿势到位，但不具真实性，降低了说服力。

4. 图片排列多样化

（1）在排列多张图片时，过于规整的图片会让人感到单调和疲劳。对图片进行大小有别、位置交错、横竖各异等多样的排列方式，可以充分展示每张图片的特点，也给观众的视觉感受带来变化。

（2）多样化的排列方式不是错乱排列，他们的排列是有规律可循的，在交错中隐含着协调和统一。

（3）打破边界：为了强调某种功能或特点，让部分元素突破自己图层的限制，跨越到别的图层。这是一种夸张的表现手法，往往会带来震撼的效果。

案例6：某集团的批量案例展示PPT实例，如图4-12、图4-13所示。

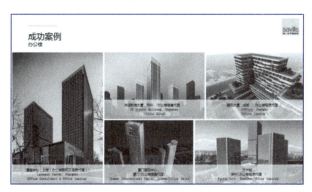

图4-12　案例6可取设计

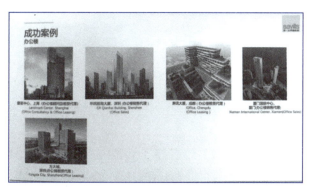

图4-13　案例6不可取设计

可取设计：横版图片与竖版图片并存，同样的横版图片也特意裁剪其大小，使他们互相交错，能营造有层次的美感。

不可取设计：图片的高度做了统一，全部采用左对齐和顶部对齐的排列方式，看起来非常单调。每张图片展示空间较小，结尾浪费了大量的空间。

5. 用图表、图形呈现数字且直达数据本质

（1）用图表、图形呈现数字：时间、金钱、人数、面积、速度等都是与主题密切相关的抽象数字，需要用具体的长度、高度、大小、位置等形式表现出来。但序号、页码等与主题关系不大的数字，可以省略或弱化。

（2）直达数据本质：数据是为结论服务的。如果为了追求数据的完整性，罗列太多的数据，反而会削弱数据的力量。删除与结论无关的数据，直接呈现最能反映结论的数据。

案例7：某网站的商业计划PPT实例，此页主要凸显数据的"跳跃性增长"，如图4-14、图4-15所示。

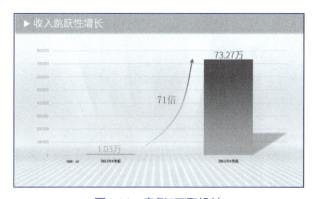

图4-14　案例7可取设计

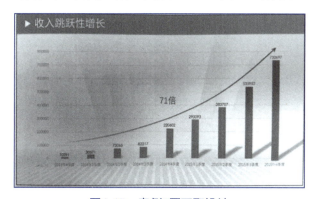

图4-15　案例7不可取设计

可取设计：为了表现"跳跃性增长"，只保留了开始和结尾两个数据，营造了强烈的数据对比效果。

不可取设计：保留了所有中间阶段的数据，让增长曲线变得相对平缓，无法体现"跳跃性增长"的观点。

4.3　案例简介

本章通过案例"中华优秀艺术作品赏析"来讲解PowerPoint 2016中添加文本及各种对象、布局与修饰幻灯片、动画设置、超链接设置等操作。制作的演示文稿的效果如图4-16所示。

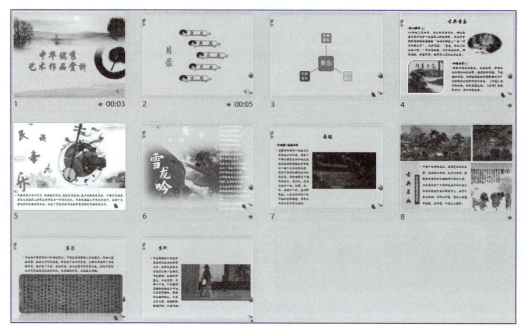

图4-16 案例效果

4.4 创建与编辑演示文稿

4.4.1 创建演示文稿

演示文稿由同一个主题的若干张幻灯片组成,新建一个演示文稿就是新建若干张幻灯片,选择【文件→新建】命令,可以创建"空白演示文稿",也可以使用特色模板和主题,如图4-17所示。

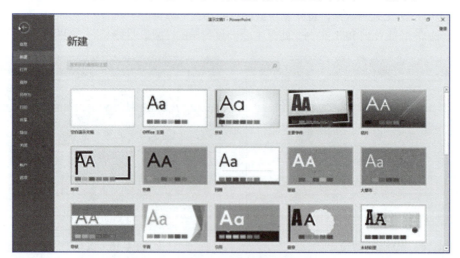

图4-17 新建演示文稿

1. 空白演示文稿

选择"空白演示文稿",显示如图4-1所示的标题演示文稿,可以根据自己的需要设计幻灯片。

2. 其他模板和主题

PowerPoint 2016中包括Office主题、主要事件、切片、丝状、剪切、包裹、回顾等30个模板和主题。

每种主题当中包含不同的变体，每种变体中，还可以对颜色、字体、效果、背景样式进行不同的设置。

☞新建并保存演示文稿"中华优秀艺术作品赏析 .pptx"。操作步骤如下：

（1）启动 PowerPoint 2016，自动创建一个空白演示文稿。

（2）单击快速访问工具栏中的"保存"按钮。

（3）在"另存为"对话框中选择保存文档的路径，如选择路径"E：\第 4 章项目"，在文件名的下拉列表中输入"中华优秀艺术作品赏析"，在保存类型的下拉列表中选择"PowerPoint 演示文稿（*.pptx）"；最后单击"保存"按钮。

（4）在第一张幻灯片的标题处输入"中华优秀艺术作品赏析"。

> **提 示**
>
> PowerPoint 2016 默认扩展名是 .pptx，不能在低版本的 PowerPoint 中打开。如果想在低版本的 Power-Point 中打开，用户可以把扩展名改为 .ppt，方法是在"另存为"对话框中的"保存类型"下拉列表中选择"PowerPoint97-2003 演示文稿"选项。

4.4.2 编辑幻灯片

1. 幻灯片的选择

在演示文稿中，如果要对幻灯片进行增删、复制、移动等编辑操作，要先选中相关幻灯片。

（1）选中一张幻灯片的操作：单击幻灯片窗格中的幻灯片，则选中该张幻灯片；或者将窗口设置为"幻灯片浏览视图"方式，单击待选的幻灯片。

（2）选中连续多张幻灯片的操作：在幻灯片窗格中或在幻灯片浏览视图中，先选中第一张幻灯片，再按住【Shift】键，单击连续多张幻灯片中的最后一张。

（3）选中不连续的多张幻灯片的操作：先按住【Ctrl】键，再逐个单击待选的多张幻灯片。

2. 幻灯片的编辑操作

选中相关幻灯片后，可以进行新建、删除、复制、移动等操作。

（1）新建幻灯片：先选中要插入的位置（将光标定位在某幻灯片上），按【Enter】键，则在光标所在的幻灯片后面插入新的幻灯片。

（2）删除幻灯片：选中待删除的一张或多张幻灯片并右击，在弹出的快捷菜单中选择"删除幻灯片"（或按【Delete】键）命令，选中的幻灯片被删除。

（3）复制幻灯片：选中要复制的一张或多张幻灯片并右击，在弹出的快捷菜单中选择"复制幻灯片"（或按【Ctrl+C】组合键）命令，再选择粘贴位置进行粘贴操作。

（4）移动幻灯片：选中要移动的幻灯片，然后拖动到新位置。

（5）隐藏幻灯片：右击要隐藏的幻灯片，在弹出的快捷菜单中选择"隐藏幻灯片"命令。

☞练习：在"中华优秀艺术作品赏析 .pptx"演示文稿中，插入 10 张新幻灯片。

4.5 添加文本及各种对象

4.5.1 添加文本

幻灯片的文本直接在文本框中输入，一张幻灯片中可以插入多个文本框输入文字，方便排版及美观。

☞在第 4 张幻灯片中输入标题"古典音乐"以及"高山流水""阳春白雪"的介绍文字。操作步骤如下：

（1）选择第 4 张幻灯片。

（2）在"单击此处添加标题"中，输入标题"古典音乐"。

（3）从本章素材"文字素材.docx"中，复制"高山流水"的介绍文字粘贴在"单击此处添加文本"中，调整文本框的大小。

（4）在【插入→文本】功能区中，单击"文本框"按钮，在打开的下拉列表中选择"横排文本框"。光标变为"十"形状，拖动鼠标绘制合适大小的横排文本框。

（5）从素材中复制"阳春白雪"的介绍文字粘贴在插入的横排文本框中。

☞ 设置第4张幻灯片的文本格式，标题"字体为华文行楷、字号为44，对齐方式为居中"，其他文字"字体为楷体、字号为18，行距为1.3倍，正文中的标题加粗"。操作步骤如下：

（1）选择第4张幻灯片，选择标题。

（2）在【开始→字体】功能区中，设置"字体"为华文行楷、"字号"为44。在【开始→段落】功能区中，设置"对齐方式"为居中。

（3）选择文字"高山流水、阳春白雪"。

（4）在【开始→字体】功能区中，设置"字体"为楷体、"字号"为18，加粗。

（5）选择其他文字。

（6）在【开始→字体】功能区中，设置"字体"为楷体、"字号"为18。在【开始→段落】功能区中，单击行距按钮，选择"行距选项"，在弹出的"段落"对话框中，设置"行距"为多倍行距、"设置值"为1.3，如图4-18所示。

（7）单击"确定"按钮，效果如图4-19所示。

图4-18 "段落"对话框

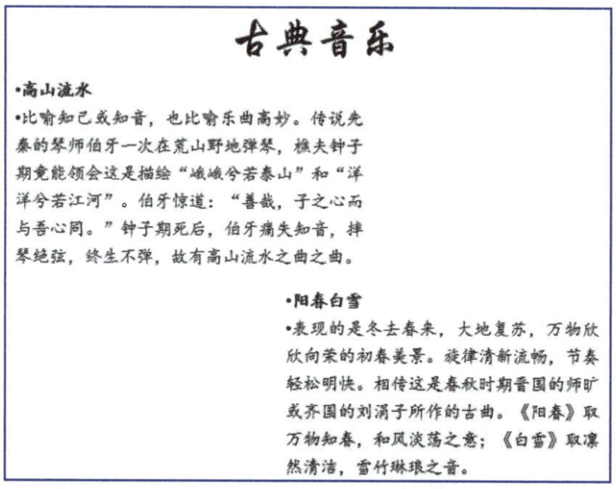

图4-19 添加文本效果

☞ 设置第1张幻灯片标题的格式：字体为华文行楷、字号66，加粗，对齐方式为居中，文本填充为橙色个性色2，文本轮廓为蓝色个性色5淡色40%，文本效果为阴影→外部→向下偏移，操作步骤如下：

（1）选择第1张幻灯片，选择标题。

（2）在【开始→字体】功能区中，设置"字体"为华文行楷、"字号"为66、加粗。在【开始→段落】功能区中，设置"对齐方式"为居中。

（3）选择文本框，在【绘图工具-格式→艺术字样式】功能区中，设置"文本填充"为橙色个性色2，"文本轮廓"为蓝色个性色5淡色40%，"文本效果"为【阴影→外部→向下偏移】，效果如图4-20所示。

图4-20 设置标题格式

> **练习**
>
> 在第 5 张幻灯片的文本框中输入"民族音乐"的介绍文字。在第 6 张幻灯片中输入"流行音乐"的歌词。在第 7 张幻灯片中输入标题"舞蹈","中国舞-扇舞丹青"的介绍文字。在第 8 张幻灯片中输入标题"古典名画"及介绍文字。在第 9 张幻灯片中输入标题"书法"及介绍文字。
>
> 所有幻灯片的标题格式设置为"字体为华文行楷、字号为 44,对齐方式为居中",其他文字格式设置为"楷体、字号 18,行距 1.3 倍,正文中的标题加粗"。

4.5.2 插入图片

☞ 在第 4 张幻灯片中插入图片"高山流水.jpg"、设置图片样式为"柔化边缘椭圆",插入图片"阳春白雪.jpg",设置图片样式为"圆形对角,白色"。操作步骤如下:

(1)选择第 4 张幻灯片。

(2)在【插入→图像】功能区中,单击"图片"按钮,在"插入图片"对话框中选择图片"高山流水.jpg",然后单击"插入"按钮,将图片调整到合适的大小。

(3)在【图片工具-格式→图片样式】功能区中,在图片样式库中,选择"柔化边缘椭圆",如图 4-21 所示。

(4)用相同的方法插入图片"阳春白雪.jpg",在图片样式库中选择"圆形对角,白色"。效果如图 4-22 所示。

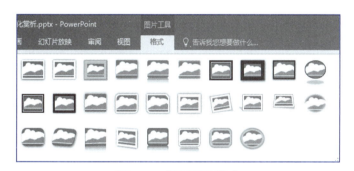

图4-21 设置图片样式

图4-22 插入图片效果

☞ 在第 2 张幻灯片(目录)中,插入图片"目录按钮 1""目录按钮 2",输入相应的目录文字。操作步骤如下:

(1)选择第 2 张幻灯片。

(2)设置版式为"空白"。

(3)在【插入→文本】功能区中,单击"文本框"按钮,插入一个竖排文本框,并输入文字"目录"。在【开始→字体】功能区中,设置"字体"为华文行楷,"字号"为 72,"颜色"为青色。

(4)在【插入→图像】功能区中,单击"图片"按钮,在"插入图片"对话框中,选择"目录按钮 1"和"目录按钮 2",然后单击"插入"按钮。效果如图 4-23 所示。

(5)选择图片"目录按钮 2"并右击,在弹出的快捷菜单中选择【置于底层→下移一层】命令,调整叠放次序后的效果如图 4-24 所示。

(6)选择图片"目录按钮 2",在【插入→文本】功能区中,单击"文本框"按钮,插入一个横排文本框,并输入目录文字"音乐"。在【开始→字体】功能区中,设置"字体"为华文新魏、"字号"为 32,"颜色"为青色,如图 4-25 所示。

图4-23 插入图片

图4-24 调整叠放次序效果

图4-25 输入目录文字

（7）将图片"目录按钮1"、"目录按钮2"、文字"音乐"所在的文本框选中，右击，在弹出的快捷菜单中选择"组合"命令，3个对象组合成一个整体。

（8）选择组合后的第一个目录"音乐"，按【Ctrl+C】组合键进行复制，在下方的空白位置，按【Ctrl+V】组合键进行粘贴，然后将文字"音乐"更改为"舞蹈"。

（9）使用相同的方法制作目录"名画""书法""京剧"，效果如图4-26所示。

> 在第6张幻灯片中，插入图片"流行音乐.jpg"，设置图片的"柔化边缘"效果，让图片融入到背景当中，操作步骤如下：

（1）选择第6张幻灯片。

（2）在【插入→图像】功能区中，单击"图片"按钮，在"插入图片"对话框中选择要插入的图片"流行音乐.jpg"，然后单击"插入"按钮，将图片调整到合适的大小，移动到合适的位置。

（3）在【图片工具-格式→排列】功能区中，打开"下移一层"菜单，选择"置于底层"，如图4-27所示。

图4-26 "目录"幻灯片的效果

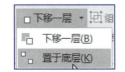

图4-27 设置图片排列方式

（4）右击图片，在弹出的快捷菜单中，选择"设置图片格式"命令，在"设置图片格式"功能区中，单击"效果"选项卡，打开柔化边缘选项，设置大小为75磅，图片参数设置及效果如图4-28所示。

图4-28 图片参数设置及效果

> **练习**
>
> 在第 5 张幻灯片中插入图片"民族音乐.jpg";在第 8 张幻灯片中依次插入图片"百骏图.jpg""富春山居图.jpg""千里江山图.jpg""清明上河图.jpg""五牛图.jpg";在第 9 张幻灯片中依次插入图片"郑板桥书法.jpg""颜真卿书法.jpg""王羲之书法.jpg"。

4.5.3 插入艺术字

☞ 在第 5 张幻灯片中,插入艺术字"民族音乐",艺术字样式为"填充 – 橙色,着色 -2,轮廓 - 着色 2",字体为"hakuyoxingshu7000","颜色"为橙色,4 个艺术字大小不一,适当调整角度,错位排列。操作步骤如下:

(1)选择第 5 张幻灯片,如图 4-29 所示。
(2)在【插入→文本】功能区中,单击"艺术字"按钮,选择样式"填充 – 橙色,着色 -2,轮廓 - 着色 2"。
(3)输入文字"民",在【开始→字体】功能区中,设置"字体"为 hakuyoxingshu7000,"字号"为 96,"颜色"为橙色。
(4)选择艺术字"民",将鼠标指针放在艺术字上方的弧形箭头处,按住鼠标旋转艺术字到合适角度,如图 4-30 所示。
(5)使用相同的方法创建艺术字"族""音""乐",将 4 个艺术字设置为不同大小,并放在合适的位置,效果如图 4-31 所示。

图4-29　原效果

> **提示**
>
> 将"民族音乐"分解为 4 个独立的艺术字,可以根据幻灯片的版面特点对艺术字进行灵活的排版。

图4-30　旋转艺术字

图4-31　添加艺术字效果

> **练习**
>
> 在第 6 张幻灯片中,为"流行音乐"4 个字自选样式制作艺术字效果。

4.5.4 插入SmartArt图形

SmartArt 图形是 PowerPoint 2016 已经内置的图形与文本的组合,便于用户直接使用。它能自动生成一系列美观整齐的形状,这些形状里可以放置文本和图片,让图片和文本混合编排的工作更简捷、美观、具有艺术性,是制作图文并茂的幻灯片快速有效的方法。PowerPoint 2016 有列表、流程、循环、层次结构、关系、矩阵、棱锥图、图片等组合的 SmartArt 图形。

☞ 在第 3 张幻灯片中，插入 SmartArt 图形，类别为"循环"，布局为"射线群集"，更改颜色为"彩色 - 个性色"，并依次输入文字"音乐""古典音乐""民族音乐""流行音乐"。操作步骤如下：

（1）选择第 3 张幻灯片。

（2）在【插入→插图】功能区中，单击 SmartArt 按钮，在弹出的"选择 SmartArt 图形"对话框中，选择类别为"循环"，布局为"射线群集"（见图 4-32），然后单击"确定"按钮，插入 SmartArt 图形。

（3）在【SmartArt 工具 - 设计→ SmartArt 样式】功能区中，单击"更改颜色"按钮，在下拉列表中，选择"彩色"类的"彩色 - 个性色"。

（4）依次在文本框中输入文字"音乐""古典音乐""民族音乐""流行音乐"，效果如图 4-33 所示。

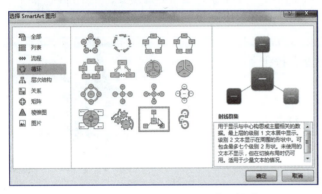

图4-32 "选择SmartArt图形"对话框

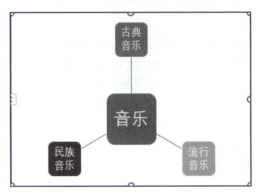

图4-33 插入SmartArt图形效果

4.5.5 插入音频视频

在幻灯片中插入音频、视频等多媒体元素，可大大提高幻灯片的美观性与可读性。插入音频后会显示一个表示音频文件的图标，插入视频后会以矩形框表示视频播放的范围，并将其作为一个动画添加到动画窗格中。

☞ 在第 4 张幻灯片中，插入音乐"高山流水 .mp3""阳春白雪 .mp3"。操作步骤如下：

（1）选择第 4 张幻灯片。

（2）在【插入→媒体】功能区中，单击"音频"按钮，在下拉列表中选择"PC 上的音频"，在弹出的"插入音频"对话框中选择音乐"高山流水 .mp3"。

（3）单击"插入"按钮。

（4）幻灯片中出现表示音频文件的图标，将图标移动到合适位置。

（5）单击音频图标，在下方出现音频控制工具，如图 4-34 所示。单击"播放"按钮▶即可播放音乐。

图4-34 音频控制工具

（6）同样的方法插入音乐"阳春白雪 .mp3"，效果如图 4-35 所示。

> **练 习**
> 在第 5 张幻灯片中，插入"民族音乐 .mp3"；在第 6 张幻灯片中，插入"流行音乐 .mp3"。

☞ 在第 7 张幻灯片中，插入视频"中国舞 - 扇舞丹青 .mp4"。操作步骤如下：

（1）选择第 7 张幻灯片。

（2）在【插入→媒体】功能区中，单击"视频"按钮，在下拉列表中选择"PC 上的视频"，在弹出的"插入视频文件"对话框中，选择视频"中国舞 - 扇舞丹青 .mp4"。

（3）单击"插入"按钮。

（4）幻灯片中出现播放视频的窗口，将播放窗口移动到合适位置。单击播放窗口，在下方出现视频控制工具。

(5)如果对视频播放尺寸不满意,在【视频工具-格式→大小】功能区中,单击"裁剪"按钮,可对视频尺寸进行裁剪,效果如图4-36所示。

图4-35　插入音频效果　　　　　　　　　图4-36　插入视频效果

> **提示**
> 在 PowerPoint 2016 中,插入的视频文件格式一般为 avi、wmv 和 mp4。

4.5.6　插入其他对象

1. 插入文本框

幻灯片中的文本需要在文本框中输入,一张幻灯片中可以插入多个文本框输入文字,方便排版也较为美观。插入文本框的操作步骤如下:

(1)在【插入→文本】功能区中,单击"文本框"按钮,在下拉列表中选择"绘制文本框"或者"绘制竖排文本框"。

(2)在幻灯片空白处,按住鼠标左键拖动,出现一个文本框,然后输入文字。

2. 插入形状

插入形状的操作步骤如下:

(1)在【插入→插图】功能区中,单击"形状"按钮,在下拉列表中选择合适的形状,如图4-37所示。

(2)在幻灯片空白处,按住鼠标左键拖动,出现需要的形状。

(3)在【绘图工具-格式→形状样式】功能区中,选择适当的工具,可以对形状进行格式设置。

3. 插入表格

在【插入→表格】功能区中,单击"表格"按钮,可以插入表格、绘制表格或者插入 Excel 电子表格。

4. 插入 Flash 动画

提前准备好 Flash 动画,例如 music.swf,把 Flash 动画与演示文稿放在同一个文件夹内。如果需要移动演示文稿,需要将 Flash 动画一起移动。

检查菜单栏是否有"开发工具"。如果菜单栏没有"开发工具",先按以下步骤操作:

(1)选择【文件→选项】命令,弹出"PowerPoint 选项"对话框。

(2)在"PowerPoint 选项"对话框中,单击"自定义功能区",然后选择"开发工具"复选框,如图 4-38 所示。

(3)单击"确定"按钮,选项卡增加了一项"开发工具"。

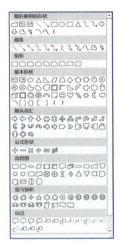
图4-37 插入形状

图4-38 "PowerPoint选项"对话框

在幻灯片中，插入 Flash 动画 "music.swf"。操作步骤如下：

（1）在【开发工具→控件】功能区中，单击"其他控件"按钮，弹出"其他控件"对话框。

（2）在"其他控件"对话框中选择"Shockwave Flash Object"（见图4-39），单击"确定"按钮。

（3）按住鼠标左键，在需要插入 Flash 动画的位置画出一个控件方框，如图4-40所示。

（4）右击控件方框，在弹出的快捷菜单中选择"属性表"命令，弹出"属性"对话框。

（5）在"属性"对话框"Movie"后面的文本框输入 Flash 动画的完整路径、文件名和扩展名，例如"E:\中华优秀艺术作品赏析\music.swf"，如图4-41所示。

（6）关闭"属性"对话框，放映幻灯片，即可播放 Flash 动画。

图4-39 "其他控件"对话框

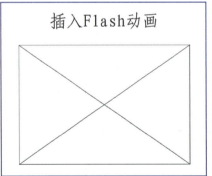
图4-40 画出控件方框

图4-41 "属性"对话框

4.6 布局与修饰幻灯片

4.6.1 应用主题美化幻灯片

PowerPoint 2016 内置了若干应用设计模板主题。主题是指幻灯片的界面风格，是一组统一的设计元素，包括窗口的色彩、控件的布局、图标样式等内容，通过改变这些内容达到快速美化和布局幻灯片界面的目的。

☞ 将第1张幻灯片的主题设置为"Office"主题。操作步骤如下：

（1）选择第1张幻灯片。

（2）在【设计→主题】功能区中，单击主题库下拉按钮，如图4-42所示。

（3）在主题库中右击"Office"主题，在弹出的快捷菜单中选择"应用于选定幻灯片"命令，如图4-43所示。

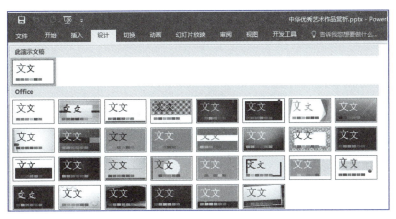

图4-42 应用主题

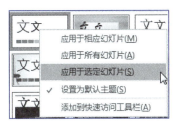

图4-43 选择应用范围

4.6.2 幻灯片背景的设置

如果需要让背景的设置更加丰富多彩，如用某种图案、纹理、图片等作为幻灯片的背景，则要用幻灯片背景设置功能。

☞ 除第1张和第5张之外的所有幻灯片，使用图片"古典背景.jpeg"作为背景。操作步骤如下：

（1）单击第2张幻灯片，按住【Ctrl】键，单击除第1张和第5张之外的所有幻灯片。

（2）在【设计→自定义】功能区中，单击"设置背景格式"按钮，如图4-44所示。

（3）在"设置背景格式"功能区的"填充"选项中，选中"图片或纹理填充"。然后单击"文件"按钮，在弹出的对话框中，选择图片"古典背景.jpeg"，单击打开，选择的幻灯片背景已更改，效果如图4-45所示。

图4-44 设计背景格式

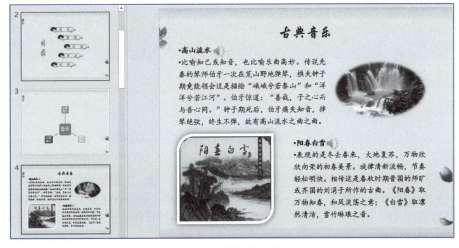

图4-45 背景设置效果

> **练 习**
>
> 第1张幻灯片，使用图片"封面背景.jpg"作为背景，第5张幻灯片不设置背景。

4.6.3 应用版式设计幻灯片

幻灯片版式指要在幻灯片上显示的全部内容之间的位置排列方式及相应的格式，版式由占位符组成，占位符可放置文字和幻灯片内容（如表格、图表、图片、形状和剪贴画）。通过幻灯片版式的应用可以对文字、图片等更加合理、简洁地完成布局。

☞ 将最后一张幻灯片的版式设置为"内容与标题",将第2张幻灯片(目录)的版式设置为"空白",并查看其他幻灯片的版式。操作步骤如下:

(1)选择幻灯片后,在【开始→幻灯片】功能区中,单击"版式"按钮,在弹出的列表框中以高亮背景显示的就是当前幻灯片的版式,如第1张幻灯片的版式为"标题幻灯片",如图4-46所示。其他幻灯片的版式都为"标题和内容"。

(2)选择最后一张幻灯片,在【开始→幻灯片】功能区中,单击"版式"按钮,在弹出的列表框中选择"内容与标题",可更改版式。用同样的操作方法将第2张幻灯片(目录)的版式设置为"空白"。

(3)选择最后一张幻灯片,在标题处输入"京剧",文本处输入京剧的详细介绍,字体和段落格式与前文保持一致,如图4-47所示。

(4)单击右侧"插入视频文件"按钮,插入视频"京剧名段-四郎探母.mp4",效果如图4-48所示。

图4-46　查看版式

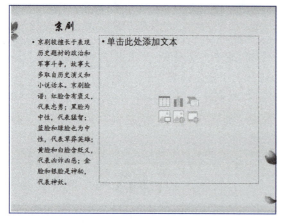

图4-47　设置版式后的效果

图4-48　插入视频效果

4.6.4　幻灯片母版的应用

幻灯片母版是一张具有特殊用途的幻灯片,它可以存储相关模板信息,如文本占位符、图片、动作按钮、背景设置、超链接等。当演示文稿中要对多张幻灯片进行统一的格式更改,或者多张幻灯片需要输入相同的内容时,可以在母版上统一操作,而不需要在多张幻灯片中重复操作。

每个演示文稿至少包含一个幻灯片母版,如果演示文稿中使用了多种主题或版式,则会有多个幻灯片母版,通常使用相同主题和版式的幻灯片是基于同一个幻灯片母版。在幻灯片母版上添加的对象将出现在关联幻灯片的相同位置。

☞ 将第3张幻灯片(音乐)至第9张幻灯片(书法),统一添加返回按钮。操作步骤如下:

(1)在【视图→母版视图】功能区中,单击"幻灯片母版"按钮。

(2)在"幻灯片母版"视图中,单击左边窗格中最顶层的标有序号1的幻灯片,将鼠标放在其下属的第2张幻灯片,提示"标题和内容版式:由幻灯片3-9使用",如图4-49所示。单击鼠标即选择该幻灯片母版。

(3)在右侧的幻灯片母版中,在【插入→图像】功能区中,单击"图片"按钮,在"插入图片"对话框中,选择图片"返回按钮.png",然后单击"插入"按钮,将图片插入到幻灯片中。将"返回按钮"图片移动到幻灯片的右下角,幻灯片母版的效果如图4-50所示。

图4-49 "幻灯片母版"视图

图4-50 幻灯片母版的效果

(4)在【幻灯片母版→关闭】功能区中,单击"关闭母版视图"按钮。
(5)返回"普通视图"后,在第3张幻灯片(音乐)至第9张幻灯片(书法),观察是否达到要求。

4.7 设置超链接

在放映幻灯片时,有时候需要从一张幻灯片跳到另一张幻灯片,或者单击某个幻灯片内的对象可以跳到其他幻灯片。此时,就需要设置超链接。超链接的对象可以是文本、图片、形状等。超链接的目标,可以是现有文件或网页、本文档中的幻灯片、新建文档或者电子邮件地址等。

动作按钮是超链接的一种特殊形式,此时的链接不是文本或者其他对象,而是系统提供的图形按钮。

☞ 将第2张幻灯片(目录)中的文字插入超链接,链接到对应的幻灯片。操作步骤如下:

(1)选择第2张幻灯片。
(2)选择文字"音乐"作为超链接的对象。
(3)在【插入→链接】功能区中,单击"超链接"按钮,在弹出的"插入超链接"对话框中设置"链接到"为"本文档中的位置",在"请选择文档中的位置"中选择"第3张幻灯片",如图4-51所示。

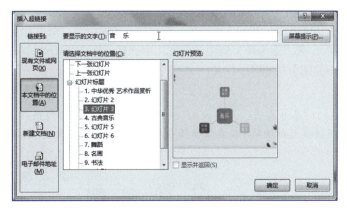

图4-51 "插入超链接"对话框

(4)单击"确定"按钮,完成超链接设置。
(5)用同样的操作方法,将文字"舞蹈""名画""书法""京剧"分别链接到第7、8、9、10张幻灯片。
(6)放映幻灯片,查看超链接效果。

☞ 在最后一张幻灯片中，插入动作按钮，超链接返回到第1张幻灯片。操作步骤如下：

（1）选择最后一张幻灯片。

（2）在【插入→插图】功能区中，单击"形状"按钮，在下拉列表中，移动滚动条到"动作按钮"，单击"动作按钮：开始"，如图 4-52 所示。

（3）按住鼠标左键，在空白位置绘制动作按钮，松开鼠标后，弹出"操作设置"对话框，设置"超链接到"为"第一张幻灯片"，图 4-53 如所示。

图4-52　选择动作按钮　　　　　　　　　图4-53　"操作设置"对话框

（4）单击"确定"按钮。

（5）放映幻灯片，查看插入动作按钮的效果。

☞ 在幻灯片母版中，为"返回"按钮插入超链接，目标为第2张幻灯片（目录）。操作步骤如下：

（1）在【视图→母版视图】功能区中，单击"幻灯片母版"按钮。

（2）在"幻灯片母版"视图中，单击标有序号1的幻灯片，将鼠标指针放在其下属的第2张幻灯片，单击选择该幻灯片母版。

（3）在右侧的幻灯片中，选择图片"返回.png"作为超链接的对象。

（4）在【插入→链接】功能区中，单击"超链接"按钮，在弹出的"插入超链接"对话框中，设置"链接到"为"本文档中的位置"，在"请选择文档中的位置"中选择"第2张幻灯片"。

（5）在【幻灯片母版→关闭】功能区中，关闭"母版视图"，回到"普通视图"后，观察是否达到要求。

> **提示**
>
> 选中已经添加超链接的对象并右击，在弹出的快捷菜单中选择"编辑超链接"命令，在弹出的"编辑超链接"对话框中可对超链接进行编辑；在右键快捷菜单中选择"取消超链接"命令，超链接功能则消失。

4.8　设置动画

动画效果是指在幻灯片的放映过程中，各种对象以一定的次序及方式进入画面中产生的动画效果。在演示文稿中，适当地增加动态效果，可以突出重点、控制信息的流程以及提高幻灯片演示的趣味性。PowerPoint2016 的动态效果包括一张幻灯片内的动画效果和幻灯片之间的切换效果。

4.8.1 设置动画效果

在幻灯片中，如果包括多个对象，就可以为幻灯片中任意一个对象（文本、图片、表格）设置动画效果，让静止的对象动起来。

动画效果包括以下 4 种：

（1）进入：对象从无到有的入场动态效果。

（2）强调：对象已经显示，为了突出添加的动态效果，达到强调的目的。

（3）退出：对象从有到无消失的动态效果。

（4）动作路径：对象按指定的路径移动的效果。

动画开始的方式包括 3 种：

（1）单击时：鼠标单击，开始播放该动画。

（2）与上一动画同时：和上一个动画一起播放，用于与其他动画同步。

（3）上一动画之后：上一个动画播放之后，自动播放该动画。

☞在第 2 张幻灯片（目录）中，将各标题添加进入动画效果"形状"，"开始"为"上一动画之后"，"持续时间"为 1 s。操作步骤如下：

（1）选择第 2 张幻灯片，在【动画→高级动画】功能区中，单击"动画窗格"按钮，在幻灯片右侧打开动画窗格。

（2）选择"音乐"组合图形。

（3）在【动画→高级动画】功能区中，单击"添加动画"按钮，弹出动画列表，选择"进入"类别中的"形状"效果，如图 4-54 所示。可看到该对象在幻灯片中的动画播放效果，在"音乐"组合图形左上角出现数字 1，表示该动画是第 1 个播放的动画。

（4）在【动画→计时】功能区中，设置"开始"为"上一动画之后"，"持续时间"为 1 s。

（5）使用同样的方法为其他 4 个标题添加动画效果。放映幻灯片观察效果。

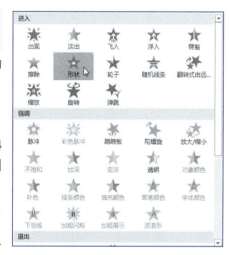

图4-54 设置动画

> **提示**
>
> 在动画窗格中选择动画，按【Delete】键即可删除该动画。单击"重新排序"按钮的上移和下移箭头可调整动画的播放顺序。

☞在第 9 张幻灯片（书法）中，将三张书法图片依次添加进入动画效果"轮子"，退出动画效果为"擦除"，"开始"为"单击时"。操作步骤如下：

（1）选择第 9 张幻灯片。

（2）选择图片"郑板桥书法.jpg"，在【动画→高级动画】功能区中，单击"添加动画"按钮，弹出动画列表，选择"进入"类别中的"轮子"效果。继续单击"添加动画"按钮，弹出动画列表，选择"退出"类别中的"擦除"效果。

（3）在图片左上角出现数字 1 和 2，表示该图片包含两个动画，先进入后退出。

（4）在【动画→计时】功能区中，设置"开始"为"单击时"。

（5）使用同样的方法为图片"颜真卿书法.jpg""王羲之书法.jpg"添加动画效果。放映幻灯片观察效果。

☞在第 6 张幻灯片（流行音乐）中，设置音乐自动播放，字幕滚动的效果。设置音频播放的"开始"为"自动"，动画的"开始"为"与上一动画同时"，为歌词所在的文本框设置"进入"效果中的"字幕式"动画效果，"开始"为"与上一动画同时"，"持续时间"207 s。操作步骤如下：

（1）选择第 6 张幻灯片。

（2）单击音频图标，在【播放→音频选项】功能区中，设置"开始"为"自动"。在【动画→计时】功能区中，设置"开始"为"与上一动画同时"。

（3）选择歌词所在的文本框，由于歌词比较长，超出了幻灯片的界面，因此将文本框向上移动，大概在文本框的三分之一处与幻灯片上部边缘齐平。

（4）在【动画→高级动画】功能区中，单击"添加动画"按钮，弹出动画列表，单击"更多进入效果"，打开"添加进入效果"对话框，选择"华丽型"中的"字幕式"效果，单击"确定"按钮。

（5）在右侧的动画窗格，右击歌词所在的"内容占位符"，在弹出的菜单中选择"计时"命令，弹出"字幕式"对话框，设置"开始"为"与上一动画同时"，"延迟"为"0"秒，"期间"为"207秒"，如图4-55所示。

（6）单击"确定"按钮。放映幻灯片观察效果，进入放映状态，音乐自动播放，字幕开始滚动。

图4-55 "字幕式"对话框

4.8.2 设置切换效果

幻灯片的切换效果是指不同幻灯片在相互切换时产生的交互动作，即在幻灯片放映过程中，上张幻灯片播放完后，下张幻灯片显示出来的动态效果。幻灯片切换可以设置产生特殊的视觉效果，也可以控制切换效果的速度，添加声音等。可以为每一张幻灯片设置不同的切换动作，也可以为一组幻灯片设置同一样式的切换动作。

☞ 在第1张幻灯片，设置"百叶窗"的切换效果，效果选项为"水平"，"自动换片时间"为5 s。操作步骤如下：

（1）选择第1张幻灯片。

（2）在【切换→切换到此幻灯片】功能区中，单击"其他"按钮，打开切换效果库，选择"华丽型"中的"百叶窗"（见图4-56），即可在幻灯片上看到"百叶窗"的切换效果。

图4-56 切换效果库

（3）在【切换→切换到此幻灯片】功能区中，单击"效果选项"按钮，在下拉列表中选择"水平"。

（4）在【切换→计时】功能区中，设置换片方式的"自动换片时间"为5 s。

> **提 示**
>
> - 默认的换片方式为"单击鼠标时"，在放映过程中，只有单击鼠标才能切换到下一张幻灯片。如果选择"自动换片时间"并设置了时间，在时间到了后就自动切换到下一张幻灯片，不需要手动单击鼠标。如果两种方式都选择了，则采用时间短的方式。
> - 如果要为一组幻灯片设置同一样式的切换动作，在【切换→计时】功能区中，单击"全部应用"按钮。
> - 如果要为幻灯片设置背景声音，在【切换→计时】功能区中，单击"声音"下拉按钮，可以选择系统默认的声音，也可以单击"其他声音"，导入文件夹中WAV格式的声音文件。

4.8.3 用动画功能制作短视频

PowerPoint 2016 提供了简便的动画效果,但可以制作出流畅的动画视频。本节讲解制作进阶动画"片头小动画"短视频。

☞ 新建并保存演示文稿"片头小动画 .pptx"。操作步骤如下:

(1)启动 PowerPoint 2016,自动创建一个空白演示文稿。

(2)单击快速访问工具栏中的"保存"按钮。

(3)在"另存为"对话框中选择保存文档的路径,如选择路径"E:\第 4 章项目",在文件名的下拉列表中输入"片头小动画",在保存类型的下拉列表中选择"PowerPoint 演示文稿(*.pptx)";最后单击"保存"按钮。

(4)单击第一张幻灯片,在【开始→幻灯片】功能区,单击"版式"按钮,在弹出的列表框中选择"空白"版式。

(5)在【设计→自定义】功能区,单击"幻灯片大小"按钮,在弹出的列表框中选择"宽屏 16:9"。

☞ 设置"蓝色背景",蓝色的 RGB 参数为(0,112,192),操作步骤如下:

(1)在【设计→自定义】功能区,单击"设置背景格式"按钮,在设置背景格式功能区中,选择纯色填充。

(2)单击"颜色填充"按钮,在弹出的列表框中选择"其他颜色",弹出"颜色"对话框,单击"自定义",打开"自定义"对话框,设置 R、G、B 三项参数为(0,112,192),如图 4-57 所示。

(3)单击"确定"按钮,完成幻灯片背景颜色设置。

图4-57 自定义颜色设置

☞ 插入"两个不同大小的圆形"形状,大圆设置为白色,小圆设置为蓝色,操作步骤如下:

(1)在【插入→插图】功能区中,单击"形状"按钮,在下拉列表中选择"椭圆",光标变为"十"形状,按下【Shift】键,拖动鼠标可绘制合适大小的圆形,调整圆形位置到居中。

(2)在【格式→形状样式】功能区中,单击"形状填充"按钮,选择"白色",如图 4-58 所示。单击"形状轮廓"按钮,在弹出的列表框中选择"无轮廓"。

(3)使用相同的方法制作蓝色圆形,调整大小和位置,放在白色圆上面。效果如图 4-59 所示。

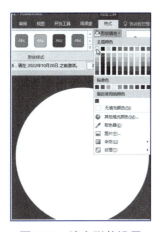

图4-58 填充形状设置

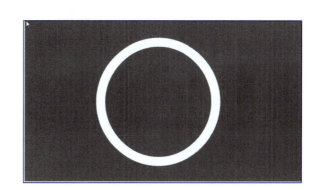

图4-59 插入形状效果

☞ 为两个圆形形状设置"基本缩放"的进入动画效果和退出动画效果。操作步骤如下:

因为两个圆形的动画效果一致,可以同时选中两个圆形添加动画效果,再分别进行动画效果参数的设置。

（1）选择两个圆形，在【动画→高级动画】功能区中，单击"动画窗格"按钮，在幻灯片右侧打开动画窗格。

（2）在【动画→高级动画】功能区中，单击"添加动画"按钮，弹出动画列表，选择"更多进入效果→温和型"类别中的"基本缩放"效果，单击"确定"按钮。效果如图4-60所示。

（3）选择动画窗格中的"椭圆3进入效果"，在【动画→计时】功能区中，设置"开始"为"与上一动画同时"，"持续时间"为0.4 s，延迟为0 s，如图4-61所示。设置"椭圆4进入效果"的计时参数为（开始：上一动画同时，持续时间：0.4 s，延迟为0.2 s）。

图4-60　添加动画效果

图4-61　计时设置

（4）使用相同的方法为两个圆形添加"基本缩放"的退出动画效果，设置参数，"椭圆3退出效果"（开始：上一动画同时，持续时间：0.4 s，延迟：0.6 s）；"椭圆4退出效果"（开始：上一动画同时，持续时间：0.4 s，延迟：0.7 s）。

☞ 制作"2个旋转运动圆形"的动画效果。操作步骤如下：

（1）插入黑色圆符号。在【插入→文本】功能区，单击"文本框"按钮，选择"横排文本框"，光标变为"十"形状，拖动鼠标可绘制合适大小的文本框。在【插入→符号】功能区，单击"符号"按钮，在弹出的"符号"对话框中，打开"子集"列表，选择"几何图形符"，选择"黑色圆"符号，如图4-62所示，单击"插入"按钮。

（2）选中文本框，在【开始→字体】功能区中，将文本框中的"黑色圆符号"设置为"白色"，字号为32。并复制30个，排成1列，设置行距为固定值0磅。

（3）选中文本框，单击"添加动画"按钮，在进入效果中选择"淡出"效果。参数设置为（开始：上一动画同时，持续时间：0.1 s，延迟：1.1 s）。

（4）选中文本框，为文本框添加"动作路径"动画效果：在【动画→高级动画】功能区中，单击"添加动画"按钮，弹出动画列表，选择"动作路径"类别中的"圆形"动画效果，效果如图4-63所示。

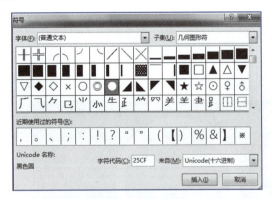
图4-62　插入符号

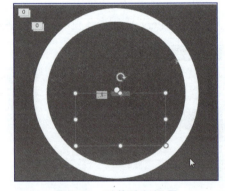
图4-63　动作路径设置

（5）调整路径大小和方向，拖动路径，使其"绿色箭头"起点与"白色圆"重合，且绿色箭头向上。如图4-64所示。

（6）设置动作路径的参数：在动画窗格中选择动作路径，单击下拉按钮，打开菜单，选择"计时"，打开"圆形扩展"对话框，参数设置为（开始：上一动画同时，期间：1.25 s，延迟1.1 s），如图4-65所示，单击"效果"，参数设置为（平滑开始和结束均为0，动画文本：按字母，字母之间延迟百分比：0.2），如图4-66所示。

（7）另外一个"旋转运动圆形"可按照上述方法进行设置。也可选中文本框直接复制、粘贴得出另一个

"旋转运动圆形"和动作路径，然后调整动作路径的"绿色箭头方向"为向下，调整路径的形状、大小和位置，使两个圆形和两条动作路径的绿色箭头全部重合在一起，效果如图4-67所示。

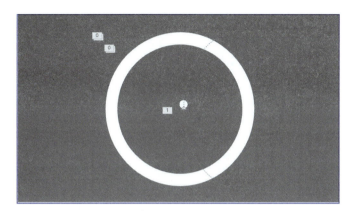

图4-64　动作路径效果

图4-65　计时参数设置

图4-66　效果参数设置

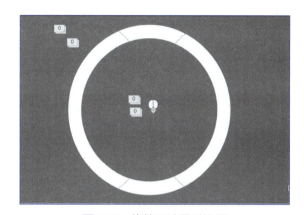

图4-67　旋转运动圆形设置

> **提示**
>
> 在动画设置中，如果复制对象，会连同将添加到该对象的动画效果一起复制。也可通过"动画刷"功能复制动画效果。

☞ 制作遮罩效果，操作步骤如下：

（1）在【插入→插图】功能区中，单击"形状"按钮，在下拉列表中选择"椭圆"，光标变为"十"形状，按下【Shift】键，拖动鼠标绘制圆形，调整圆形大小，直至能够遮盖整个幻灯片背景，如图4-68所示。

（2）在【格式→形状样式】功能区中，单击"形状填充"按钮，选择"白色"，单击"形状轮廓"按钮，在弹出的列表框中选择"无轮廓"。

（3）设置遮罩形状的动画效果。在【动画→高级动画】功能区中，单击"添加动画"按钮★，弹出动画列表，选择"进入"类别中的"缩放"效果，计时参数为（开始：上一动画同时，持续时间：0.35 s，延迟 2.4 s）。

☞ 制作字体"PPT进阶动画设计"及动画效果，操作步骤如下：

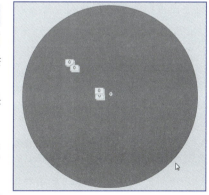

图4-68　遮罩设置

（1）在【插入→文本】功能区，单击"文本框"按钮，插入"横排文本框"，在文本框中录入文字"PPT进阶动画设计"，字体格式：华文楷体，96 号，蓝色（背景色）。

（2）选择文本框，添加"基本缩放"的进入效果，计时参数为（开始：上一动画同时，持续时间：0.25 s，延迟 2.85 s），最终效果如图 4-69 所示。

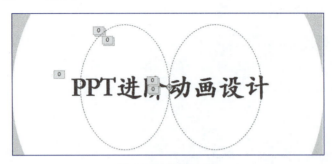

图4-69　设置字体

☞ 制作"四条直线及动画效果"，并将完整效果导出为视频，操作步骤如下：

（1）在【插入→插图】功能区中，单击"形状"按钮，在下拉列表中选择"直线"，光标变为"十"形状，按下【Shift】键，拖动鼠标可绘制长度适合的直线，在【格式→形状样式】功能区中，单击"形状轮廓"按钮，设置"颜色"为蓝色（背景色），"粗细"为 1.5 磅，左右两侧各绘制两条，调整位置，如图 4-70 所示。

图4-70　设置直线

（2）同时选中四条直线，添加"飞入"的进入效果，分别设置参数。靠近中心的两条直线为（开始：上一动画同时，持续时间：0.5 s，延迟 2.9 s）；靠近边缘的两条直线为（开始：上一动画同时，持续时间：0.5 s，延迟 3.1 s）。

（3）选中左边两条直线，单击动画窗格中相应动画效果的下拉按钮，在下拉列表中选择效果选项，如图 4-71 所示。打开"飞入"对话框，设置"方向"为"自左侧"，弹跳结束为"0.25 s"，如图 4-72 所示。用相同的方法设置右边两条直线的效果参数（"方向"为"自右侧"，弹跳结束为 0.25 s）。

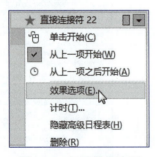

图4-71　打开效果选项

图4-72　"飞入"对话框

（4）选择【文件→导出→创建视频】命令，单击"创建视频"按钮。在弹出的"另存为"对话框中设置存储路径，单击"保存"按钮。

4.9 幻灯片的放映与打印

4.9.1 设置放映方式

通过幻灯片放映，可以将制作的演示文稿展示给观众观看。为了达到更好的放映效果，在放映之前，在如图4-73所示的"设置放映方式"对话框中，可以对演示文稿进行相关的设置。

1. 放映类型

（1）演讲者放映：最常用的放映方式，用于演讲者主导演示文稿播放的场合。演讲者对播放有完整的控制权，可采用自动或人工方式放映；演讲者可控制演示文稿的播放与暂停，可在放映的幻灯片上书写与绘画等。

（2）观众自行浏览：演示文稿显示在浏览器窗口内，提供放映时移动、编辑、复制、打印幻灯片的命令。放映时的操作类似于浏览器的操作。

（3）在展台浏览：一种全自动播放演示文稿的方式，适合于展览馆、摊位、无人管理幻灯片放映的场所，放映时不受观众的干扰。

2. 放映选项

可以勾选循环放映、按【Esc】键终止、放映时不加旁白、放映时不加动画或禁用硬件图形加速，还可以设置绘图笔、激光笔的颜色。

3. 放映幻灯片

默认是全部播放，可以选择部分幻灯片，设置从开始到结束的幻灯片编号。

4. 换片方式

换片方式包括"手动"和"如果存在排练时间，则使用它"两种。
（1）"手动"：在幻灯片放映时必须人为干预才能切换幻灯片。
（2）"如果存在排练时间，则使用它"：在"幻灯片切换"对话框中设置了换页时间，幻灯片播放时可以按设置的时间自动放映。

☞设置"放映类型"为"演讲者放映"，"放映幻灯片"为"从1到6"，"绘图笔"颜色为蓝色。操作步骤如下：
（1）在【幻灯片放映→设置】功能区中，单击"设置幻灯片放映"按钮。
（2）在弹出的"设置放映方式"对话框中，设置"放映类型""放映幻灯片""绘图笔颜色"，如图4-73所示。

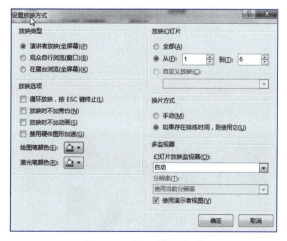

图4-73 设置放映方式

4.9.2 放映演示文稿

放映演示文稿包括人工手动播放和自动播放。自动播放的第一种方法，可以提前在"幻灯片切换"对话框中为每一张幻灯片设置时间，然后按照所设定的时间自动放映幻灯片。另一种方法，就是"排练计时"。

为了便于计算和控制幻灯片放映的时间，可以利用"排练计时"功能。在【幻灯片放映→设置】功能区中，单击"排练计时"按钮，幻灯片开始放映。同时，会弹出"录制"工具栏，如图 4-74 所示。工具栏的左边是"下一项"、"暂停"键，中间的计时器是计算当前页的时间，右边的计时器是计算总的时间。

当停止放映幻灯片，按【Esc】键退出放映或者关闭计时器时，会弹出如图 4-75 所示的对话框，提示是否保留新的幻灯片计时？单击"是"按钮，保存排练时间。单击"否"按钮，重新开始排练。设置好排练时间后，在幻灯片放映时如果没有单击鼠标，则按排练时间自动播放。在幻灯片浏览视图，每张幻灯片左下角会显示幻灯片播放的时间。

图4-74 "录制"工具栏

图4-75 保留排练时间对话框

4.9.3 打印演示文稿

演示文稿主要用于放映，需要时打印出来，以便于查看保存。打印之前先进行页面设置，然后打印。

1. 幻灯片大小

默认情况下，演示文稿的尺寸和显示器或者投影仪匹配。如果要打印到纸张，就需要根据纸张的大小设置幻灯片的页面。

在【设计→自定义】功能区中，单击"幻灯片大小"按钮，在菜单中选择"自定义幻灯片大小"，弹出"幻灯片大小"对话框，如图 4-76 所示。设置幻灯片大小，也可以自定义高度、宽度。幻灯片的方向一般设为横向，以便于在各类显示器放映，备注、讲义和大纲可以根据需要设置。

2. 打印预览和设置

选择【文件→打印】命令，或者按【Ctrl+P】组合键，进入"打印预览和设置"窗口，如图 4-77 所示。最右侧窗口是预览幻灯片，中间是打印设置。

图4-76 "幻灯片大小"对话框

（1）设置打印范围：单击"打印全部幻灯片"下拉按钮，弹出设置列表（见图 4-78），可以选择打印全部幻灯片还是部分幻灯片。

图4-77 "打印预览和设置"窗口

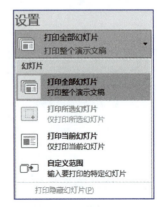

图4-78 设置打印范围

（2）设置打印版式：单击"整页幻灯片"下拉按钮，弹出打印版式列表（见图4-79），可以选择整页幻灯片、备注页、大纲、讲义。如果选择讲义，还可以选择每页纸张打印1到9张幻灯片。在打印幻灯片时，可以勾选"幻灯片加框"。

（3）编辑页眉和页脚：单击"编辑页眉和页脚"，弹出"页眉和页脚"对话框（见图4-80），可以设置日期和时间，添加幻灯片编号，以及输入页脚内容。

（4）打印：设置完成后，单击"打印"按钮，开始打印。

图4-79　设置打印版式

图4-80　"页眉和页脚"对话框

4.9.4　演示文稿的打包

演示文稿打包以后，可以在没有安装 PowerPoint 的计算机上播放，也可以将演示文稿中插入的音频、视频添加到打包文件夹中，避免出现到其他计算机上音频、视频无法播放的现象。利用打包功能，可以将需要打包的所有文件放到一个文件夹里打包，将打包好的文件夹复制到磁盘或网络。

☞将"中华优秀艺术作品赏析 .pptx"打包，打包后的文件保存在计算机的 E 盘。操作步骤如下：

（1）选择【文件→导出】命令，打开如图 4-81 所示的窗口，选择"将演示文稿打包成 CD"选项，单击右侧的"打包成 CD"按钮。

图4-81　"导出"窗口

（2）在弹出的"打包成 CD"对话框中，单击"复制到文件夹"按钮，如图 4-82 所示。

（3）在弹出的"复制到文件夹"对话框中，设置"文件夹名称"为"中华优秀艺术作品赏析"，"位置"为"E：\"，如图 4-83 所示。

图4-82 "打包成CD"对话框

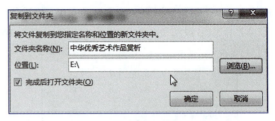

图4-83 "复制到文件夹"对话框

(4)单击"确定"按钮,弹出如图 4-84 所示的提示对话框,提示是否需要包含所链接的文件。

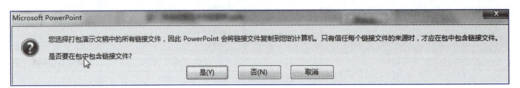

图4-84 提示对话框

(5)单击"是"按钮,开始打包。

拓 展 训 练

1. 打开本章"拓展训练"文件夹下的"海尔文字 .docx",参考图 4-85 所示,制作海尔集团简介的演示文稿。

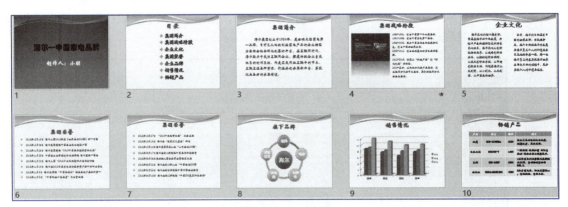

图4-85 最终效果

(1)新建一个演示文稿,保存文件名为"海尔集团 .pptx"。
(2)插入 10 张新幻灯片。
(3)设计幻灯片的主题模板为"流畅"。
(4)设计幻灯片母版。进入幻灯片母板视图,选择"标题和内容"版式,设置"母版标题"的格式为"华文新魏、44 号、加粗、居中对齐",设置"母版文本"格式为"楷体、28 号、首行缩进 1.5 厘米、1.3 倍行距"。
(5)选择第一张幻灯片,在标题处输入"海尔 中国家电品牌",副标题处输入"制作人:小明"。
(6)选择第二张幻灯片,在标题处输入"目录",文本处输入目录,并添加项目符号◆,如图 4-86 所示。

（7）选择第三张幻灯片，在标题处输入"集团简介"，将"海尔文字.docx"中的"集团简介"文字复制到文本处。

（8）选择第四张幻灯片，在标题处输入"集团战略阶段"，插入"图1.jpg"，调整位置和大小，设置图片样式为"半映像接触"。在右边的空白位置插入一个文本框，将"海尔文字.docx"中的"集团战略阶段"文字复制到文本框中，设置所有文字的行间距为1.3倍，效果如图4-87所示。

图4-86　目录效果　　　　　　　　　　图4-87　CEO效果

（9）选择第五张幻灯片，设置版式为"两栏内容"，在标题处输入"企业文化"，将"海尔文字.docx"中的两段"企业文化"文字分别复制到两个文本框中，设置文字的格式为"楷体、22号、首行缩进1.5厘米、1.3倍行距"。

（10）选择第六、七张幻灯片，在标题处输入"集团荣誉"，将"海尔文字.docx"中的"集团荣誉"文字复制到文本处，并添加项目符号◆。

（11）选择第八张幻灯片，在标题处输入"旗下品牌"，插入SmartArt图形，布局为"射线循环"、更改颜色为"彩色－个性色"，在SmartArt图形中输入文字，如图4-88所示。

（12）选择第九张幻灯片，在标题处输入"销售情况"，插入图表，图表类型为"三维簇状柱形图"，图表样式为"样式10"，在弹出的Excel数据表中输入数据，如图4-89所示。图表效果如图4-90所示。

（13）选择第十张幻灯片，在标题处输入"畅销产品"，插入5行4列的表格，表格样式为"中度样式2-强调3"，将"海尔文字.docx"中的"畅销产品"文字复制到对应的单元格中，如图4-91所示。设置表格中的文字为居中对齐。

图4-88　SmartArt图形效果　　　　　　图4-89　输入数据

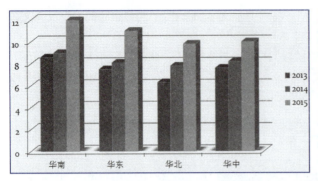

图4-90　图表效果　　　　　　　　　　　　图4-91　表格效果

（14）设置超链接。选择第二张幻灯片，选择目录的文字，插入超链接，分别链接到对应的幻灯片，如"企业文化"链接到第五张幻灯片。

（15）设置切换效果。设置"顺时针回旋，2根轮辐"的切换效果，中速，"自动换片时间"为5 s，应用于所有幻灯片。

（16）设置动画效果，在第四张幻灯片中，将标题、图片和文字都添加进入动画效果"菱形"，"开始"为"上一动画之后"。

（17）将演示文稿"海尔集团.pptx"打包，打包后的文件保存在计算机的E盘。注：练习中所涉及的数据仅供参考，不作为实际数据使用。

2. 小明所在的大学，计划于近期举办多媒体课件制作大赛，大赛主题可以是介绍自己的大学生活、家乡、军训生活、班级活动等和自己相关的内容。小明决定收集相关文字、图片、音乐、视频等素材，使用PowerPoint 2016制作多媒体课件参加比赛。

第 5 章 Excel 电子表格处理

> **学习目标**
> - 了解工作簿及工作表的基本操作方法。
> - 掌握单元格和表格的格式化方法。
> - 掌握输入和编辑数据的方法。
> - 掌握公式及函数的使用。
> - 掌握数据的管理和分析方法。

Excel 2016 是 Microsoft Office 2016 系列软件中的一个重要组件,能快速完成日常办公事务中电子表格处理的任务,也为数据信息的分析、管理及共享提供了很大的方便,是一个功能强大、技术先进、使用方便的电子表格系统。超强的数据计算能力和直观的制图工具,使 Excel 2016 被广泛应用于管理、统计、金融和财经等众多领域。

本章通过案例来讲解 Excel 2016 的基本概念与基本操作,从表格的制作和编辑、数据的管理、图表的应用等方面介绍 Excel 2016 的操作及应用。

5.1 预备知识

Excel 2016 的工作界面由快速访问工具栏、标题栏、功能区、列标题、行标题、编辑栏、编辑区、工作表标签和状态栏组成,如图 5-1 所示。

(1)快速访问工具栏:单击图标按钮可以快速执行相应的操作。单击"自定义快速访问工具栏"按钮,可添加或删除快速访问工具栏中的图标。

(2)标题栏:显示当前工作簿的名称。

(3)功能区:由选项卡、组和按钮组成,单击选项卡,在其下方会出现相关的组。

(4)编辑栏:显示当前单元格的数据和公式。由名称框、按钮组和编辑栏组成。

(5)工作表标签:显示当前工作簿中的工作表名称。

(6)状态栏:用于工作表的视图切换和缩放显示比例。

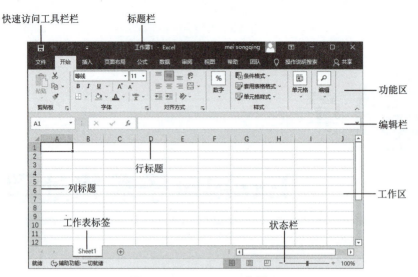

图5-1　Excel 2016工作界面

Excel的主要元素包括工作簿、工作表、单元格、单元格区域等。

1. 工作簿

Excel创建的文件称为工作簿，用来存储和管理表格数据。每个工作簿可以包含多张工作表，因此可在一个文件中管理多种类型的相关数据信息。一个工作簿就是一个Excel文件，在启动Excel 2016后，系统会自动创建一个空白的工作簿文件，默认文件名为"工作簿1.xlsx"，以后创建的文件名依次默认为"工作簿2.xlsx""工作簿3.xlsx"。用户在保存文件时可以自定义文件名。

2. 工作表

一个工作簿中可以包含多张表格，每张表格称为一个工作表。用户可以根据需要添加和删除工作表。在Excel 2016中，一个工作簿最多可以包含255个工作表。

3. 单元格

单元格是组成工作表的最小单位。一张工作表由1 048 576行和16 384列构成，每一个行列交叉处为一个单元格。工作表中的数据存放在单元格中，可存放多种格式的数据。在Excel中通过单元格名称（又称单元格地址）来区分单元格，单元格名称由列序号（字母）和行序号（数字）组成，如C6表示第C列和第6行交汇处的单元格。

4. 单元格区域

单元格区域是由多个单元格组成的区域，或者是整行、整列。单元格区域的表示方法是"左上角单元格"+"："+"右下角单元格"，如"A1:D4"，表示从A1到D4的单元格区域。单元格区域的合理选择，使格式的批量设置、公式函数、数据的管理更加方便。

在进行单元格操作时，鼠标指针会随着操作的不同有所变化，当对应的鼠标形状出现时才可进行相应的操作。鼠标形状与操作之间的对应关系，如表5-1所示。

表5-1　鼠标形状与操作的对应关系

鼠标形状	显示时间	完成的操作
	单击单元格	单元格选定
	鼠标移动到选定单元格的边线处	单元格的移动
	鼠标移动到选定单元格右下角	单元格数据的填充
	单击行号	选定整行单元格
	单击列号	选定整列单元格

续表

鼠标形状	显示时间	完成的操作
 A ↔ B	鼠标指向两列之间	手动调整列宽
↕	鼠标指向两行之间	手动调整行高

> **提示**
> 在 Excel 2016 中，行号显示在工作表的最左侧，列号显示在工作表的最上侧，可以通过【Ctrl+↓】或【Ctrl+→】组合键来查看当前工作表的最后一行或最后一列。

5.2 案例简介

学生成绩管理是教学办公中的一项基本工作。本案例包括两个子案例，分别是学生基本信息表的管理和学生成绩表的管理。

（1）在学生基本信息表中涉及 Excel 的基本操作，包括 Excel 工作簿及工作表的操作方法，单元格和表格的格式化，数据的输入和编辑，部分公式函数的使用。

（2）在学生成绩表中包括图表的编辑、条件格式的设置、数据排序和筛选、分类汇总、数据库函数的使用等。

5.3 表格的创建及设计

学生基本信息表的设计包括工作簿的创建、工作表的组织、数据表的结构设计和单元格（区域）的格式化等，表格的设计效果如图 5-2 所示。

图5-2 表格设计效果

5.3.1 新建与保存工作簿

☞ 新建 Excel 文档 "学生基本信息及成绩表.xlsx"。操作步骤如下：

（1）启动 Excel 2016，系统会自动创建一个名称为"工作簿 1"的文件。

（2）单击快速访问工具栏中的"保存"按钮（也可选择【文件→保存】命令或按【Ctrl+S】组合键）。

（3）在弹出的"另存为"对话框中设置保存位置、文件名为"学生基本信息及成绩表"、文件类型为".xlsx"，单击"保存"按钮。

5.3.2 重命名和删除工作表

在编辑工作簿过程中，用户可以对工作簿中的工作表进行管理，如插入工作表、删除工作表、重命名工作表等。在删除工作表时需要慎重考虑，删除工作表之后不可恢复。

☞ 打开"学生基本信息及成绩表.xlsx",将 Sheet1 工作表重命名为"学生基本信息"。操作步骤如下:

(1)在工作表标签 Sheet1 上右击,选择"重命名"命令,输入文字"学生基本信息"。
(2)按【Enter】键确认。

☞ 在"学生基本信息"工作表中,参考图 5-2,分别在 A1、A2:H2 单元格中输入工作表标题和列标题。操作步骤如下:

(1)选择单元格 A1,输入工作表的标题"学生基本信息",按【Enter】键确认。
(2)在 A2:H2 单元格区域输入学号、姓名、性别、身份证号码等文字,效果如图 5-2 所示。

5.3.3 设置单元格区域的格式

为了使单元格中的数据看起来更美观,可以为数据设置字体格式、对齐方式,为表格设置边框和底纹等。对单元格进行格式设置前,需要选择单元格区域。

单元格区域的选择,常用的操作方法如下:

(1)选择连续的区域:先单击该区域左上角的单元格,按住鼠标左键并拖动鼠标至该区域的右下单元格(或者按住【Shift】键的同时单击最右下角的单元格)。
(2)选择多个不连续区域:先单击第一个单元格,按住【Ctrl】键的同时选择第二个单元格、第三个单元格,直到所有单元格选择完成。
(3)选择整个工作表:单击工作表左上角的"全选"按钮(或者按【Ctrl+A】组合键)。

☞ 在"学生基本信息"工作表中,参考图 5-2,设置第 1 行的格式。A1:H1 单元格区域合并后居中,字体为黑体,字号为 16,加粗,填充颜色为"橄榄色,强调文字颜色 3",行高为 35。操作步骤如下:

(1)选择 A1:H1 单元格区域。
(2)在【开始→对齐方式】功能区中,单击"合并后居中"按钮圉。
(3)在【开始→字体】功能区中,设置字体为黑体,字号为 16,加粗,填充颜色为"橄榄色,强调文字颜色 3"。
(4)在【开始→单元格】功能区中,单击"格式"按钮,在下拉菜单中选择"行高",在弹出的"行高"对话框中输入 35,如图 5-3 所示。

图5-3 字体、对齐方式和行高的设置

> **练习**
>
> 在"学生基本信息表"工作表中,设置第 2 行的格式:字体为宋体、字号为 13、填充颜色为"橄榄色,强调文字颜色 3,淡色 40%",自动调整行高,对齐方式为"水平居中、垂直居中、自动换行",手动适当调整列宽和行高。

☞ 在"学生基本信息"工作表中,设置 A3:H30 单元格区域的内外边框为"橄榄色,强调文字颜色 3,深色 50%",细实线,填充颜色为"橄榄色,强调文字颜色 3,淡色 40%"。操作步骤如下:

(1)选择 A3:H30 单元格区域。
(2)在【开始→字体】功能区中,单击"边框"按钮,在下拉菜单中选择"其他边框"。
(3)在弹出的"设置单元格格式"对话框中,选择"边框"选项卡,设置样式为"单实线"、颜色为"橄榄色,强调文字颜色 3,深色 50%",预置为"外边框、内部"。
(4)选择"填充"选项卡,设置背景色为"橄榄色,强调文字颜色 3,淡色 40%",如图 5-4 所示。单击"确定"按钮。

图5-4 "设置单元格格式"对话框

5.3.4 设置单元格的数字格式

在编辑工作表时,经常需要输入各种类型的数据。在 Excel 2016 中可以输入的数据类型包括:文本(字母、汉字和数字代码组成的字符串等)、数值(能参与算术运算的数、货币数据等)、时间和日期、公式及函数等。不同的数据类型有不同的输入方法,主要有以下 3 种:

1. 输入文本

在 Excel 2016 中每个单元格最多可包含 32 767 个字符,输入文本前先选择存储文本的单元格,输入完成后按【Enter】键结束。Excel 会自动识别文本类型,并将文本内容默认设置为"左对齐"。如果当前单元格的列宽不够容纳输入的全部文本内容,超过列宽的部分会显示在该单元格右侧相邻的单元格位置上;如果相邻单元格上已有数据,超过列宽的部分将被隐藏。如果在单元格中输入的是多行数据,按【Alt+Enter】组合键换行,换行后的单元格将显示多行文本,行的高度会自动调整。

2. 输入数值

数值型数据是 Excel 使用较多的数据类型,包括整数、小数、用科学计数表示的数。在数值中可以包括负号(-)、百分号(%)、分数符号(/)、指数符号(E)等。在输入特殊数据时,需要注意输入的技巧。

(1)输入较大的数:在 Excel 中输入整数时,显示的整数最多包含 11 位数字,超过 11 位时以科学计数形式表示。如需要以日常使用的数字格式显示,可将该数值所在的单元格格式设置为"数值",小数位数为 0。若输入的是常规数值(包含整数、小数),而输入的数值超过 15 位数字时,由于 Excel 的精度问题,超过 15 位的数字会被舍入为 0(即从第 16 位起都变为 0)。如需要保持输入的内容不变,有两种方法,方法一:在输入数值前先输入单引号"'",再输入数值,此方法也常用于输入以 0 开头的如邮政编码的特殊数据;方法二:先将数值所在的单元格格式设置为"文本",再输入数值。

(2)输入负数:输入负数可通过添加负号"-"进行标识,例如输入"-8"。也可将数值置于小括号"()"内来表示负数,例如输入"(8)",表示"-8"。

(3)输入分数:输入分数时,为了和日期型数据的分隔符进行区分,在输入分数前先输入一个零和一个空格作为分数标志。例如,输入"0 1/5",显示为"1/5",其值为 0.2。

3. 输入日期和时间

Excel 可以存储日期和时间类型的数据。

(1)输入日期:Excel 采用的日期格式通常为"年 - 月 - 日"或"年 / 月 / 日",可以输入"2021-10-8"或"2021/10/8",表示 2021 年 10 月 8 日。

(2)输入时间:Excel 采用的时间格式用":"隔开,分 12 小时制(默认状态)和 24 小时制。在输入 12 小时制的时间时,在时间的后面空一格再输入字母 am(或 AM)表示上午,输入 pm(或 PM)表示下午。

如果要输入 2021 年 12 月 8 日下午 3 点 10 分，可以输入 "21-12-8 15:10" 或 "21-8 3:10 pm"。如果要输入当前的时间，按【Ctrl+Shift+;】组合键完成。

☞ 在"学生基本信息"工作表中，设置"学号""身份证号码"的数字格式为"文本"，"出生年月"的格式为"短日期"。操作步骤如下：

（1）选择 A3 单元格，在【开始→数字】功能区中，单击"数字格式"下拉按钮 常规 中，选择"文本"。

（2）同样的方法，设置其他单元格的数字格式。

5.3.5 利用填充柄复制格式

☞ 在"学生基本信息"工作表中，利用填充柄将 A3:H3 单元格区域的格式应用到 A4:H30 单元格区域。操作步骤如下：

（1）选择 A3:H3 单元格区域。

（2）将鼠标指针放在选择区域的右下角，鼠标指针变为黑色的十字形状，拖动"填充柄"至 A30:H30，可将 A3:H3 单元格区域的格式复制到 A4:H30 单元格区域。

5.3.6 拆分和冻结窗格

通过拆分和冻结窗格功能，可以更加方便清晰地查看数据信息。

1. 拆分窗格

将一个工作表窗格拆分成多个独立窗格（最多 4 个窗格），将工作表分为多个区域显示，滚动窗格中的内容不影响其他窗格的内容。操作步骤如下：

（1）单击 E11 单元格。

（2）在【视图→窗口】功能区中，单击"拆分"按钮，可看到工作表以 E11 为分界点分成了 4 个窗格。将鼠标移动到窗格边界线上，可调整窗格的大小。

（3）再次单击"拆分"按钮，可取消窗格的拆分。

2. 冻结窗格

工作表的第一行或者第一列通常是标题行，为了使用户在滚动工作表数据的同时，标题仍然可显示，可使用窗格冻结功能，使标题一直可见。

☞ 在"学生基本信息"工作表中，冻结标题栏。操作步骤如下：

（1）单击 A3 单元格。

（2）在【视图→窗口】功能区中，选择"冻结窗格"命令，第 1 ~ 2 行数据被冻结。滚动鼠标向下查看数据，标题栏始终可见。

（3）选择【冻结窗格→取消冻结窗格】命令，取消窗格的冻结。

> **提示**
>
> - 插入单元格：在【开始→单元格】功能区中，选择【插入→插入单元格】命令，在弹出的"插入"对话框中，选择合适的插入选项，单击"确定"按钮。
> - 删除单元格：选择要删除的单元格区域，在【开始→单元格】功能区中，选择【删除→删除单元格】命令，在弹出的"删除"对话框中，选择合适的删除选项，单击"确定"按钮。
> - 插入行（列）：单击插入位置的行（列），在【开始→单元格】功能区中，选择【插入→插入工作表行（列）】命令，可在行的上方或者列的左侧插入。
> - 删除行（列）：单击要删除的行（列），在【开始→单元格】功能区中，选择【删除→删除工作表行（列）】命令。

5.4 数 据 输 入

在 Excel 中输入有规律的数据时，可以使用快速输入数据的方法，以提高输入数据的效率。在学生基本信息表中，使用填充柄、选择性粘贴、数据验证、公式和函数等方法，快速便捷的输入相关信息，输入数据后的效果如图 5-5 所示。

	A	B	C	D	E	F	G	H
1	学生基本信息							
2	学号	姓名	性别	班别	生源地	出生年月	年龄	身份证
3	201300	蔡文锋	男	1班	广东	1997-07	25	19970704
4	201301	陈春光	女	2班	广东	1997-10	25	19971017
5	201302	陈耿	男	2班	广东	1997-06	25	19970616
6	201303	陈国鸿	男	2班	广东	1996-09	26	19960919
7	201304	陈慧映	女	1班	广东	1998-02	24	19980206
8	201305	陈敏坚	男	1班	广东	1997-03	25	19970306
9	201306	陈旭贤	男	1班	北京	1997-05	25	19970521
10	201307	陈永健	女	2班	广东	1997-07	25	19970730
11	201308	戴静巍	男	1班	广东	1996-10	26	19961026
12	201309	丁家歆	男	2班	安徽	1997-01	25	19970122
13	201310	郭兰芬	女	2班	广东	1997-03	25	19970330
14	201311	何婉芬	男	2班	广东	1998-05	24	19980510
15	201312	何小华	女	1班	广东	1997-10	25	19971008
16	201313	何祝生	女	3班	湖北	1996-12	26	19961207

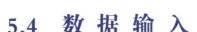

图5-5 数据输入效果图

5.4.1 快速填充数据

1. 使用填充柄填充输入

使用填充柄可以在输入数据或公式时，给同一行（列）的单元格快速填充有规律的数据。填充柄位于单元格的右下角，当光标指向该位置时，会变为填充柄形状**+**，按下鼠标左键并拖动填充柄，可将填充柄经过的单元格区域填充数据，不同形式或规律的数据采用不同的填充方法。

（1）相同数据填充：在填充区域的起始单元格输入数据，在该单元格中使用填充柄拖动到填充区域的最后一个单元格，可将数据填充到填充柄经过的所有单元格。

（2）数据序列填充：在填充区域的前两个单元格中，输入数据序列的前两项。选中前两个单元格，使用填充柄拖动到填充区域的最后一个单元格。新填充的数据与输入的两个数据按照单元格顺序，构成一个数据序列。每两项间的步长，与最先输入的两个数据的步长相同。

2. 使用菜单填充输入

数据填充也可通过菜单的方式进行，通过菜单方式填充的数据序列类型更多。

（1）在填充区域的起始单元格输入数据，选定要填充的区域，在【开始→编辑】功能区中，单击“填充”下拉按钮，选择相应的方向完成填充。例如，在 C1 单元格中输入“2”，选择 C1:C9 单元格区域，在【开始→编辑】功能区中，单击“填充”下拉按钮，在下拉列表中选择“向下”，即可完成填充。

（2）如果要填充的是数据序列，可在下拉列表中选择“系列”命令，在弹出的“序列”对话框中选择相应的序列选项，如图 5-6 所示。

图5-6 “序列”对话框

☞ 在“学生基本信息”工作表中，输入“学号”列的数据，在 A3 单元格中输入“201300”，使用填充柄输入 A4:A30 单元格区域的内容。操作步骤如下：

（1）单击 A3 单元格，输入 201300，按【Enter】键确定。

（2）选择 A3 单元格，将鼠标指针放在单元格的右下角，鼠标指针变为黑色的十字形状，拖动“填充柄”至 A30，即可自动完成该列数据的填充，效果如图 5-7 所示。

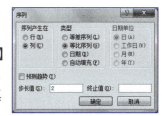

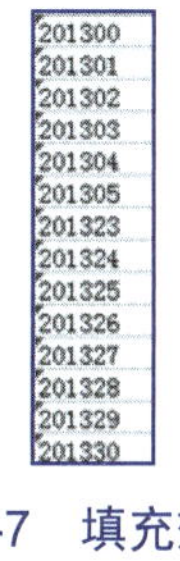

图5-7 填充效果

5.4.2 选择性粘贴数据

在 Excel 中，复制或移动操作不仅对单元格中的数据起作用，也会影响格式、公式及批注等，通过选择性粘贴可消除这种影响。选择性粘贴能对所复制的单元格区域进行有选择的粘贴，使数据的操作更加简便、准确。

☞ 使用选择性粘贴将 Word 文档"学生基本信息 .docx"中的数据复制到 Excel 工作表"学生基本信息"中。操作步骤如下：

（1）打开 Word 文档"学生基本信息 .docx"，选择并复制"姓名"列的数据。

（2）打开 Excel 工作表"学生基本信息"，单击 B3 单元格。

（3）在【开始→剪贴板】功能区中，选择【粘贴→选择性粘贴】命令，在弹出的对话框中设置"方式"为"文本"，如图 5-8 所示，单击"确定"按钮，完成"姓名"列的填充。

（4）同样的方法，完成"性别""生源地""身份证号码"等数据的填充。

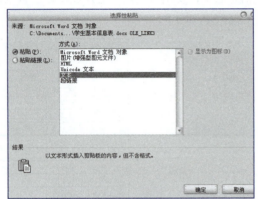

图5-8 "选择性粘贴"对话框

5.4.3 数据验证

在编辑 Excel 数据时，为了避免输入错误的数据，有些数据的输入范围是固定的，可以对单元格的数据进行验证，构建下拉列表进行选择，不需手动输入。通过数据验证可以避免数据输入错误，还可以加快数据的输入速度。在本案例中，"班别"列的数据，固定在"1 班""2 班""3 班"的范围中，适合设置数据验证。

☞ 在"学生基本信息"工作表中，对"班别"列的数据进行验证，通过选择下拉列表中的选项（"1 班""2 班""3 班"）完成数据输入。操作步骤如下：

（1）选择 D3:D30 单元格区域，在【数据→数据工具】功能区中，单击"数据验证"按钮，在下拉列表中选择"数据验证"。

（2）在弹出的"数据验证"对话框中选择"设置"选项卡，设置"允许"为"序列"、"来源"文本框中输入"1 班,2 班,3 班"。选择"出错警告"选项卡，设置"样式"为"信息"，单击"确定"按钮，如图 5-9 所示。

（3）选择 D3、D7:D9、D11、D15、D29:D30 单元格，单击单元格右侧的下拉按钮，选择"1 班"，将光标定位在编辑栏，按【Ctrl+Enter】组合键，在所选单元格中输入数据"1 班"。

（4）同样的方法，在 D4:D6、D10、D12:D14 单元格中输入"2 班"，在剩下的单元格中输入"3 班"。

为单元格设置数据验证时，会遇到空值的情况，如果不知道该项信息而没有输入数据，可以在"数据验证"对话框的"设置"选项卡，勾选"忽略空值"，若单元格值为空，不显示错误的消息。如果不设置忽略空值，空值单元格将作为无效数据。

图5-9 "数据验证"对话框

如果需要清除对数据的验证，在"数据验证"对话框中，单击"全部清除"按钮。

5.4.4 使用公式和函数输入数据

Excel 的数据中一部分是通过录入得到，另一部分是在录入数据的基础上进行相应的计算与转换获取的。数据的计算与转换，通常使用公式和函数来实现，可以大大提高工作效率。

1. 公式

公式是进行数值计算的等式，以"="开头，语法格式为"= 表达式"，表达式可包含运算符、常量、单元格引用及函数等，能对数据进行逻辑和算术运算。

2. 函数

函数由函数名称和参数组成，语法格式为"函数名称（参数1，参数2，…）"，参数可以是常量、单元格引用、区域、区域名或其他函数。函数的输入方法有直接输入、使用"插入函数"对话框等。

在"学生基本信息"工作表中，性别、出生年月、年龄三列数据，可以通过使用文本函数和日期函数进行输入。

1）文本函数

文本函数是用于处理字符串的函数。常用的文本函数包括CONCATENATE函数、LEFT函数、MID函数、RIGHT函数、LEN函数等。

（1）CONCATENATE函数。其语法格式、参数说明、函数功能表述如下。

语法格式：CONCATENATE（Text1,Text2,…）

参数说明：Text1,Text2,…为要连接的文本字符串。

函数功能：将若干字符串合并成一个字符串。

（2）LEFT函数。其语法格式、参数说明、函数功能表述如下。

语法格式：LEFT(Text,Num_chars)

参数说明：Text为要提取字符的文本字符串；Num_chars为提取的字符数量。

函数功能：基于所指定的字符数返回文本中的第一个或前几个字符。

在使用LEFT函数时要注意Num_chars必须大于或等于零；如果Num_chars大于文本的长度，则LEFT返回全部文本；如果省略Num_chars，则默认其值为1。

（3）MID函数。其语法格式、参数说明、函数功能表述如下。

语法格式：MID(Text,Start_num,Num_chars)

参数说明：Text为要提取字符的字符串；Start_num为准备提取的第一个字符的位置，第一个字符的Start_num为1，依此类推；Num_chars为准备提取的字符串长度。

函数功能：返回字符串中从指定位置开始的特定数目的字符。

（4）RIGHT函数。其语法格式、参数说明、函数功能表述如下。

语法格式：RIGHT(Text,Num_chars)

参数说明：Text为要提取字符的字符串；Num_chars为提取的字符数量。

函数功能：根据所指定的字符数返回字符串中最后一个或多个字符。

（5）LEN函数。其语法格式、参数说明、函数功能表述如下。

语法格式：LEN(Text)

参数说明：Text为要计算长度的文本字符串，包括空格。

函数功能：返回字符串中的字符数。

☞在"学生基本信息"工作表中，使用文本函数计算学生性别，效果如图5-5所示。操作步骤如下：

（1）单击C3单元格，将光标定位在编辑栏中，输入函数"=IF(MOD(MID(H3,17,1),2)=0," 女 "," 男 ")"，首先使用MID函数从身份证号码中提取第17位数字；再使用MOD函数判断该数字能否被2整除；如果能被2整除，返回性别"女"，否则返回性别"男"。

（2）按下【Enter】键，可看到计算的结果。

（3）将鼠标放在C3单元格的右下角，拖动"填充柄"至C30，可自动完成其他单元格中性别的填充。

☞在"学生基本信息"工作表中，使用文本函数计算学生的出生年月，效果如图5-5所示。操作步骤如下：

（1）单击F3单元格，将光标定位在编辑栏中，输入函数"=CONCATENATE(MID(H3,7,4)," - ",MID(H3,11,2))"，使用MID函数从身份证号码中提取出年、月，然后使用CONCATENATE函数将年、月用短横线连接起来。

（2）按【Enter】键，可看到计算的结果。

（3）将鼠标指针放在F3单元格的右下角，拖动"填充柄"至F30，可自动完成其他单元格中出生年月的填充。

2）日期函数

用于计算工作表中的日期和时间数据或者返回指定的日期和时间。常用的日期函数包括 TODAY 函数、YEAR 函数、MONTH 函数、DAY 函数等。

（1）TODAY 函数。

语法格式：TODAY()

函数功能：返回当前的系统日期。

（2）YEAR 函数。

语法格式：YEAR(Serial_number)

参数说明：Serial_number 为一个日期值

函数功能：返回日期中的年份，结果为 1900～9999 之间的整数。

（3）MONTH 函数。

语法格式：MONTH(Serial_number)

参数说明：Serial_number 为一个日期值。

函数功能：返回日期中的月份，介于 1（一月）到 12（十二月）之间的整数。

（4）DAY 函数。

语法格式：DAY(Serial_number)

参数说明：Serial_number 为一个日期值。

函数功能：返回一个月中的第几天的数值，介于 1～31 的整数。

☞ 在"学生基本信息"工作表中，使用日期函数计算学生的年龄，效果如图 5-5 所示。操作步骤如下：

（1）单击 G3 单元格，将光标定位在编辑栏中，输入函数"=INT((TODAY()-F3)/365)"，用当前的日期与 F3 单元格的日期求差，得到的天数除以 365，取其整数部分（INT 函数为取整函数）。

（2）按下【Enter】键，可看到计算的结果。

（3）将鼠标指针放在 G3 单元格的右下角，拖动"填充柄"至 G30 单元格，可自动完成其他单元格中年龄的填充。

> **提示**
>
> （1）身份证号码与性别、出生年月等信息紧密相连。身份证的第 7、8、9、10 位为出生年份；第 11、12 位为出生月份；第 13、14 位为出生日期；第 17 位代表性别，奇数为男，偶数为女。
>
> （2）MOD 函数为求余函数，语法为：MOD(Number, Divisor)，参数 Number 为被除数，Divisor 为除数；如果 Divisor 为零，返回值为原来的 Number。
>
> （3）INT 函数是将数值向下取整为最接近的整数，语法为：INT（Number），参数 Number 为向下舍入取整的实数。
>
> （4）函数中的双引号，需切换到英文状态下输入。
>
> （5）本节中涉及的 IF 函数，在 5.5 节详细介绍。

5.5 使用函数处理数据

Excel 提供了许多内置函数，给数据运算和分析带来了极大方便。本案例通过函数完成学生成绩表的数据处理，效果如图 5-10 所示，主要使用基本函数、统计函数、逻辑函数、数据库函数、财务函数以及查找函数。

	A	B	C	D	E	F	G	H	I	J	K	L
1					学生成绩表							
2	学号	姓名	性别	班别	语文	数学	英语	政治	总分	个人平均分	等级	排名
3	201300	蔡文锋	男	1	56	97	40	52	245	61.3	及格	23
4	201301	陈春光	男	1	96	57	73	83	309	77.3	良好	14
5	201302	陈耿	男	1	55	73	89	88	305	76.3	良好	15
6	201303	陈国鸿	男	1	56	52	34	53	195	48.8	不及格	26
7	201304	陈慧映	男	1	85	63	65	63	276	69.0	及格	21
8	201305	陈敏坚	男	3	67	62	74	75	278	69.5	及格	20
9	201306	陈旭贤	男	3	86	69	84	83	322	80.5	良好	12
27	201324	李剑荣	女	2	90	74	90	95	349	87.3	优秀	2
28	201325	李国锋	女	3	85	91	80	79	335	83.8	良好	5
29	201326	欧思敏	男	1	78	89	75	80	322	80.5	良好	12
30	201327	王洁	男	1	82	76	83	89	330	82.5	良好	9
31	各科目的最高分				96	100	96	97				
32	80分以上的人数				15	11	13	12				

图5-10　学生成绩表效果图

5.5.1　基本函数

基本函数是 Excel 数据运算中经常使用的函数，包括求和函数 SUM、求平均值函数 AVERAGE、求最大值函数 MAX、求最小值函数 MIN 等。

1. SUM函数

语法格式：SUM(Number1,Number2,…)

参数说明：Number1,Number2,…为 1 ～ 255 个待求和的数值，每个参数都可以是单元格引用、数组、常量、公式或另一个函数的结果。

函数功能：计算单元格区域中所有数值的和。

2. AVERAGE函数

语法格式：AVERAGE(Number1,Number2,…)

参数说明：Number1,Number2,…为 1 ～ 255 个待求平均值的数值。为空的单元格不会被计算，为 0 的单元格会被计算。

函数功能：计算单元格区域中所有数值的算术平均值。

3. MAX或MIN函数

语法格式：MAX(Number1,Number2,…) 或 MIN(Number1,Number2,…)

参数说明：Number1,Number2,…为要从中求最大值或最小值的 1 ～ 255 个数值。

函数功能：返回一组数值中的最大值或最小值。

☞ 将素材"学生成绩表 .xlsx"工作簿中的"学生成绩表"工作表，复制到"学生基本信息和成绩表 .xlsx"工作簿的最后。操作步骤如下：

（1）打开素材"学生成绩表 .xlsx"工作簿，选择"学生成绩表"工作表。

（2）右击"学生成绩表"工作表标签，在弹出的快捷菜单中，选择"移动或复制工作表"，复制一份学生成绩表。

☞ 在"学生成绩表"工作表中，根据学生各科成绩，使用求和函数 SUM 计算"总分"。操作步骤如下：

（1）单击 I3 单元格，在【公式→函数库】功能区中，单击"自动求和"按钮 ∑，出现如图 5-11 所示的函数"=SUM(D3:H3)"。

（2）将函数中的 D3 改为 E3。按【Enter】键确认后，I3 单元格显示计算结果"245"。

（3）将鼠标放在 I3 单元格的右下角，拖动"填充柄"至 I30，可自动完成其他单元格中总分的计算。

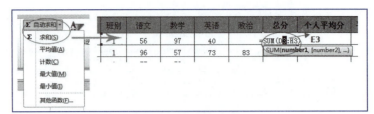

图5-11 SUM函数的使用

☞ 学生的总分，也可以通过输入公式的方法来计算。操作步骤如下：

（1）单击 I3 单元格，在编辑栏输入公式"=E3+F3+G3+H3"。

（2）按【Enter】键确认后，单元格中显示计算结果"245"。

☞ 在"学生成绩表"工作表中，根据学生各科成绩，使用求平均函数 AVERAGE 计算"个人平均分"，保留 1 位小数。操作步骤如下：

（1）单击 J3 单元格，在【公式→函数库】功能区中，单击"自动求和"下拉菜单中的"平均值"，出现如图 5-12 所示的函数"=AVERAGE(D3:I3)"。

（2）将函数中的 D3 改为 E3,I3 改为 H3。按【Enter】键确认后，J3 单元格显示计算结果"61.25"。

（3）在【开始→单元格】功能区中，选择【格式→设置单元格格式】命令，在弹出的"设置单元格格式"对话框中，选择"数字"选项卡，设置"分类"为"数值"，"小数位数"为"1"，如图 5-13 所示，单击"确定"按钮。

（4）将鼠标指针放在 J3 单元格的右下角，拖动"填充柄"至 J30，可自动完成其他单元格中平均分的计算。

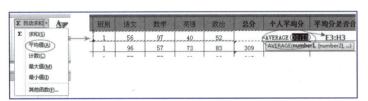

图5-12 AVERAGE函数的使用　　　　　图5-13 "设置单元格格式"对话框

☞ 在"学生成绩表"工作表中，根据各科目的分数，使用求最大值函数 MAX 计算出各科目的最高分。操作步骤如下：

（1）选择 E31 单元格，在【公式→函数库】功能区中，单击"插入函数"按钮，弹出"插入函数"对话框，默认函数类别为"常用函数"，选择 MAX 函数，如图 5-14 所示，单击"确定"按钮。

（2）在弹出的"函数参数"对话框中，在 Number1 文本框中选择单元格区域 E3:E30，如图 5-15 所示。

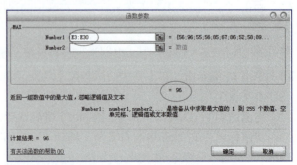

图5-14 "插入函数"对话框　　　　　图5-15 MAX"函数参数"对话框

（3）单击"确定"按钮，计算出语文的最高分。将鼠标指针放在 E31 单元格的右下角，拖动"填充柄"至 H31，可自动完成其他单元格中最高分的计算。

5.5.2 统计函数

统计函数是用于对数据区域进行统计分析的函数。常用的统计函数包括 COUNT、COUNTIF、COUNTIFS、COUNTA、FREQUENCY、RANK。

1. COUNT 函数

语法格式：COUNT(Value1,Value2,…)

参数说明：Value1,Value2,…为 1 ~ 255 个参数，可以包含或引用各种不同类型的数据，但只对数字型数据进行计数。

函数功能：统计单元格区域中包含数字单元格的个数。

2. COUNTIF 函数

语法格式：COUNTIF(Range,Criteria)

参数说明：Range 为要计算其中非空单元格数目的区域；Criteria 为以数字、表达式或文本形式定义的条件。

函数功能：统计单元格区域中满足给定条件的单元格数目。

3. COUNTIFS 函数

语法格式：COUNTIFS(Criteria_range1,Criteria1,Criteria_range2,Criteria2,…)

参数说明：Criteria_range1 为第一个需要计算的条件区域，Criteria1 为第一个条件，定义单元格统计的范围；Criteria_range2,Criteria2 为第二个条件区域和条件；依此类推。

函数功能：计算多个区域中满足给定条件的单元格的个数。

4. COUNTA 函数

语法格式：COUNTA(Value1,Value2,…)

参数说明：Value1 为要计数的第 1 个参数；Value2 为第 2 个参数；依此类推。

函数功能：计算区域中非空单元格的个数。

5. FREQUENCY 函数

语法格式：FREQUENCY(Data_array,Bins_array)

参数说明：Data_array 为一个数组或对一组数值的引用；Bins_array 为一个区间数组或对区间的引用，设定对 Data_array 进行频率计算的分段点。

函数功能：计算数值在某个区域内的出现频率，然后返回一个垂直数组。

6. RANK 函数

语法格式：RANK(Number,Ref,Order)

参数说明：Number 为要查找排名的数字；Ref 为一组数或对一组数值的引用；Order 为一个数字，指明排名方式，为 0 或省略代表降序、非零值代表升序。

函数功能：返回指定数字在一列数字中的排名。

5.5.3 逻辑函数

逻辑函数是一种用于进行真假值判断或复合检验的函数，在日常办公中应用非常广泛，其中最常用的是 IF 函数。

语法格式：IF(Logical_test,Value_if_true,Value_if_false)

参数说明：Logical_test 是计算结果可能为 TRUE 或 FALSE 的任意值或表达式；Value_if_true 是 Logical_test 为 TRUE 时的返回值；Value_if_false 是 Logical_test 为 FALSE 时的返回值。

函数功能：判断是否满足某个条件，如果满足返回一个值，否则返回另一个值。IF 函数最多可嵌套七层。

☞ 在"学生成绩表"工作表中,根据各科目的分数,使用函数 COUNTIF 计算出各科目 80 分以上的人数(包括 80 分),效果如图 5-10 所示。操作步骤如下:

(1)选择 E32 单元格,在【公式→函数库】功能区中,单击"插入函数"按钮 fx,在弹出的"插入函数"对话框中,选择类别"统计",选择函数 COUNTIF,单击"确定"按钮。

(2)弹出"函数参数"对话框,在 Range 文本框中选择单元格区域"E3:E30",在 Criteria 文本框中输入">=80",如图 5-16 所示。然后单击"确定"按钮,计算出语文科目 80 分以上的人数。

(3)将鼠标指针放在 E32 单元格的右下角,拖动"填充柄"至 H32,可自动完成其他单元格的计算。

☞ 在"学生成绩表"工作表中,使用 IF 函数判断每位同学的平均分是否合格,60 分以上显示"合格",否则显示"不合格"。操作步骤如下:

(1)选择 K3 单元格,在【公式→函数库】功能区中,单击"插入函数"按钮 fx,在弹出的"插入函数"对话框中,选择类别"逻辑",选择函数 IF,单击"确定"按钮。

(2)弹出"函数参数"对话框,在 Logical_test 文本框中输入"K3>=60",在 Value_if_true 文本框中输入"合格",在 Value_if_false 文本框中输入"不合格",如图 5-17 所示。单击"确定"按钮,K3 单元格计算的结果为"合格"。

(3)将鼠标指针放在 K3 单元格的右下角,拖动"填充柄"至 K30,可自动完成其他单元格的计算。

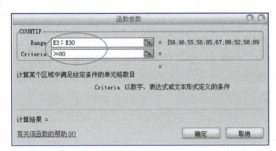

图5-16　COUNTIF"函数参数"对话框

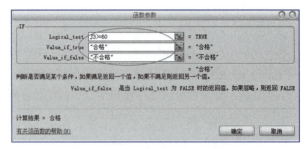

图5-17　IF"函数参数"对话框

当遇到多个复杂的判断条件时,可以使用 IF 函数的嵌套,最多可嵌套七层。

☞ 在"学生成绩表"工作表中,使用 IF 函数的嵌套,计算出每位学生的"平均分等级"。划分等级的规则为"100～85,优秀"、"84～70,良好"、"69～60,及格"、"60 以下,不及格",效果如图 5-10 所示。操作步骤如下:

(1)选择 K3 单元格,打开 IF"函数参数"对话框,在 Logical_test 文本框中输入"J3<60",在 Value_if_true 文本框中输入"不及格",如图 5-18 所示。在 Value_if_false 文本框中,在编辑栏前面的嵌套函数框中选择 IF 函数,如图 5-19 所示,弹出嵌套的 IF"函数参数"对话框。

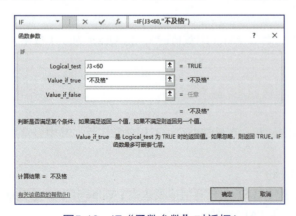

图5-18　IF"函数参数"对话框1

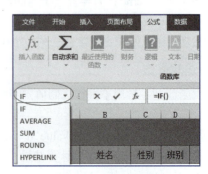

图5-19　嵌套函数框

（2）在第二个 IF"函数参数"对话框中，在 Logical_test 文本框中输入"J3<70"，在 Value_if_true 文本框中输入"及格"，如图 5-20 所示。在 Value_if_false 文本框中，在嵌套函数框中选择 IF 函数，弹出嵌套的 IF"函数参数"对话框。

（3）在第三个 IF"函数参数"对话框中，在 Logical_test 文本框中输入"J3<85"，在 Value_if_true 文本框中输入"良好"，在 Value_if_false 文本框中输入"优秀"，此时编辑栏显示"=IF(J3<60,"不及格",IF(J3<70,"及格",IF(J3<85,"良好","优秀")))"，如图 5-21 所示。

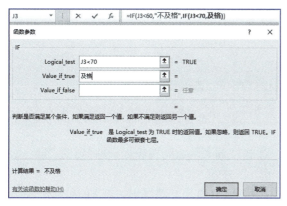 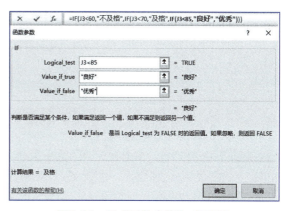

图5-20　IF"函数参数"对话框2　　　　　　图5-21　IF"函数参数"对话框3

（4）单击"确定"按钮，K3 单元格显示计算结果为"及格"。将鼠标指针放在 K3 单元格的右下角，拖动"填充柄"至 K30 单元格，可自动完成其他单元格的计算。

☞在"学生成绩表"工作表中，使用排序函数 RANK 根据学生平均分，计算出学生的排名，效果如图 5-15 所示。操作步骤如下：

（1）选择 L3 单元格，在【公式→函数库】功能区中，单击"插入函数"按钮 fx，在弹出的"插入函数"对话框中，选择类别"全部"，选择函数 RANK，单击"确定"按钮。

（2）弹出"函数参数"对话框，在 Number 文本框中选择 J3 单元格，在 Ref 文本框中选择单元格区域"$J$3:$J$30"，如图 5-22 所示。单击"确定"按钮，L3 单元格显示计算结果为"23"。

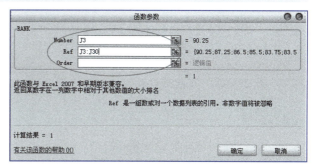

图5-22　RANK"函数参数"对话框

（3）将鼠标指针放在 L3 单元格的右下角，拖动"填充柄"至 L30 单元格，可自动完成其他单元格的计算。

> **提 示**
>
> RANK 函数步骤（2）单元格引用中的"$"符号，表示单元格绝对引用，使单元格引用在填充过程中保持不变。绝对引用的实现方法是在单元格名称（如 J3）的行号和列号前添加符号"$"（如 $J$3）。符号"$"用于限定后面的行号或列号在填充过程中不发生改变。

5.5.4　数据库函数

数据库函数用于对存储在数据清单或数据库中的数据进行分析，包括 DAVERAGE、DSUM、DCOUNT 等函数。

1. DAVERAGE函数

语法格式：DAVERAGE(Database,Field,Criteria)

参数说明：Database 为构成列表或数据库的单元格区域；Field 为指定所使用的数据列；Criteria 为包含给

定条件的单元格区域。

函数功能：计算满足给定条件的列表或数据库的列中数值的平均值。

2. DSUM函数

语法格式：DSUM(Database,Field,Criteria)

参数说明：同 DAVERAGE 函数。

函数功能：计算满足给定条件的列表或数据库的列中数值的和。

3. DCOUNT函数

语法格式：DCOUNT(Database,Field,Criteria)

参数说明：同 DAVERAGE 函数。

函数功能：从满足给定条件的列表或数据库的列中，计算数值单元格的数目。

☞ 在"学生成绩表"工作表中，利用 DSUM 函数计算 2 班和 3 班的英语成绩总分。操作步骤如下：

（1）输入 Criteria 条件，参考图 5-23 所示。

（2）选择单元格 N5，在【公式→函数库】功能区中，单击"插入函数"按钮 fx，在弹出的"插入函数"对话框中，选择类别"数据库"，选择函数 DSUM，单击"确定"按钮。

（3）弹出"函数参数"对话框，在 Database 文本框中选择 A2:H30 单元格区域。在 Field 文本框中选择 G2 单元格，在 Criteria 文本框中选择 M3:M4 单元格区域，如图 5-24 所示。

（4）单击"确定"按钮，计算出结果为 1233。

图5-23　Criteria条件

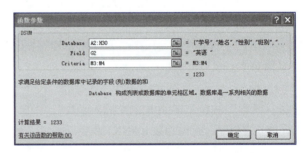

图5-24　DSUM"函数参数"对话框

> 【说明】
>
> 在 DSUM 函数的参数中，A2:H30 为数据区域，该区域包括列标题；G2 为计算"英语"列的总分；M3:M4 为计算条件"班级 >=2"。

5.5.5 财务函数

财务函数用于一般的财务计算，如确定贷款的支付额、投资的未来值或净现值，以及债券或股票的价值。常用的财务函数包括 FV、PMT 等。

1. FV函数

语法格式：FV(Rate,Nper,Pmt,Pv,Type)

参数说明：Rate 为各期利率；Nper 为总投资期，即该项投资总的付款期数；Pmt 为各期支出金额，在整个投资期内不变；Pv 为从该项投资开始计算时已经入账的款项，或一系列未来付款当前值的累积和；Type 为数字 0 或 1，指定付款时间是在期初还是期末，0 表示期末，1 表示期初。

函数功能：基于固定利率及等额分期付款方式，返回某项投资的未来值。

2. PMT函数

语法格式：PMT(Rate,Nper,Pv,Fv,Type)

参数说明：Rate 为贷款利率；Nper 为付款总期数；Pv 为从该项投资开始计算时已经入账的款项；Fv 为

未来值，在最后一次付款后可以获得的现金金额；Type 为数字 0 或 1，指定付款时间是在期初还是期末，0 表示期末，1 表示期初。

函数功能：计算在固定利率下，贷款的等额分期偿还额。

☞ 在"学生学费贷款信息表 .xlsx"工作簿中，使用 PMT 函数计算学生每月应支付贷款的金额。操作步骤如下：

（1）选择 H3 单元格，在【公式→函数库】功能区中，单击"插入函数"按钮 ，在弹出的"插入函数"对话框中，选择类别"财务"，选择函数 PMT，单击"确定"按钮。

（2）弹出"函数参数"对话框，在 Rate 文本框中输入"G3/12"，在 Nper 文本框中输入"F3*12"，在 Pv 文本框中输入"E3"，如图 5-25 所示。单击"确定"按钮，H3 单元格显示计算结果"0.09 万元"。

（3）将鼠标指针放在 H3 单元格的右下角，拖动"填充柄"至 H15，可自动完成其他单元格的计算，如图 5-26 所示。

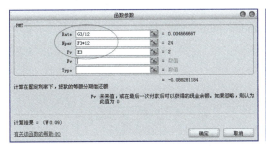

图5-25　PMT"函数参数"对话框　　　　图5-26　PMT函数计算结果

> **提 示**
> COUNTIFS 函数和 FREQUENCY 函数将在 5.6.5 节中讲解。

5.5.6　查找函数

查找函数在日常办公中应用非常广泛，其中最常用的是 VLOOKUP 函数。

语法格式：VLOOKUP(Lookup_value,Table_array,Col_index_num,Range_lookup)

参数说明：Lookup_value 是在数据表首列进行查找的元素；Table_array 是要查找的元素所在的区域；Col_index_num 是查找到的结果位于查找区域的第几列；Range_lookup 是查找时是大致匹配查找（1 或 true）还是精确匹配查找（0 或 false）。

函数功能：搜索表区域首列满足条件的元素，确定待检索单元格在区域中的行序号，再进一步返回选定单元格的数值。

☞ 在"员工信息.xlsx"工作簿中，使用"员工基本信息"工作表中的数据，在"综合信息查询"工作表中制作查询系统，通过工号可查询出每位员工的个人信息。操作步骤如下：

（1）选择"员工基本信息"工作表，将区域"A2:A80"定义为"gh"，区域"A2:H80"定义为"grzl"。

（2）选择"综合信息查询"工作表，单击 B2 单元格，在【数据→数据工具】功能区中，单击"数据验证"按钮，在下拉列表中选择"数据验证"，在弹出的"数据验证"对话框中选择"设置"选项卡，设置"允许"为"序列"、在"来源"文本框中输入"=gh"，如图 5-27 所示。单击"确定"按钮，在 B2 单元格显示下拉框，列表中包括所有员工的工号，如图 5-28 所示。

（3）单击 B3 单元格，插入函数 VLOOKUP，弹出"函数参数"对话框，在 Lookup_value 文本框中选择 B2 单元格，并进行绝对引用，在 Table_array 文本框中输入定义的单元格区域"grzl"，在 Col_index_num 文本框中输入"2"，在 Range_lookup 文本框中输入"FALSE"，在编辑栏显示函数"=VLOOKUP($B$2,grzl,2,FALSE)"，如图 5-29 所示。单击"确定"按钮，B3 单元格查询出姓名。

图5-27 "数据验证"对话框

图5-28 创建工号下拉列表

（4）将鼠标指针放在 B3 单元格的右下角，拖动"填充柄"至 B9。单击 B4 单元格，将函数中的"Col_index_num"参数改为"3"。单击 B5 单元格，将函数中的"Col_index_num"参数改为"4"，依此类推，即可显示查询的信息，如图 5-30 所示。

图5-29 VLOOKUP函数

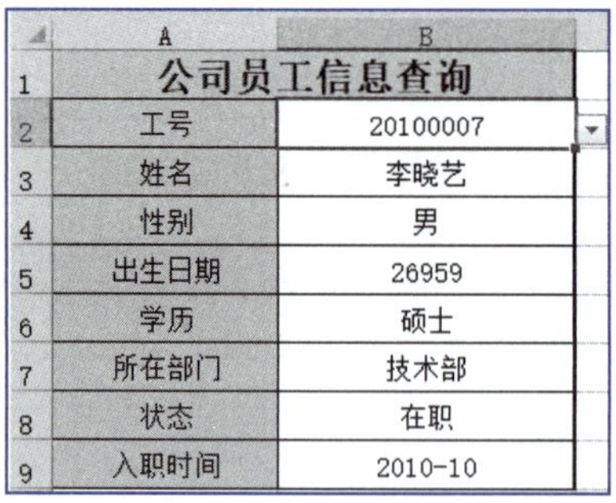

图5-30 查询效果

（5）在 B2 单元格的下拉列表中，选择员工工号，在 B3～B9 单元格中可及时查询出对应的员工个人信息。

5.6 数据管理

5.6.1 设置条件格式

单元格格式设置是对指定的数据区域进行统一的设置，是无条件的、静态的。实际应用中很多时候需要对符合条件的数据进行特别的标注，以起到提示作用，需要有条件的、动态的格式设置，即条件格式。

☞ 在"学生成绩表"工作表中，使用条件格式，将平均分等级用不同颜色进行区分，"不及格"设置为红色填充；"及格"设置为橙色填充；"良好"设置为紫色填充；"优秀"设置为绿色填充。操作步骤如下：

（1）选择 K3:K30 单元格区域，在【开始→样式】功能区中，选择【条件格式→新建规则】。

（2）在弹出的"新建格式规则"对话框中，设置"编辑规则说明"为"单元格值等于不及格"，如图 5-31 所示。

（3）单击"格式"按钮，在弹出的"设置单元格格式"对话框中，

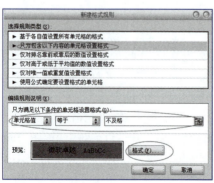

图5-31 "新建格式规则"对话框

选择"填充"选项卡,设置红色填充,单击"确定"按钮即可看到效果。

(4)同样的方法,将"及格"设置为橙色填充;"良好"设置为紫色填充;"优秀"设置为绿色填充。

5.6.2 数据的排序

数据排序是将数据清单中的数据按某种特征或规律进行重新排列的过程,通过此操作可对数据清单中的记录进行规律性排列。

(1)单个条件排序:在排序过程中依据某一列的数据规则完成的排序。

(2)多个条件排序:在排序过程中依据多列的数据规则完成的排序。

☞ 在"学生成绩表"工作表中,将数据按"排名"排升序;如果"排名"相同,再按"姓名"排降序。操作步骤如下:

(1)单击"学生成绩表"数据区域中的任意单元格,在【数据→排序和筛选】功能区,单击"排序"按钮。

(2)在弹出的"排序"对话框中,设置"主要关键字"为"排名"、"次序"为"升序";单击"添加条件"按钮,添加次要关键字,设置"次要关键字"为"姓名"、"次序"为"降序",如图5-32所示。

(3)单击"确定"按钮,效果如图5-33所示。

图5-32 "排序"对话框　　　　　　　　　图5-33 排序后效果

5.6.3 数据的筛选

数据筛选是将数据清单中满足指定条件的记录显示出来,隐藏不满足条件的记录,包括自动筛选和高级筛选。

1. 自动筛选

自动筛选是一种快捷的筛选方法,借助列筛选器等工具,筛选出符合条件的记录。

(1)单条件筛选:设置一个筛选条件。

(2)多条件筛选:设置多个筛选条件。

(3)自定义筛选:设置多个自定义复合条件的筛选。

2. 高级筛选

高级筛选适用于包含多个复杂筛选条件的操作,将筛选条件以一定的格式输入工作表中,筛选条件所在的区域称为条件区域。条件区域的规则如下:

(1)条件区域至少为两行且不能与原数据清单区域紧邻,第一行为筛选条件的列标题名称(必须与原数据清单的列标题名称一致),有多个条件时列标题的顺序与原数据清单的顺序一致。

(2)从第二行开始,在列标题的正下方输入筛选条件,多个条件时通过条件的相对位置表示"与""或"关系。多个条件输入在同一行表示"与",输入在不同行表示"或"。

☞ 复制一份"学生成绩表"工作表,重命名为"不及格学生名单"。在"不及格学生名单"工作表中,将平均分等级为"不及格"的学生筛选出来。操作步骤如下:

(1)单击"不及格学生名单"工作表中的任意单元格,在【数据→排序和筛选】功能区中,单击"筛选"

按钮，在列标题右侧出现下拉按钮，如图5-34所示。

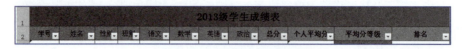

图5-34　自动筛选的列标题

（2）单击“平均分等级”下拉按钮，设置筛选条件，取消“全选”，勾选“不及格”复选框，如图5-35所示。

（3）单击“确定”按钮，筛选结果如图5-36所示。再次单击“筛选”按钮，可退出筛选状态，列标题右侧的下拉按钮将消失。

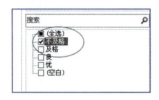

图5-35　自动筛选条件

2013级学生成绩表

学号	姓名	性别	班别	语文	数学	英语	政治	总分	个人平均分	平均分等级	排名
201308	戴静巍	男	2	58	56	56	34	204	51.0	不及格	25
201303	陈国鸿	男	1	56	52	34	53	195	48.8	不及格	26
201323	雷永存	女	3	23	51	45	63	182	45.5	不及格	27
201317	黄少伟	男	2	23	43	52	50	168	42.0	不及格	28

图5-36　自动筛选后效果

自动筛选用于条件简单的筛选操作，不能实现“与”“或”条件的复杂筛选。如果要进行复杂的条件筛选，可使用高级筛选。高级筛选的关键是制作筛选条件，多个条件输入在同一行表示“与”关系，输入在不同行表示“或”关系。

复制一份“学生成绩表”工作表，重命名为“成绩高级筛选”。在工作表“成绩高级筛选”中，筛选出班别为2班，并且数学为90分以上（包括90），或者英语为90分以上（包括90）的学生。操作步骤如下：

（1）在“成绩高级筛选”工作表中，参考图5-37，输入高级筛选的条件。

（2）在【数据→排序和筛选】功能区中，单击“高级”按钮，在弹出的“高级筛选”对话框中，设置“方式”为“将筛选结果复制到其他位置”，在“列表区域”文本框中选择单元格区域“$A$2:$L$30”，在“条件区域”文本框中，选择步骤1创建的条件区域，如图5-37所示。

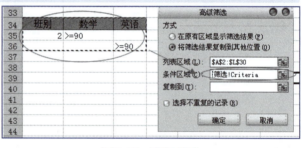

图5-37　高级筛选

（3）在“复制到”文本框中选择A38单元格。单击“确定”按钮，显示出筛选结果，效果如图5-38所示。

班别	数学	英语
2	>=90	
		>=90

学号	姓名	性别	班别	语文	数学	英语	政治	总分	个人平均分	平均分等级	排名
201310	郭兰芬	男	1	87	89	90	95	361	90.3	优	1
201324	李剑荣	女	2	90	74	90	95	349	87.3	优	2
201312	何小华	女	1	93	100	96	57	346	86.5	优	3
201316	黄沛文	女	2	93	94	86	69	342	85.5	优	4
201318	黄蔚纯	女	2	92	97	86	56	331	82.8	良	7
201307	陈永健	男	2	52	50	90	88	280	70.0	良	18

图5-38　高级筛选的结果

提　示

如果工作表中有相同的数据记录，而在筛选结果中不需要出现重复记录，可在“高级筛选”对话框中勾选“选择不重复的记录”单选按钮。

5.6.4　数据的分类汇总

分类汇总将数据清单中的数据按某列进行分类后，实现按类统计和汇总。在分类汇总时，系统会自动创建相应的公式对数据进行运算（如求和、求平均值等），并将运算结果以分组的形式显示出来。分类汇总操作需先分类再汇总，在 Excel 中体现为先排序再汇总。分类汇总有以下两种：

（1）简单分类汇总：只进行一次汇总操作的分类汇总。

（2）多重分类汇总：对同一个数据清单进行多次不同方式的汇总。

☞ 复制一份"学生成绩表"工作表，重命名为"学生成绩分类汇总"。在"学生成绩分类汇总"工作表中，按"班别"来分类，对"政治"进行分类汇总，汇总方式为"平均值"，统计出每个班的政治平均分。操作步骤如下：

（1）在"学生成绩分类汇总"工作表中，单击"班别"列的任意单元格。

（2）在【开始→编辑】功能区中，选择【排序和筛选→升序】，数据清单按班别排升序。

（3）在【数据→分级显示】功能区中，单击"分类汇总"按钮。

（4）在弹出的"分类汇总"对话框中，设置"分类字段"为"班别"，"汇总方式"为"平均值"，"选定汇总项"为"政治"，如图 5-39 所示，单击"确定"按钮。

（5）带有明细数据行的分类汇总结果如图 5-40 所示。

分类汇总一定要先排序后汇总，没有经过排序的汇总结果通常是错误的。如果不再需要分类汇总结果或者分类汇总操作出现问题，可将其清除，回到数据清单最初的状态。在"分类汇总"对话框，单击"全部删除"按钮可删除分类汇总结果。

图5-39 "分类汇总"对话框

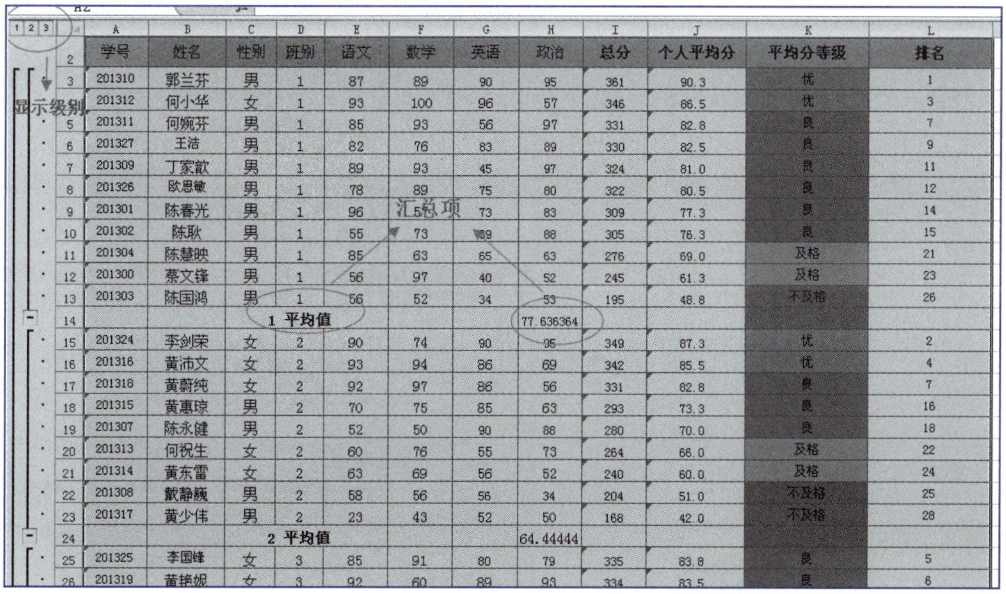

图5-40 分类汇总结果

5.6.5 数据图表化

为了使数据表现得更加形象，可以根据工作表中的数据绘制出图表。数据以图表的形式显示，具有很好的视觉效果，可方便用户查看数据的差异、图案和预测趋势。

1. 图表类型

Excel 包含 15 种图表类型，每种图表类型包含多种子类型。常见的图表类型包括：

（1）柱形图。柱形图又称直方图，是最常用的一种图表，用来反映数据序列之间的差异。

（2）折线图。折线图显示随时间而变化的连续数据，适用于显示在相等时间间隔下数据的趋势。

（3）条形图。条形图像旋转了 90° 的柱形图，垂直轴为项目的分类，水平轴为数值。

（4）饼图。饼图用于显示数据系列中每一项占该系列数值总和的比例关系。一般只显示一个数据系列，在需要突出某个重要项目时十分有用。

（5）圆环图。圆环图像饼图一样，显示各部分与整体之间的关系，可以包含多个数据系列。

（6）XY 散点图。XY 散点图既可用来比较几个数据系列中的数值，又可将两组数值显示为 XY 坐标系中的坐标点，用于绘制科学实验数据或数学函数等图形。

（7）面积图。面积图强调数量随时间的变化，通过曲线下面的区域，来显示所绘制数据的总和，说明各部分相对整体的变化。

2. 数据的图表化流程。

数据的图表化流程一般包括以下几个步骤：

（1）准备数据。在 Excel 中，采用手动录入或者自动生成的方法准备需要的数据。

（2）创建数据图表。可通过以下两种方法对表格数据创建数据图表：一是通过功能区按钮创建；二是通过"插入图表"对话框创建。

（3）编辑数据图表。图表由图表区、绘图区、图表标题、数据系列、坐标轴、图例等对象组成。当鼠标指针停留在这些图表子对象上方时，会显示该子对象的名称。在图表区单击可选中图表，图表被选中后功能区会出现"图表工具"选项卡，可对选中的图表做多种编辑操作，如更改图表类型、修改图表数据、调整图表布局、调整图表大小、移动和复制图表等。

（4）设置图表格式。为了使图表更美观，在创建图表后，可对其设置格式进行美化，如设置形状样式、文本样式等。

☞ 复制一份"学生成绩表"工作表，重命名为"学生成绩图表化"。在"学生成绩图表化"工作表中，使用函数统计出平均分在各分数段的人数，再制作出各分数段人数的三维饼图。操作步骤如下：

（1）在工作表"学生成绩图表化"中，参照图 5-41 输入文字。

（2）选择 M3 单元格，插入函数 COUNTIFS，弹出"函数参数"对话框，在 Criteria_range1 文本框中选择单元格区域 J3:J30，在 Criteria1 文本框中输入条件">=85"，如图 5-42 所示。单击"确定"按钮，计算出"100～85 分"的人数。

图 5-41　输入文字

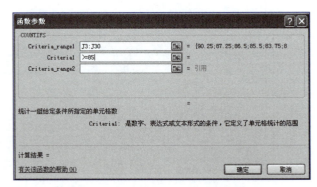

图 5-42　COUNTIFS "函数参数"对话框

（3）用上述操作方法，在 N3 单元格中插入函数"=COUNTIFS(J3:J30," >=70 ",J3:J30," <=84 ")"，在 O3 单元格中插入函数"=COUNTIFS(J3:J30," >=60 ",J3:J30," <=69 ")"，在 P3 单元格中插入函数"=COUNTIFS(J3:J30," <60 ")"，计算出各分数段的人数。

（4）选择 M4 单元格，输入公式"=M3/28"，计算出所占的百分比（单元格数字格式设置为百分比，保留 1 位小数）。

（5）在 N4、O4、P4 单元格中，分别输入公式"=N3/28""=O3/28""=P3/28"，计算出各个分数段所占的百分比，统计结果如图 5-43 所示。

M	N	O	P	Q
100~85分	84~70分	69~60分	60以下	
4	14	6	4	各分数段人数
14.3%	50.0%	21.4%	14.3%	占百分比

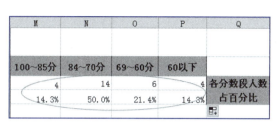

图5-43　统计结果

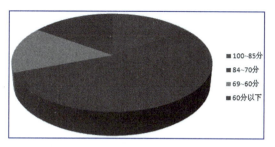

图5-44　创建三维饼图

（6）选择 M2:P2 和 M4:P4 单元格区域。在【插入→图表】功能区中，选择【饼图→三维饼图】，创建三维饼图，如图 5-44 所示。

（7）单击三维饼图，在【图表工具 - 设计→图表布局】功能区中，单击“添加图标元素”按钮，在下拉列表中选择【数据标签→其他数据标签选项】，在弹出的“设置数据标签格式”窗格中，进行如图 5-45 所示的设置。

（8）单击“关闭”按钮，可看到设置格式后的图表效果，如图 5-46 所示。

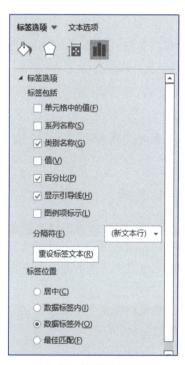

图5-45　设置数据标签

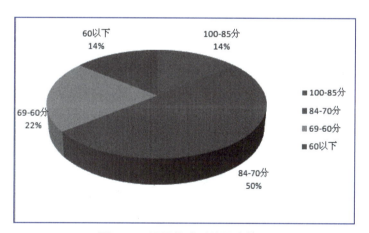

图5-46　设置格式后的图表效果

☞ 参照上面案例的要求，使用 FREQUENCY 函数统计出平均分在各分数段的人数。操作步骤如下：

（1）在工作表“学生成绩图表化”的空白单元格区域，参照图 5-47 输入文字。

（2）选择 U3:U6 单元格区域，单击“插入函数”按钮，在弹出的“插入函数”对话框中，选择类别“统计”，选择函数 FREQUENCY，单击“确定”按钮。

（3）弹出“函数参数”对话框，在 Data_array 文本框中选择 J3:J30 单元格区域，在 Bins_array 文本框中选择条件区域 T3:T6，如图 5-48 所示。

（4）按【Ctrl+Shift+Enter】组合键，计算出结果，如图 5-49 所示。

S	T	U
	成绩分析	
分数段	分段	人数
100~85分	100	
84~70分	84	
69~60分	69	
60以下	59	

图5-47　“成绩分析”说明文字

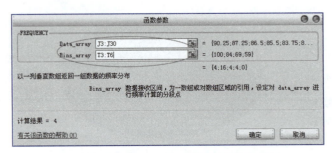

图5-48　FREQUENCY"函数参数"对话　　　　图5-49　统计结果

👉 为三维饼图添加图表标题为"成绩分布饼图",并设置图表布局、艺术字样式、图表区格式。操作步骤如下:

（1）选择三维饼图,在【图表工具 - 设计→图表布局】功能区中,单击"添加图表元素"按钮,在下拉列表中选择【图表标题→图表上方】,在图表上方出现"图表标题"文本框,输入标题"成绩分布饼图"。

（2）在【图表工具 - 设计→图表布局】功能区中,选择【快速布局→布局6】。

（3）在【图表工具 - 格式→艺术字样式】功能区中,选择"渐变填充 - 橙色,强调文字颜色6,内部阴影"。

（4）在【图表工具 - 格式→当前所选内容】功能区中,单击"图表元素"下拉按钮,选择"系列1数据标签"。

（5）在【图表工具 - 格式→当前所选内容】功能区中,单击"设置所选内容格式"按钮,在弹出的"设置图表区格式"对话框中,设置填充、边框颜色、边框样式。

5.6.6　数据透视分析

数据透视分析包括数据透视表和数据透视图。数据透视表是一种快速汇总、分析和浏览大量数据的有效工具和交互式方法,通过数据透视表可形象地呈现数据的汇总结果。在创建数据透视表的同时可以创建数据透视图。

1. 创建数据透视表

创建数据透视表的操作方法如下:

（1）在【插入→表格】功能区中,单击"数据透视表"按钮,选择"表格和区域",弹出"数据透视表"对话框。

（2）在"表/区域"文本框中选择数据区域,选中"现有工作表"按钮,在"位置"文本框中选择起始单元格,单击"确定"按钮。

（3）在工作区生成数据透视表界面,左侧为空的数据透视表,右侧为"数据透视表字段列表"。在"数据透视表字段列表"窗口中,按要求将数据字段拖动到相应的区域,完成数据透视表的创建。

2. 创建数据透视图

数据透视表以汇总表格的形式来表示汇总结果,在创建数据透视表的同时创建数据透视图。数据透视图是数据透视表的图形表示形式,与数据透视表相关联,透视表的布局或数据更改将在透视图中反映出来。

3. 编辑数据透视表

创建数据透视表后,通过"数据透视表字段列表"窗口可以调整数据透视表的字段,对创建好的数据透视表做进一步的编辑操作。

（1）数据透视表字段设置:包括修改字段名称和修改字段汇总方式。

（2）设置数据透视表选项:包括格式设置、数据设置等。

（3）设置数据透视图格式:包括图表坐标轴、图例、标题等对象。

4. 数据透视表的筛选

数据透视表将所有数据全部呈现出来,浏览数据量较大的汇总结果时不方便,通过对数据透视表的筛选可以解决类似的问题。

☞ 使用"学生成绩表"工作表中的数据,在新工作表(命名为"成绩透视分析")中创建数据透视图,统计3个班语文成绩各分数段的人数,"图例字段"为"语文","轴字段"为"班别","数值"为"姓名"的计数项。操作步骤如下:

(1)选择"学生成绩表"工作表中数据区域 A2:L30。

(2)在【插入→图表】功能区中,选择"数据透视图"。在弹出的"创建数据透视图"对话框中,参照图 5-50 进行设置,单击"确定"按钮。

(3)Excel 自动生成一个工作表,重命名为"成绩透视分析"。工作表中包含空的数据透视表、数据透视图,并显示"数据透视表字段列表",如图 5-51 所示。

(4)如图 5-52 所示,设置"图例字段"为"语文""轴字段"为"班别""数值"为"姓名"的计数项,在"数据透视表字段列表"中选择字段名,拖至对应的区域。

图5-50 "创建数据透视图"对话框

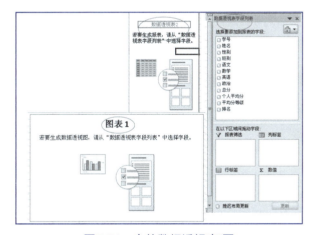

图5-51 空的数据透视表/图

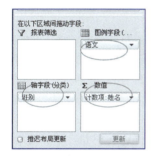

图5-52 字段列表的布局设计

(5)如图 5-53 所示,右击表中第二行的任意分数,在弹出的快捷菜单中选择"创建组"命令,在弹出的"组合"对话框中设置"起始于"为 0,"终止于"为 100,"步长"为 10。

(6)单击"确定"按钮,可看到 3 个班的语文成绩在各分数段的人数统计。双击"列标签"和"行标签",分别改为"语文"和"班别"。

(7)参照图 5-54,设计数据透视图的图表样式、数据透视表的样式等。

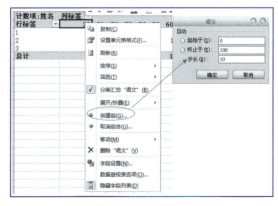

图5-53 创建组

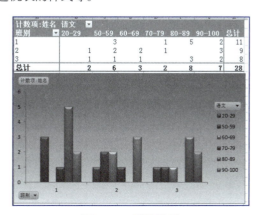

图5-54 最终效果

☞ 在"成绩透视分析"工作表中,参照图 5-55,对数据透视表进行筛选,得到 1 班、3 班语文成绩在 70 ~ 79、80 ~ 89、90 ~ 100 分数段的人数。操作步骤如下:

(1)在数据透视表中,单击"班别"下拉按钮,取消"全选",选择"1""3"。

(2)单击"语文"下拉按钮,取消"全选",选择"70 ~ 79""80 ~ 89""90 ~ 100",即可显示筛选结果。

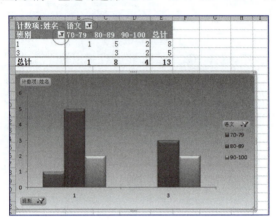

图5-55 筛选后的数据透视表

拓 展 训 练

打开本章"拓展训练"文件夹下的素材"华强公司员工工资登记表 .xlsx",按照以下要求完成操作:

1. 将 Sheet1 工作表重命名为"员工工资登记表"。
2. 将"员工电话费和保险费"工作表中的"电话费和保险费"工作表复制到"员工工资登记表"。
3. 在"工资表登记表"的第 10 行前插入 1 行,并输入数据:陈文华,1980-2-1,上海,办公室,科级,3300。
4. 在 A3:A30 单元格区域中填充工号:1 到 30。
5. 在 H3:H30 单元格区域中输入相同的交通补贴:200。
6. 在 G3:G30 单元格区域中设置数据验证,要求基本工资录入范围在 2 000 ~ 5 000 之间,设置"出错警告"信息为"基本工资最低 2 000,最高 5 000"。
7. 通过公式函数计算员工的住房补贴、应发工资、个人所得税、扣款合计和实发工资。其中各项计算方法如下:

(1)计算住房补贴。根据职务等级计算住房补贴:厅级职务补贴为 3 000,处级职务补贴为 1 500,科级职务补贴为 1 000,办事员职务补贴为 500。

(2)计算应发工资。应发工资为基本工资、生活补贴和住房补贴的总和。

(3)计算个人所得税。根据应发工资计算个人所得税,5 000 以下不扣税,5 000 ~ 8 000 元之间扣税 5%,8 000 以上扣税 10%。

(4)计算扣款总计。扣款总计为电话费、保险费和个人所得税的和。

(5)计算实发工资。实发工资为应发工资减去扣款总计。

8. 设置 C3:C30 单元格的格式为"日期 - 年月日",M3:O30 单元格保留小数点后 1 位。
9. 将 A1:O1 单元格合并后居中,字体设置为黑体加粗,字号为 30,颜色为黑色。
10. 选择 A2:O2 单元格区域,设置居中对齐,字体为宋体白色加粗,填充颜色为蓝色,并将此格式复制到 A3:B30 元格区域。
11. 设置表格的外边框为粗实线,内边框为细实线。表格列宽为"自动调整列宽"。
12. 按照职务等级由低到高进行排序,职务等级相同的按基本工资从高到低排序。注意:默认情况下,汉字是按拼音顺序排列，职务等级将按"办事员、处级、科级、厅级"的顺序排序。将"办事员、科级、处级、厅级"定义为一个序列，在排序时设置按照自定义的序列来排序。

13. 筛选出所有姓王和姓杨的职工，按姓名升序排列，将结果复制到"数据排序"工作表。

14. 筛选出上海和广州的所有员工及所有职务等级为处级的员工，将筛选的结果复制到"数据筛选"工作表。

15. 统计出各个分公司的人数，应发工资和实发工资的和，将汇总的结果复制到工作表"数据汇总"。

16. 根据各位员工的姓名和应发工资生成带数据标记的折线图，图表放在新的工作表"工资图"中。修改图表标题为应发工资统计图，设置图表中不产生图例，显示每个数据标记的数值。

17. 在新的工作表中建立数据透视表，以"分公司"为筛选，"部门"为行标签，"职务等级"为列标签，"姓名"作为数值，统计出各部门各职务等级的人数，生成数据透视图。

第6章 Photoshop图像处理

学习目标

- 了解图像的有关概念和基本操作。
- 掌握常用工具的使用方法。
- 掌握图像色彩、色调处理的方法。
- 掌握图层、蒙版、通道、滤镜的应用。
- 掌握数码照片合成的方法。
- 了解海报制作的方法。

信息时代的工作和生活都离不开图像处理。在众多的图像处理工具中，Photoshop 以其集图像设计、编辑、合成、输出于一体的强大功能，以及界面简洁友好、可操作性强、可以与绝大多数软件进行完美整合等特点，受到专业图像设计人员和广大图形设计爱好者的青睐，被广泛地应用于网页设计图像处理、绘画、多媒体界面设计等领域。

本章以 Adobe Photoshop CC 为设计环境，主要介绍图像处理的基本操作。通过本章学习，掌握常用图像设计和编辑工具的使用方法，以及数码照片处理、宣传海报制作等 Photoshop 的高级应用。

6.1 预备知识

6.1.1 图像处理基础

1. 像素与分辨率

像素是构成图像的最小单位。一个图像的像素越多，包含的图像信息就越多，表现的内容则越丰富，细节越清晰，图像的质量越高，同时保存它们也需要更多的磁盘空间，处理起来也会越复杂。

图像分辨率是指图像中存储的信息量，一般指每英寸的像素数，单位为 ppi（像素每英寸）。图像分辨率越高越清晰，但过高的分辨率会使图像文件过大，对设备要求也越高。Photoshop 默认的图像分辨率是 72 ppi，这是满足普通显示器的分辨率。在设置分辨率时，应考虑所制作图像的用途，选取合适的分辨率。下面是几种常见分辨率的设置：

（1）网页：72 ppi 或 96 ppi。
（2）报纸：120 ppi 或 150 ppi。
（3）彩版印刷：300 ppi。

（4）打印海报：150 ppi。

（5）大型灯箱图形：不低于 30 ppi。

2. 位图与矢量图

位图也称为栅格图像，由排列在网格中的点组成。每一个点称为一个像素，每个像素都具有特定的位置和颜色值。一般位图图像的像素非常多而且很小，因此图像看起来非常细腻。但是，如果将图像放大到一定的比例，不管图像分辨率有多高，看起来都是像马赛克一样的一个个像素。一般的 JPG 图像属于位图图形，它是由像素组成的，放大后会形成一块一块的马赛克。

图 6-1 所示为位图放大的效果，放大后的图像比较模糊。在打印位图图像时采用的分辨率过低，位图图像也可能会呈锯齿状。

矢量图形也称向量图，通过一系列包含颜色和位置信息的直线和曲线（矢量）呈现图像。矢量图形与分辨率无关，它可以缩放成任意尺寸，更改矢量图形的颜色、形状、输出设备的分辨率时，其外观品质不会发生变化。矢量图形适用于图形设计、文字设计和一些标志设计、版式设计等。

相对于位图图像而言，矢量图形的优势在于不会因为显示比例等因素的改变而降低图形的品质。图 6-2 所示为矢量图放大的效果，放大后的图片依然很精致，没有因为显示比例的放大而变得粗糙。

图6-1 位图放大的效果

图6-2 矢量图放大的效果

3. 颜色模式

图像的颜色模式是数字世界中表示颜色的一种算法，常见的颜色模式包括 RGB、CMYK、Lab、位图、灰度等。

（1）RGB 模式：适用于显示器、投影仪、扫描仪、数码照相机等发光设备，由 R（红色）、G（绿色）、B（蓝色）三原色以不同的比例叠加产生其他颜色，每种色彩的取值范围是 0～255。当 R、G、B 都为 255 时，产生白色；当 R、G、B 都为 0 时，产生黑色；当 R、G、B 相等时，产生灰色。

（2）CMYK 模式：常用于印刷或打印，由 C（青）、M（洋红）、Y（黄）、K（黑色）4 种颜色的油墨合成，是在白光中减去不同数量的青、洋红、黄、黑 4 种颜色而产生不同的颜色，又称为减色模式。在一个像素中为每种印刷油墨指定一个百分比值，为较亮（高光）颜色指定的印刷油墨颜色百分比较低，为较暗（暗调）颜色指定的百分比较高。

（3）Lab 模式：一种国际标准色彩模式，理论上包括人眼可以看见的所有色彩，弥补了 RGB 和 CMYK 两种色彩模式的不足，由 3 个通道组成。该模式在 Photoshop 中很少使用，只是充当中介的角色。

（4）位图模式：位图模式的图像也称黑白图像，用两种颜色（黑和白）表示图像中的像素。位图模式需要的磁盘空间较少，图像在转换为位图模式之前必须先转换为灰度模式，是一种单通道模式。

（5）灰度模式：使用 256 级灰度来表现图像，使图像的过渡更平滑细腻。使用黑白或灰度扫描仪产生的图像常以灰度模式显示。

4. 图像文件格式

图像文件格式是记录和存储图像信息的格式，常见的图像文件格式如下：

（1）PSD 格式：Photoshop 软件的专用文件格式，可以存储图层、通道、路径等信息，便于图像的编辑。图像文件包含的信息较多，因此文件比较大，占据的磁盘空间多。

（2）JPG 格式：压缩率最高的格式，采用有损压缩方案，在生成 JPG 文件时，会丢掉一些人类肉眼不易察觉的信息，生成的图像没有原图像质量好。对图像的精度要求不高而存储空间又有限时，JPEG 是一种理想的压缩方式，常用于图像预览和网页制作。

（3）BMP 格式：DOS 和 Windows 系统中常用的格式，几乎不进行压缩，支持 RGB、索引颜色、灰度和位图颜色模式，但不支持 Alpha 通道和 CMYK 模式的图像。

（4）GIF 格式：无损压缩的格式，占用空间小，广泛用于 HTML 网页文档中。支持位图、灰度和索引颜色模式，可以保存动画。

（5）PNG 格式：无损压缩的网页格式，将 GIF 格式、JPG 格式好的特征结合起来，支持 24 位真彩色和透明背景。由于 PNG 格式不支持所有浏览器，所以在网页中使用比 GIF 格式和 JPG 格式少。

6.1.2 Photoshop CC 工作界面

启动 Photoshop CC 后，进入 Photoshop CC 的工作界面，如图 6-3 所示。

图6-3　Photoshop CC工作界面

1．菜单栏

菜单栏中包含了 Photoshop CC 的大部分图像处理操作，分为"文件""编辑""图像""图层""文字""选择""滤镜""3D""视图""窗口"和"帮助"11 个菜单。每个菜单包含一组操作命令，如果菜单中的命令显示为黑色，表示此命令目前可用；如果显示为灰色，表示此命令目前不可用。

一般情况下，一个菜单中的命令是固定不变的，也有些菜单可以根据当前环境的变化添加或减少某些命令。

2．选项栏

选项栏位于菜单栏的下方，在工具箱中选择某个工具后，可先在选项栏对该工具的属性进行设置。例如，选择画笔工具后，选项栏显示如图 6-4 所示。用户可以在其中设置画笔的大小、模式、不透明度、流量等。

图6-4　画笔工具选项栏

> 提　示
> 选项栏中的内容不是固定的，会随用户所选工具的不同而变化。

3．工具箱

工具箱中包含常用的选择、绘画、编辑、移动等工具按钮。默认情况下，工具箱位于图像编辑区左侧，也可以将其拖至其他位置。

工具箱中大部分工具右下角都有一个三角形标志，表示该工具拥有相关的子工具。在该工具图标上按住鼠标左键不放，或者右击工具图标，会弹出隐藏的子工具。例如，按住"矩形选框"工具，弹出如图6-5所示的子工具。将鼠标指针移至合适的子工具上单击，该子工具将在工具箱中显示。

4. 面板

面板是Photoshop CC最常用的控制区域，可以完成大部分操作命令与调节工作，如显示信息、选择颜色、图层编辑、制作路径等。默认情况下，面板位于工作界面的右侧，用户可以通过"窗口"菜单命令选择显示或隐藏面板。

5. 状态栏

状态栏位于Photoshop CC当前图像文件窗口的最底部，主要用于显示图像处理的各种信息，由当前图像的放大倍数和文件大小两部分组成，如图6-6所示。

图6-5　调出子工具

图6-6　状态栏

6.1.3　图像的基本操作

1. 新建图像

选择【文件→新建】命令，或者按【Ctrl+N】组合键，在弹出的"新建"对话框中设置相关参数，如图6-7所示。

（1）宽度/高度："宽度"文本框和"高度"文本框分别用来设置图像的宽度、高度的尺寸。如果图像用于网页设计，可使用默认的单位像素；如果用于打印，在下拉框中选择英寸或者厘米作为单位。

（2）分辨率：如果是网页图像，分辨率可采用默认的72像素/英寸；如果用于打印，需要按照打印机的设备来设置分辨率。

（3）颜色模式：是一种记录图像颜色的方式，分为RGB模式、位图模式、灰度模式、CMYK模式、Lab颜色模式。

（4）背景内容：设置图像的背景颜色，默认为白色，可设置为背景色或者透明色。

2. 打开图像

图6-7　"新建"对话框

选择【文件→打开】命令，在弹出的"打开"对话框中选择文件并单击"打开"按钮即可。或者在打开文件夹后，选择图像，拖动到Photoshop CC的工作区也可打开图像。

3. 保存图像

选择【文件→存储】命令，或者按【Ctrl+S】组合键，在弹出的"保存"对话框中输入文件名为"春节"，保存的格式为PSD。

4. 修改图像大小

当图像的尺寸和预计尺寸不一致时，可以通过修改图像大小对图像进行调整。选择【图像→图像大小】命令，在弹出的"图像大小"对话框中，根据需要设置高度、宽度、分辨率等参数，如图6-8所示。

通常，将大图改为小图时效果较好，而将小图改为大图可能会失真；对于含有文字的图像，无论改大还是改小，文字的质量都会变差。图像的尺寸更改后，图像所占磁盘空间大小也会相应更改。

5. 修改画布大小

画布大小是指当前图像周围工作空间的大小。如果用户需要的不是改变图像的显示或打印尺寸，而是对图像进行裁剪或增加空白区，可通过"画布大小"对话框来进行调整。选择【图像→画布大小】命令，弹出如图 6-9 所示的"画布大小"对话框，设置新的宽度、高度、画布扩展颜色，然后单击"确定"按钮。新增加的画布颜色为"画布扩展颜色"所设置的颜色。

图6-8 "图像大小"对话框

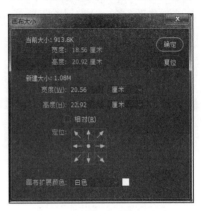

图6-9 "画布大小"对话框

6. 图像变换

使用变换功能可以对图像进行缩放、旋转、变形、翻转等操作。操作步骤如下：

（1）创建图像选区，如图 6-10 所示。

（2）选择【编辑→变换→变形/缩放/旋转等】命令，在选区周围出现控制端点，按住鼠标左键拖动控制端点可调整图像，如图 6-11 所示。

图6-10 创建选区

图6-11 拖动控制端点

（3）单击选项栏中的"提交变换"按钮，可看到变换效果。

（4）选择【编辑→变换→水平/垂直翻转】命令，可看到翻转效果，如图 6-12 所示。

原图　　　　　　　水平翻转　　　　　　垂直翻转

图6-12 翻转效果

6.2 图像选区

6.2.1 选区的创建

在 Photoshop CC 中，创建选区是很多操作的基础，大多数操作不是针对整幅图像，要对图像局部操作，必须指明对哪部分操作，就是创建选区的过程。Photoshop CC 提供了多种创建选区的工具，包括选框工具组、套索工具组、魔棒工具组。

1. 选框工具组

选框工具组用来创建规则的选区，包括矩形选框工具、椭圆选框工具、单行选框工具、单列选框工具。

1）矩形、椭圆选框工具

矩形或椭圆选框工具可以创建外形为矩形或者椭圆的选区。操作步骤如下：

（1）在工具箱中选择矩形或椭圆选框工具。

（2）在图像工作区中按住鼠标左键拖动，可绘制出一个矩形或者椭圆形选区，此时建立的选区以闪动的虚线框表示，如图 6-13 所示。

图6-13　创建选区

> **提示**
> 在拖动鼠标绘制选框的过程中，按住【Shift】键可以绘制出正方形或者标准圆形选区；按住【Alt】键可以绘制以某一点为中心的选区。

2）单行、单列选框工具

单行、单列选框工具用于创建只有一个像素高的行或者一个像素宽的列的选区，一般用于创建比较精确的选区。

2. 套索工具组

套索工具组通常用来创建不规则选区的工具，包括套索工具 、多边形套索工具 、磁性套索工具 。

1）套索工具

套索工具可以创建任意不规则形状的选区。操作步骤如下：

（1）在工具箱中选择套索工具 。

（2）将鼠标移到图像工作区，按住鼠标左键，拖动鼠标选取需要的范围。

（3）将鼠标拖动到起点，松开鼠标，创建一个闭合的不规则的区域，如图 6-14 所示。

2）多边形套索工具

多边形套索工具，用于创建任意不规则形状的多边形选区，可以精确地控制选择的区域。操作步骤如下：

（1）在工具箱中选择多边形套索工具 。

（2）将鼠标移到图像工作区，单击确定选区的起始位置。

（3）移动鼠标，依次在多边形选区的顶点位置单击，最后回到起点时松开鼠标，可创建多边形选区，如图 6-15 所示。

图6-14　套索工具创建选区

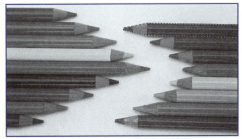

图6-15　多边形套索工具创建选区

3）磁性套索工具

磁性套索工具能够根据鼠标经过处不同像素值的差别，对边界进行分析，自动创建选区。其特点是可以方便、快速、准确地选取较复杂的图像区域。操作步骤如下：

（1）在工具箱中选择磁性套索工具。

（2）将鼠标移到图像工作区，单击确定选区的起始位置。

（3）沿着要选取的区域边缘移动鼠标（不需要按住鼠标），当选取的终点回到起点时，鼠标右下角出现一个小圆圈，如图6-16所示。单击，创建选区。

图6-16 磁性套索工具创建选区

> **提示**
> 绘制选区过程中，如果绘制了多余的区域，可以按【Delete】键的同时鼠标往回走，撤销多余的区域。如果要立刻结束绘制过程，可直接双击。

3. 魔棒工具组

魔棒工具组主要用于选择颜色相近的区域，包括魔棒工具、快速选择工具。

1）魔棒工具

魔棒工具是基于图像中像素的颜色近似程度来创建选区，利用魔棒工具选取范围十分便捷，尤其是对色彩不是很丰富，或者仅包含某几种颜色的图像。选取区域的大小，由选项栏中的容差值决定。容差的范围为 0～255，增加容差值，所选的颜色范围相应增加。

在图中创建苹果的选区，作步骤如下：

（1）在工具箱中选择魔棒工具。

（2）单击图像中的白色区域，为白色背景创建一个选区，如图 6-17 所示。

（3）选择【选择→反向】命令，将选区反转，创建苹果的选区，如图 6-18 所示。

图6-17 背景选区

图6-18 苹果选区

2）快速选择工具

使用快速选择工具时，无须在整个区域中涂画，系统自动调整所涂画的选区大小，并寻找边缘使其与选区分离。

如果是选取离边缘比较远的较大区域，就使用大尺寸的画笔；如果是要选取边缘比较近的较小区域，则换成小尺寸的画笔，这样能尽量避免选取背景像素。

6.2.2 选区的编辑

有些选区比较复杂，一次操作不能得到需要的选区，因此在建立选区后，还需要对选区进行各种编辑，达到用户的需求。

1. 移动选区

创建选区后，将鼠标移动到选区范围内，拖动鼠标可移动选区。使用方向键可以 1 个像素为单位精确移动选区。如果要快速移动选区，按住【Shift】键的同时使用方向键，可以 10 个像素为单位移动选区。

2. 增减选区范围

创建选区后，可以进行增加、减少、交叉选区等操作。在选项栏中提供了对应的按钮进行操作，如图6-19所示。

图6-19 增减选区工具

例如，在使用椭圆选区工具时，要增加部分区域。操作步骤如下：

（1）单击选项栏的"添加选区"按钮。

（2）将鼠标指针移到图像工作区，绘制的新选区将添加到已有选区中。

3. 反选

在使用选区工具创建了一个区域后，选择【选择→反向】命令，可以选取原选区以外的所有区域。

4. 取消选区

如果图像的操作已经完成，应及时取消选区。按【Ctrl+D】组合键或者选择【选择→取消选择】命令，将选区取消。

5. 羽化选区

羽化可以在选区的边缘附近形成一条过渡带，在这个过渡带区域内的像素逐渐由被选中过渡到不被选中。选择某个选区工具后，在选项栏的"羽化"的文本框中输入数值，为将要创建的选区设置羽化效果。操作步骤如下：

（1）在工具箱中选择椭圆选框工具，在选项栏设置羽化值为50，在图中绘制一个椭圆选区，如图6-20所示。

（2）选择【选择→反向】命令，按【Delete】键删除背景，效果如图6-21所示。

图6-20 创建椭圆选区

图6-21 羽化效果

6. 扩展和收缩选区

在图像中创建选区后，如果选区稍微偏小或偏大，可以指定选区向外扩展或向内收缩固定的像素值。操作步骤如下：

（1）在图像中创建初始选区，如图6-22所示。

（2）选择【选择→修改→扩展】命令，在弹出的"扩展选区"对话框中输入10，如图6-23所示。

（3）单击"确定"按钮，即可将选区扩大10像素的区域，效果如图6-24所示。

图6-22 初始选区

图6-23 "扩展选区"对话框

图6-24 扩展选区的效果

7. 变换选区

在 Photoshop CC 中，可以对选区进行缩放、旋转等变换操作。操作步骤如下：

（1）在图像中创建选区。

（2）选择【选择→变换选区】命令，在选区周围显示一个矩形框，拖动矩形框上的操作点可调整选区的外形，如图 6-25 所示。

（3）调整完，按【Enter】键或者单击选项栏的"提交变换"按钮 ，确认操作。

图6-25　变换选区

6.3　常用工具

6.3.1　裁剪工具

如果图片的大小尺寸或者角度不合适，可进行裁剪，让图片满足需要。如果只需要图像的局部，可使用裁剪工具 。操作步骤如下：

（1）打开图像，原图如图 6-26 所示，在工具箱中选择裁剪工具。

（2）按住鼠标左键，在图像的周围拖动控制端点，调整到合适的尺寸，如图 6-27 所示。

（3）单击选项栏的"提交当前裁剪操作"按钮，即可看到裁剪后的效果，如图 6-28 所示。

图6-26　原图

图6-27　裁剪区域

图6-28　裁剪效果

如果要调整图像的角度，操作步骤如下：

（1）打开图像，原图如图 6-29 所示，在工具箱中选择裁剪工具。

（2）将鼠标指针移至图像工作区之外，鼠标指针变成双向箭头，按住鼠标左键，移动图像至合适角度，如图 6-30 所示。

图6-29　原图

图6-30　调整角度

（3）单击选项栏的"提交当前裁剪操作"按钮，裁剪后的效果如图 6-31 所示。

图6-31 裁剪效果

6.3.2 画笔工具

使用画笔工具，可以绘制出比较柔和的线条，其效果如同用毛笔画出的线条。在使用图像修复工具、图章工具时，也要结合画笔工具进行涂抹操作。使用画笔工具时，必须在选项栏设置一个合适大小的画笔，才可以绘制图像。操作步骤如下：

（1）在工具箱中选择画笔工具。

（2）在选项栏的"画笔"下拉列表中，选择合适的画笔直径和图案，如图 6-32 所示。

（3）将鼠标指针移至图像工作区，按住鼠标左键移动，绘制合适的图案。

图6-32 "画笔"下拉列表

6.3.3 填充工具

在 Photoshop CC 中，填充工具组包括渐变工具和油漆桶工具。

1. 渐变工具

渐变工具可以绘制出多种颜色过渡的混合色，混合色可以是从前景色到背景色的过渡，也可以是前景色与透明背景间的过渡，或者是其他颜色间的过渡。

渐变工具包括 5 种类型，分别是线性渐变、径向渐变、角度渐变、对称渐变、菱形渐变。渐变颜色可应用在整幅图像，或者应用在某个选区内。

1）使用已有的渐变颜色

使用已有的渐变颜色填充图像，操作步骤如下：

（1）在工具箱中选择渐变工具。

（2）在选项栏设置渐变参数。例如，在"渐变颜色库"下拉列表中，选择"前景色到背景色渐变"；设置渐变类型为"线性渐变"，如图 6-33 所示。

（3）将鼠标移至图像工作区，拖动鼠标填充渐变颜色。

2）编辑渐变颜色

渐变颜色库不能满足需求时，用户可以对渐变颜色进行编辑。操作步骤如下：

（1）在工具箱中选择渐变工具，在选项栏单击，打开"渐变编辑器"窗口，如图 6-34 所示。

（2）在"渐变剪辑器"窗口中，输入名称为"自定义渐变颜色"。

（3）在颜色条上可更改颜色，双击颜色滑块，弹出"拾色器"对话框，选择合适的颜色，单击"确定"按钮。

（4）在颜色条的合适位置单击可增加新的颜色滑块，并更改颜色。

（5）按住鼠标拖动颜色滑块，可调整各种颜色所占的比例。最后单击"确定"按钮，增加新的渐变颜色。

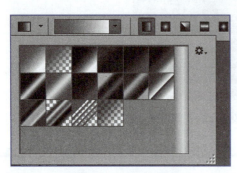
图6-33 设置渐变参数

图6-34 "渐变编辑器"窗口

2. 油漆桶工具

使用油漆桶工具填充颜色,对图像中颜色接近的区域进行填充。在填充时首先对鼠标单击处的颜色进行取样,确定要填充的范围,填充的颜色为前景色。油漆桶工具是填充工具和魔棒工具的结合。操作步骤如下:

(1)打开图像,原图如图6-35所示,在工具箱中选择油漆桶工具 。
(2)在工具箱中,设置前景色为蓝色,RGB分量值为(198,217,241)。
(3)将鼠标移至图像的白色背景区域,单击,将白色背景填充为浅蓝色,如图6-36所示。

图6-35 原图

图6-36 填充后的效果

6.3.4 图像修复工具

在 Photoshop CC 中,图像修复工具包括污点修复画笔工具 、修复画笔工具 、修补工具 、内容感知移动工具 、红眼工具 。

1. 污点修复画笔工具

污点修复画笔工具使用图像或者图案中样本像素进行绘画,并将像素的纹理、光照、透明度和阴影与所修复的像素相匹配,其选项栏的设置如图6-37所示。

图6-37 "污点修复画笔工具"选项栏

在该选项栏中,类型包括近似匹配、创建纹理和内容识别3种:
(1)近似匹配:使用要修复区域周围的像素来修复图像。
(2)创建纹理:使用被修复图像区域中的像素来创建修复纹理,使纹理与周围纹理相协调。
(3)内容识别:比较附近的图像内容,不留痕迹地填充选区,同时保留让图像栩栩如生的关键细节。

污点修复画笔工具的操作步骤如下：

（1）打开图像，原图如图 6-38 所示，在工具箱中选择污点修复画笔工具。

（2）在选项栏，设置画笔直径大小为"38 像素"，类型为"内容识别"。

（3）将鼠标移至污点处单击可去除污点，效果如图 6-39 所示。

图6-38　原图

图6-39　修复后效果

2. 修复画笔工具

修复画笔工具用于校正瑕疵，使用图像或者图案中样本像素的纹理、光照、阴影与源像素进行精确匹配，从而使修复后的像素不留痕迹。使用修复画笔工具的操作步骤如下：

（1）打开图像，原图如图 6-40 所示，在工具箱中选择修复画笔工具。

（2）在选项栏设置合适大小的画笔，移动鼠标至取样位置，按下【Alt】键鼠标显示为⊕形状时，单击进行取样，如图 6-41 所示。

（3）松开【Alt】键，将鼠标移至有瑕疵的位置单击将瑕疵去除，效果如图 6-42 所示。

图6-40　原图

图6-41　选取样点

图6-42　修复后效果

3. 修补工具

修补工具可以用某一区域或者图案中的像素来修复选中的区域，也可以将样本像素的纹理、光照、阴影与源像素进行匹配。其选项栏如图 6-43 所示，常用选项含义如下：

图6-43　"修补工具"选项栏

（1）修补：选中"源"选项，在原选择区域显示目标区域的图像；选中"目标"选项，则使用原选择区域内的图像对目标区域进行覆盖。

（2）透明：设置应用透明的图案。

（3）使用图案：当图像中建立了选区后此项即被激活。在选区中应用图案样式后，可以保留图像原来的质感。

使用修补工具的操作步骤如下：

（1）打开图像，在工具箱中选择修补工具 。
（2）在选项栏设置修补对象为"源"。
（3）在有瑕疵的区域按住鼠标左键拖动，创建一个选区，如图6-44所示。
（4）将鼠标移至选区内，拖动选区到取样区域，如图6-45所示。然后松开鼠标，即可修补图像，效果如图6-46所示。

图6-44　创建要修补的选区　　　　图6-45　拖动选区到取样区域　　　　图6-46　修补后效果

4. 内容感知移动工具

内容感知移动工具，可以将选中的图像移到其他位置，并根据原图像周围的像素进行修复处理，完成较真实的合成效果，其选项栏如图6-47所示。

图6-47　"内容感知移动工具"选项栏

使用内容感知移动工具的操作步骤如下：

（1）打开图像，原图如图6-48所示，在工具箱中选择内容感知移动工具 。在选项栏设置"模式"为"移动"。

（2）在需要移动的区域按住鼠标左键拖动，创建选区，如图6-49所示。

（3）将鼠标指针移至选区内，拖动选区到目标区域后松开鼠标，将选区移动到新区域，并自动融合，效果如图6-50所示。

图6-48　原图　　　　　　　　　图6-49　创建选区　　　　　　　　图6-50　移动后效果

5. 红眼工具

红眼工具可去除用闪光灯拍摄人物照片中的红眼，也可以去除用闪光灯拍摄动物照片中的白色或绿色反光。使用红眼工具的操作步骤如下：

（1）打开图像，在工具箱中选择红眼工具 。
（2）将鼠标指针移至红眼处单击，去除红眼。

6.3.5　图章工具

图章工具包括仿制图章工具 、图案图章工具 ，主要用于图像的复制。

1. 仿制图章工具

仿制图章工具是一种复制图像的工具，可以从图像中取样然后将样本复制到其他的图像或同一图像的其他区域中。使用仿制图章工具的操作步骤如下：

（1）打开图像，在工具箱中选择仿制图章工具 。

（2）移动鼠标至图像窗口取样位置，按下【Alt】键鼠标显示为 形状时，单击要复制的源点进行取样，如图 6-51 所示。

（3）松开【Alt】键，在合适的位置，拖动鼠标开始复制，效果如图 6-52 所示。

图6-51　进行取样

图6-52　复制图像效果

提　示

仿制图章工具除了可以复制图像以外，如图像中有需要擦除的部分，可以对它周围近似的图像进行取样，然后将周围的图像覆盖到需要擦除的图像中，例如去除照片中多余的时间或人物。

2. 图案图章工具

图案图章工具 ，可以将预先定义的图案复制到图像中，也可以从 Photoshop CC 提供的图案库中选择图案进行复制。其选项栏如图 6-53 所示，常用的选项含义如下：

图6-53　"图案图章工具"选项栏

（1）图案拾色器 ：单击图案缩览图右侧的下拉按钮，打开图案拾色器，在下拉列表框中选择合适的图案样式。

（2）印象派效果：选中此选项，绘制的图案具有印象派绘画的抽象效果。

1）定义图案

定义图案的操作步骤如下：

（1）打开图像。

（2）选择【编辑→定义图案】命令,在弹出的"图案名称"对话框中输入图案的名称,如图 6-54 所示。然后单击"确定"按钮，将图案定义到图案库中。

图6-54　"图案名称"对话框

2）使用图案图章工具

使用图案图章工具的操作步骤如下：

（1）打开图像，选择图案图章工具 ，在选项栏单击"图案拾色器"按钮 ，在下拉列表框中选择图案"池塘背景 .jpg"，如图 6-55 所示。

（2）按住鼠标左键在图像中需要填充图案的区域涂抹，效果如图 6-56 所示。

提　示

先将需要填充的区域创建选区，选择图案图章工具和图案后，按住鼠标左键进行涂抹，不会影响未选中的区域。

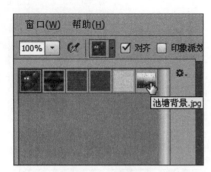

图6-55　选择图案　　　　　　　　　　图6-56　填充图案效果

6.3.6　文字工具

Photoshop CC 提供了丰富的输入文字及编辑文字的工具。可以对文字设置格式，还可以对文字进行变形、查找和替换，并能将文字转换为选区或者路径，轻松地将文字与图像完美结合，并随图像数据一起输出。

1．输入文字

1）输入点文字

点文字是指在图像中输入单独的文本行，如标题文本，用于创建和编辑内容较少的文本信息。应用文本嵌合路径等特殊效果时，输入点文字非常合适。

输入点文字的操作步骤如下：

（1）在工具箱中选择文字工具，打开如图6-57所示的文字工具组，选择"横排文字工具"。

（2）在选项栏设置文本排列方向、字体、字形、字号、字体颜色、文字变形等参数。

（3）将鼠标指针移至图像工作区并单击，显示闪烁的光标，表示可以输入文字。

（4）输入文字后，单击按钮，表示确定输入；单击按钮，表示取消输入。

（5）确定输入后，在图像工作区显示文字。同时，在"图层"面板会增加一个新的"文字"图层，如图6-58所示。

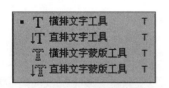

图6-57　文字工具组　　　　　　　　　图6-58　输入点文字

2）输入段落文字

段落文字可以输入大篇幅的内容，文字可以根据外框的尺寸在段落文本框中自动换行。

输入段落文字的操作步骤如下：

（1）在工具箱中选择"横排文字工具"，按住鼠标左键在要输入文字的区域内拖动，生成段落文本框。

（2）在段落文本框中输入文字，如图6-59所示。

（3）把鼠标放在段落文本框的控制点上，按住鼠标左键拖动，调整段落文本框的大小。

（4）输入完毕后，单击按钮完成输入。

图6-59　输入段落文字

3）沿路径输入文字

在 Photoshop CC 中编辑文本时，可以沿钢笔工具或形状工具创建的工作路径输入文字，使文字产生特殊的排列效果。

沿路径输入文字的操作步骤如下：

（1）使用钢笔工具在图像中绘制一条曲线路径，如图 6-60 所示。

（2）选择横排文字工具，将鼠标指针移到路径上，当光标变成输入形状时，单击鼠标左键输入文字，如图 6-61 所示。

（3）如果改变路径的曲线造型，路径上的文字也将发生变化。

图6-60　绘制曲线路径

图6-61　输入文字

2. 编辑文字

文字的编辑包括设置文字、段落属性、栅格化文字、文字转换、变形文字。

1）设置字符属性

字符属性主要设置文字的大小、颜色、间距等，可以直接在文字工具选项栏设置，也可以打开"字符"面板设置。设置字符属性的操作步骤如下：

（1）在图像中输入文字。

（2）选中文字，单击选项栏的"切换字符和段落面板"按钮，打开"字符"面板，设置字体大小、样式、颜色等，如图 6-62 所示。

2）设置段落属性

段落属性主要设置文本的对齐、缩进方式等，要设置段落属性必须先创建段落文字。设置段落属性的操作步骤如下：

（1）创建段落文本并输入文字。

（2）选择"段落"选项卡，如图 6-63 所示，设置对齐方式、缩进等属性。

图6-62　"字符"面板

图6-63　"段落"面板

3）变形文字

文字工具选项栏的变形工具，提供了 15 种样式供选用，可以用来创作艺术字体。变形文字的操作步骤如下：

（1）在图像中输入文字，如图 6-64 所示。

（2）在选项栏中单击"创建变形文字"按钮，打开"变形文字"对话框，设置样式、弯曲等参数，如图 6-65 所示。

（3）单击"确定"按钮，效果如图 6-66 所示。

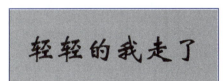
图6-64　输入文字

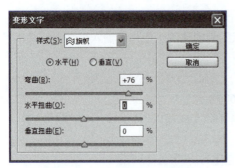

图6-65 "变形文字"对话框

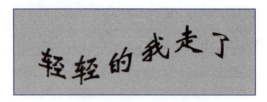

图6-66 变形文字效果

4）栅格化文字

输入的文字在未栅格化前，优点是可以重新编辑，如更改内容、字体、字号等；缺点是无法直接对文字应用绘图和滤镜等功能，只有将其进行栅格化处理后，才能做进一步的编辑。栅格化将文字图层转换为普通图层，但文字内容将不能更改。

栅格化文字的操作步骤如下：

（1）选择"图层"面板中的文字图层，如图 6-67 所示。

（2）选择【图层→栅格化→文字】命令，可将文字图层转换为普通图层。将文字栅格化后，图层缩览图也将发生变化，如图 6-68 所示。

图6-67 文字图层

图6-68 栅格化效果

5）文字转换

输入文字后，可将文字转换为选区或路径，其路径和普通路径一样编辑。操作步骤如下：

（1）在图像中输入文字。

（2）选择【图层→栅格化→文字】命令，将文字图层转换为普通图层。

（3）按住【Ctrl】键，单击文字图层，创建文字选区，如图 6-69 所示。

（4）单击"路径"面板右上方的按钮，在弹出的菜单中选择"建立工作路径"，将选区转换成路径。

（5）对路径进行调整，更改文字的形状，如图 6-70 所示。

图6-69 创建文字选区

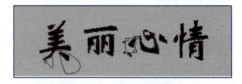

图6-70 调整文字路径

（6）按住【Ctrl】键，单击路径，将路径转换为选区，如图 6-71 所示。

（7）使用渐变工具或者图案库填充选区，效果如图 6-72 所示。

图6-71　路径转换为选区

图6-72　填充效果

6.3.7　路径的应用

在 Photoshop CC 中，路径是一段闭合或者开放的曲线段，可以转换为选区，或者使用颜色填充和描边的轮廓。路径和选区一样，本身是没有颜色和宽度的，不会打印出来。

1. 绘制路径

钢笔工具主要用来绘制路径，属于矢量绘图工具，可以绘制出直线路径或者平滑的曲线路径，在缩放或者变形之后仍能保持平滑效果，其选项栏如图 6-73 所示，常用的选项含义如下：

图6-73　"钢笔工具"选项栏

（1）　：下拉列表中包括形状、路径和像素 3 个选项，分别用于创建形状图层、工作路径、填充区域。选择不同的选项，选项栏将显示相应的内容。

（2）　：将路径转换为选区或者形状。

（3）　：该组按钮用于编辑路径，包括形状的合并、重叠、对齐方式等。

（4）　：用于设置是否自动添加 / 删除锚点。

1）绘制直线路径

使用钢笔工具绘制直线路径的操作步骤如下：

（1）在工具箱中选择钢笔工具，在选项栏中选择"路径"选项。

（2）在图像中单击作为路径的起点，再移动鼠标指针到直线的终点处单击，得到一条直线段，如图 6-74 所示。

（3）移动鼠标指针到下一个合适的位置单击，继续绘制路径，得到折线路径，当鼠标回到起点处时，单击起点处的方块，完成闭合路径的绘制，如图 6-75 所示。

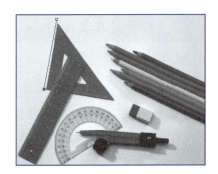

图6-74　绘制直线段

图6-75　绘制折线路径

2）绘制曲线路径

使用钢笔工具绘制曲线路径的操作步骤如下：

（1）在工具箱中选择钢笔工具，选择选项栏中的"橡皮带"复选框。

（2）将鼠标指针移到图像窗口，单击确定路径起点。

（3）移动鼠标指针，在适当的位置单击并拖动，在锚点处出现一条方向线，如图 6-76 所示，确定其方向后松开鼠标。

（4）移动鼠标指针到下一个合适的位置单击，采用相同的方法可继续绘制曲线，最后将鼠标移到起始点单击封闭路径，绘制出心形路径，如图6-77所示。

图6-76　拉出方向线　　　　　　　　　　图6-77　绘制心形

2．编辑路径

用户创建完路径后，可以对路径进一步编辑。路径的编辑包括复制与删除路径、添加与删除锚点、路径和选区转换、填充路径、描边路径。

1）复制与删除路径

绘制一段路径后，如果还需要多条相同的路径，可以将路径进行复制。不再需要的路径，可以将其删除。复制路径的操作步骤如下：

（1）选择【窗口→路径】命令，打开"路径"面板，选择一条路径，如"四边形路径"，如图6-78所示。

（2）右击"路径"面板，在弹出的快捷菜单中选择"复制路径"命令，如图6-79所示。

（3）在弹出的"复制路径"对话框中，输入新路径的名称，单击"确定"按钮复制路径，面板中出现新路径"四边形路径 副本"，如图6-80所示。

（4）双击路径"四边形路径副本"的名称进行重命名，输入新的路径名称，如图6-81所示。

图6-78　选择路径　　　图6-79　选择菜单命令　　　图6-80　复制路径　　　图6-81　重命名路径

> 提示
> 如果路径为"工作路径"，在复制前需要将其拖动到"创建新路径"按钮中，转换为普通路径。

删除路径，可以采用以下的操作方法：

（1）选择需要删除的路径，单击"路径"面板下方的"删除当前路径"按钮。

（2）选择需要删除的路径，右击，在弹出的快捷菜单中选择"删除路径"命令。

（3）选择需要删除的路径，按【Delete】键。

2）添加与删除锚点

在编辑路径时，可以对路径进行添加和删除锚点的操作。锚点可以控制路径的平滑度，适当地添加或删除锚点有助于路径的编辑。

添加与删除锚点的操作步骤如下：

（1）使用钢笔工具，在图像中绘制一段曲线路径，如图6-82所示。

(2)在工具箱中选择添加锚点工具,将鼠标指针移动到路径上单击,增加一个锚点,如图 6-83 所示。

(3)将鼠标指针移动到添加的锚点中,按住鼠标左键拖动,可对路径进行调整,如图 6-84 所示。

(4)如果觉得锚点位置不对,可以删除锚点。选择删除锚点工具,将鼠标指针移动到要删除的锚点处单击,删除该锚点,如图 6-85 所示。

图6-82　绘制路径　　　图6-83　添加锚点　　　图6-84　编辑路径　　　图6-85　删除锚点

3)路径和选区的转换

在 Photoshop CC 中,可以将选区转换为路径,也可以将路径转换为选区,大大方便了绘图操作。选区和路径相互转换的操作步骤如下:

(1)在图像中创建好选区,如图 6-86 所示。

(2)单击"路径"面板右上方的按钮,在弹出的下拉列表中选择"建立工作路径"命令,如图 6-87 所示。

 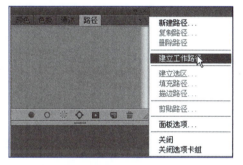

图6-86　创建好选区　　　　　　　　　　　　　图6-87　选择命令

(3)在弹出的"建立工作路径"对话框中,调整容差值设置选区转换为路径的精确度(见图 6-88),单击"确定"按钮,选区转换为路径,如图 6-89 所示。

(4)单击"路径"面板右上方的按钮,在弹出的下拉列表中选择"建立选区"。

(5)在弹出的"建立选区"对话框中,保持默认设置,如图 6-90 所示,单击"确定"按钮,将路径转换为选区。

  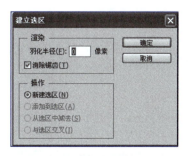

图6-88　"建立工作路径"对话框　　　图6-89　选区转换为路径　　　图6-90　"建立选区"对话框

4）填充路径

绘制好路径后，可以为路径填充颜色。路径的填充与选区的填充相似，可以使用颜色或图案填充路径内部的区域。

填充路径的操作步骤如下：

（1）在"路径"面板中选择需要填充的路径，右击，在弹出的快捷菜单中选择"填充路径"命令。

（2）在弹出的"填充路径"对话框中，设置填充的颜色或图案样式，如图6-91所示。

（3）单击"确定"按钮，颜色填充到路径中。

5）描边路径

描边路径是沿着路径的轨迹绘制或修饰图像。描边路径的操作步骤如下：

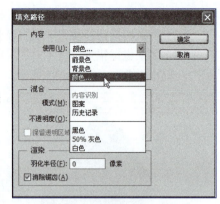

图6-91 "填充路径"对话框

（1）在工具箱设置前景色，如设置为蓝色，RGB值为（198,217,241），选择画笔工具，在选项栏设置画笔大小、笔尖形状等参数，如图6-92所示。

图6-92 "画笔"选项栏

（2）在"路径"面板中选择需要描边的路径，右击，在弹出的快捷菜单中选择"描边路径"命令。

（3）选择"描边路径"对话框的"工具"下拉列表中的"画笔"，如图6-93所示。

（4）单击"确定"按钮，出现路径的描边效果，如图6-94所示。

图6-93 "描边路径"对话框

图6-94 描边效果

6.4 图像色彩色调处理

6.4.1 调色基础

1. 颜色

颜色是通过眼、脑和生活经验所产生的对光的视觉感受，肉眼所见到的光线，是由波长范围很窄的电磁波产生的，不同波长的电磁波表现为不同的颜色，对色彩的辨认是肉眼受到电磁波辐射刺激后所引起的视觉神经感觉。

颜色具有三个特性，即色相、亮度和饱和度，在调整颜色时还要考虑颜色的对比度。

（1）色相是颜色的一种属性，决定图像的基本颜色，即红、橙、黄、绿、青、蓝、紫七种颜色。

（2）亮度指各种颜色的图形原色的明暗度，亮度调整也就是明暗度的调整。亮度范围从 0 到 255，共分为 256 个等级。灰度图像，是在纯白色和纯黑色之间划分了 256 个级别的亮度，在 RGB 模式中代表 3 个原色的明暗度，即红、绿、蓝三原色的明暗度，从浅到深。

（3）饱和度指图像颜色的浓度。对每一种颜色都有一种人为规定的标准颜色，饱和度是用来描述颜色与标准颜色之间的相近程度的物理量。将一个图像的饱和度调整为零，图像变成一个灰度图像。

（4）对比度指不同颜色之间的差异，对比度越大，颜色之间相差越大，反之颜色就越接近。提高灰度图像的对比度会更加黑白分明，调到极限时，变成黑白图像。

2. "信息"面板

"信息"面板主要是观察鼠标在移动过程中，经过各个点的准确颜色数值，以及在颜色取样的时候，显示取样点的颜色信息。选择【窗口→信息】命令，打开如图6-95所示面板。使用"信息"面板，可以协助完成以下操作。

（1）校正偏色图像：偏色图像的中性色都有问题，可标记图像中的中性色，在信息面板观察RGB值，确定偏色进行调整，使其RGB值趋向接近。

（2）确定图像明亮程度：从RGB平均值中可以看出图像的明亮程度，平均值低于128的图像偏暗、高于128的图像则偏亮。平均值过高或过低说明图像存在严重的色彩问题。

（3）确定图像通道偏色：在"通道"面板中，选择CMYK通道中的一个颜色通道，查看K值确定本通道图像偏向的颜色。例如，选择红通道，用鼠标在图像上移动，如果K值大于50%说明偏青色，小于50%说明偏红色。

在进行色彩调整时，"信息"面板显示鼠标指针下像素的两组颜色值，左栏中的值是像素原来的颜色值，右栏中的值是调整后的颜色值，参考颜色值，有助于中和色痕，确定颜色是否饱和。

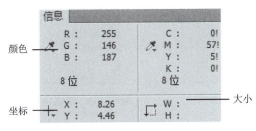

图6-95　信息面板

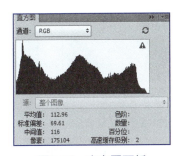

图6-96　直方图面板

3. "直方图"面板

识别色调范围有助于确定是否有足够的细节来进行良好的色调校正，选择【窗口→直方图】命令，打开如图6-96所示面板。

用横轴代表0~255的亮度数值，竖轴代表照片中对应亮度的像素数量，生成的图像称为直方图。直方图中每个值的高度，代表了画面中有多少像素属于那个亮度，可以看出画面中亮度的分布和比例。如图6-97所示，波峰是在中间偏左的位置（阴影区域），说明画面中有很多深灰或者深色部分。

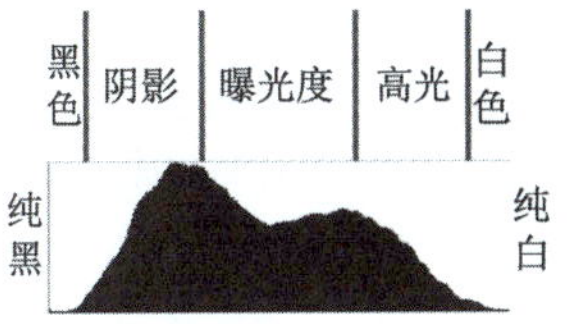

直方图用图形表示图像的每个亮度级别的像素数量，展示像素在图像中的分布情况，反映了图像的品质和色调范围。直方图显示阴影、中间调以及高光中的细

图6-97　直方图

节，低色调图像的细节集中在阴影处，高色调图像的细节集中在高光处，平均色调图像的细节集中在中间调处。全色调范围的图像在所有区域中都有大量的像素。

4. "调整"命令与调整图层

由于相机的色彩捕捉没有人眼那样准确，同时相机的液晶监视器显示时可能会出现偏色，所以得到的照片在色彩上有一定偏差，需要通过后期处理才能让照片达到理想的效果。在制作高品质的艺术作品时，对图像的色彩和色调进行调整，Photoshop CC提供大量色彩和色调的调整工具，对图像的亮度、对比度、饱和度和色相进行调整。

Photoshop CC 提供了调整命令和调整图层两种方式。

（1）调整命令：选择【图像→调整】命令，打开子菜单，如图 6-98 所示，选择相应的命令打开调整对话框，设置相关的参数，能够达到调整图像的色彩、色调的效果，但会修改图像的像素数据，是一种破坏性的调整方法。

（2）调整图层：在当前图层上创建一个调整图层，通过调整该图层对下边图层产生影响，不改变原有图层像素，是一种非破坏性的调整方法。操作方法有以下几种：

① 选择【窗口→调整】命令，调出"调整"面板，选择相应的调整图标，添加调整图层。

② 单击"图层"面板中的"创建新的填充或调整图层"按钮，如图 6-99 所示，在弹出的下拉列表中选择相应的调整类型，如图 6-100 所示。

③ 选择【图层→新建调整图层】命令，在其子菜单中选择相应的命令添加调整图层。

图6-98　调整命令

图6-99　创建新的调整图层

图6-100　新建调整图层

调整图层和调整命令的区别如下：

（1）调整图层不直接修改图像像素，通过调整图层和图像图层的混合达到调整效果，可以避免在反复调整过程中损失图像的颜色细节。调整命令是直接作用于当前图层，是破坏性调整。调整图层不支持所有的图像调整命令，调整命令的应用范围更广。

（2）调整图层具有更强的可编辑性，被创建后可以对调整图层的设置进行修改，同时可以使用图层蒙板、剪贴蒙板和矢量蒙板等内容控制调整范围。图像调整命令一旦被应用，只能通过撤销操作后，重新执行命令并设置新的参数选项，或选择不同的调整命令来实现效果的改变。双击调整图层缩览图可以修改调整参数，隐藏或删除调整图层可将图像恢复原有状态。

（3）调整图层可以同时调整多个图层的图像，会影响到其下所有可见的图层内容，并可通过改变调整图层在图层面板的排列顺序，从而控制具体对哪些图层产生影响。调整命令只对当前图层起作用。

如果要调整图层中某一部分的图像内容，调整命令需要用选区来控制影响范围，调整图层可以使用蒙板来控制应用范围。

（4）调整图层支持混合模式和不透明度的设置。调整图层与普通图层一样，具有不透明度和混合模式属性，通过调整这些属性内容可以使图像产生更多特殊的图像调整效果。

6.4.2　调整图像的色调

色调是指图像的相对明暗程度，通过调整色调，改变颜色明度和亮度的对比，确定作品色彩外观的基本倾向。

1. 亮度/对比度

"亮度/对比度"能整体调整图像的亮度和对比度，从而实现对图像色调的调整。使用"亮度/对比度"是对图像的色调范围进行调整，一次调整图像中的所有像素（高光、暗调和中间调），对每个像素进行相同程度的调整（线性调整），可能导致丢失图像细节，对于高端输出，不建议使用"亮度/对比度"命令。"亮度/对比度"的对话框如图 6-101 所示。

图6-101 "亮度/对比度"对话框

2. 色阶

"色阶"命令以直方图为调整图像基本色调的参考，通过调整图像的阴影、中间调和高光的强度级别，调整输入或输出色阶值，校正图像的色调范围和色彩平衡，以调整色彩的明暗度来改变图像的明暗及反差效果。图 6-102 所示的"色阶"对话框中各选项含义如下：

（1）通道：用于设置要调整的颜色通道，包括图像的色彩模式和颜色通道。

（2）输入色阶：从左至右分别用于设置图像的阴影色调、中间色调和高光色调。可以在文本框中直接输入数值，也可以拖动色调直方图底部滑条上的 3 个滑块来进行调整。向左拖动高光色调和中间色调，可以使图像变亮；向右拖动阴影色调和中间色调，可以使图像变暗。

（3）输出色阶：用于调整图像的亮度和对比度。向左拖动右边的滑块，降低图像亮部对比度，从而使图像变暗；向右拖动左边的滑块，降低图像暗部对比度，从而使图像变亮。

（4）自动：自动调整图像中的整体色调。

（5）选项：单击该按钮，将弹出"自动颜色校正选项"对话框，可以设置自动颜色校正的算法。

（6）吸管工具组：使用吸管工具在图像中单击取样，可以通过重新设置图像的黑场、白场或灰点调整图像的明暗。使用黑色吸管工具在图像上单击，可使图像基于单击处的色值变暗；使用白色吸管工具在图像上单击，可使图像基于单击处的色值变亮；使用灰色吸管工具在图像上单击，可在图像中减去单击处的色调，以减弱图像的偏色。

调整"色阶"的操作步骤如下：

（1）打开图像，如图 6-103 所示。

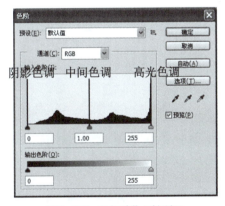

图6-102 "色阶"对话框

图6-103 原图

（2）在"色阶"对话框中，设置"输入色阶"，如图 6-104 所示。

（3）调整后的图像效果如图 6-105 所示。

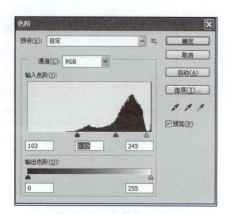
图6-104　调整后的色阶

图6-105　调整色阶后的效果

3. 曲线

"曲线"命令在图像色彩的调整中使用非常广，可以对图像的色彩、亮度、对比度进行综合调整，并且在从暗调到高光的色调范围内，可以对多个不同的点进行调整。图6-106所示为"曲线"对话框，各选项含义如下：

（1）通道：在下拉列表中，可以选择当前色彩模式中的单一色彩进行调整。

（2）曲线调整框：用于显示当前对曲线所进行的修改。

（3）渐变条：曲线调整框左侧和底部的渐变条，横向（输入）为图像在调整前的明暗度状态，纵向（输出）为图像在调整后的明暗度状态。

图像的色调在图形上表现为一条直的对角线，表示输入和输出色阶相等。向线条添加控制点，移动控制点改变曲线的形状，将改变输入色阶和输出色阶的映射关系，调整图像的亮度和对比度。在RGB图像中，图形右上角区域代表高光，左下角区域代表阴影，移动曲线顶部的点调整高光调，移动中心的点调整中间调，移动底部的点调整阴影调。调整"曲线"的操作步骤如下：

（1）打开图像，如图6-107所示。

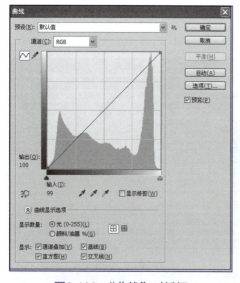
图6-106　"曲线"对话框

图6-107　原图

（2）在"曲线"对话框中，在曲线上方"高光色调"处单击创建一个节点，按住鼠标左键向上拖动，以提亮图像亮部区域，如图6-108所示。

（3）在曲线下方"阴影色调"处单击创建一个节点，按住鼠标左键向下拖动，以降低图像暗部区域的亮度，如图6-109所示。

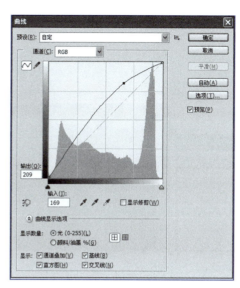
图6-108 调整亮部区域

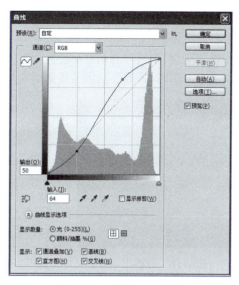
图6-109 调整暗部区域

4. 曝光度

曝光度是指由于光圈开得过大、底片的感光度太高、曝光时间过长、闪光灯光线太强等原因所造成的影像失常。在曝光过度的情况下，底片会显得颜色过暗，冲洗出的照片则会发白。图6-110所示为"曝光度"对话框，各选项含义如下：

（1）预设：下拉列表中有默认的几种设置，可以对图像进行简单的调整。

（2）曝光度：用于调整高光调，对阴影的影响很轻微。

（3）位移：用于调整阴影和中间调，对高光的影响很轻微。

（4）灰度系数校正：使用简单的乘方函数调整图像灰度系数。灰度系数越大，对比度越小，照片呈现一片灰色；灰度系数越小，对比度越大，照片亮部和暗部对比越强烈。

调整"曝光度"的操作步骤如下：

（1）打开图像，如图6-111所示。

（2）在"曝光度"对话框中，设置曝光度、位移、灰度系数校正，如图6-112所示。

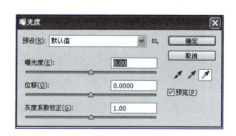
图6-110 "曝光度"对话框

图6-111 原图

图6-112 调整曝光度

5. 阴影/高光

"阴影/高光"不是单纯地使图像变亮或变暗，可以准确地调整图像中阴影和高光的分布，基于阴影或高光中的周围像素（局部相邻像素）增亮或变暗当前像素点。适用于校正由强逆光而形成剪影的照片，或校正由于太接近相机闪光灯而有些发白的照片。图6-114所示的"阴影/高光"对话框中各选项含义如下：

- 阴影：用于增加或降低图像中暗调部分的色调。
- 高光：用于增加或降低图像中高光部分的色调。

使用"阴影/高光"的操作步骤如下：
（1）打开图像，如图 6-113 所示。
（2）在"阴影/高光"对话框中设置阴影，如图 6-114 所示。
（3）调整"阴影/高光"后的效果如图 6-115 所示。

图6-113　原图

图6-114　"阴影/高光"对话框

图6-115　调整"阴影/高光"后效果

6.4.3　调整图像的色彩

1. 色相/饱和度

使用"色相/饱和度"可以调整图像中单个颜色成分的色相、饱和度和亮度，从而实现图像色彩的改变。图 6-117 所示的"色相/饱和度"对话框中各选项含义如下：

- 颜色范围：下拉列表中选取作用的范围。如选择"全图"，将对图像中所有颜色的像素起作用，其余选项表示对某一种颜色成分的像素起作用。
- 色相/饱和度/明度：调整所选颜色的色相、饱和度、亮度。
- 着色：将图像调整为当前前景色的效果。

调整"色相/饱和度"的操作步骤如下：
（1）打开图像，如图 6-116 所示。
（2）在"色相/饱和度"对话框中，设置色相、饱和度、明度，如图 6-117 所示。
（3）调整"色相/饱和度"后的效果如图 6-118 所示。

图6-116　原图

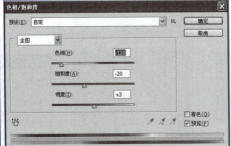
图6-117　"色相/饱和度"对话框

图6-118　调整"色相/饱和度"后效果

2. 色彩平衡

"色彩平衡"命令会在彩色图像中改变颜色的混合，从而使整体图像的色彩平衡。调整"色彩平衡"的操作步骤如下：
（1）打开图像，如图 6-119 所示。
（2）如图 6-120 所示的"色彩平衡"对话框中包含 3 个滑块，分别对应色阶的 3 个文本框，拖动滑块或者直接在文本框中输入数值都可以调整色彩。3 个滑块的变化范围均为 -100 ～ +100。

图6-119 原图

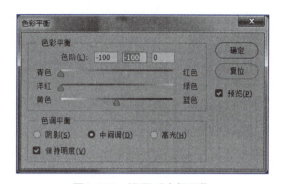

图6-120 设置"中间调"

（3）选择"中间调"按钮，调整滑块位置，如图 6-120 所示。选择"高光"按钮，调整滑块位置，如图 6-121 所示。

（4）调整"色彩平衡"后的效果如图 6-122 所示。

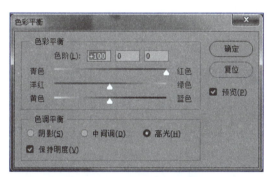

图 6-121 设置"高光调"

图6-122 调整"色彩平衡"后效果

3. 照片滤镜

使用"照片滤镜"可以通过模拟传统光学的滤镜特效以调整图像的色调，使其具有暖色调或者冷色调的倾向，也可以根据实际情况自定义其他色调。如图 6-123 所示的"照片滤镜"对话框，各选项含义如下：

（1）滤镜：在下拉列表中有 20 多种预设选项，根据需要进行选择。

（2）颜色：单击色块，在弹出的"拾色器（照片滤镜颜色）"对话框中，选择一种颜色作为图像的色调。

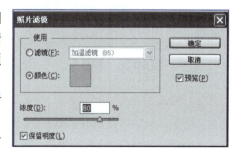

图6-123 "照片滤镜"对话框

（3）浓度：调整用于图像的颜色数量。数值越大，应用的颜色调整越多。

调整"照片滤镜"的操作步骤如下：

（1）打开图像，如图 6-124 所示。

（2）在"照片滤镜"对话框中，单击颜色块，设置颜色为绿色（RGB 分别为 26、255、2），调整"浓度"为 80%，选中"保留明度"复选框。

（3）调整"照片滤镜"后的效果如图 6-125 所示。

图6-124　原图　　　　　　　　　　　图6-125　调整"照片滤镜"后效果

4. 通道混合器

"通道混合器"命令可通过从每个颜色通道中选取所占的百分比来创建高品质的灰度图像，还可以创建高品质的棕褐色调或其他彩色图像。它使用图像中现有（源）颜色通道的混合来修改目标（输出）颜色通道。使用"通道混合器"命令可通过源通道向目标通道加减灰度数据。

使用"通道混合器"的操作步骤如下：

（1）打开图像，如图 6-126 所示。

（2）如图 6-127 所示的"通道混合器"对话框，各选项含义如下：

① 输出通道：用于选择要设置的颜色通道。

② 源通道：拖动红色、绿色、蓝色滑块，调整各个原色的值。

③ 常数：拖动滑块或在数值框中输入数值（范围 -200 ~ 200），改变当前指定通道的不透明度。

④ 单色：将彩色图像变成灰度图像，此时图像值包含灰度值，所有色彩通道使用相同的设置。

（3）设置参数，如图 6-127 所示。调整"通道混合器"后的效果如图 6-128 所示。

图6-126　原图　　　图6-127　"通道混合器"对话框　　图6-128　调整"通道混合器"后效果

5. 可选颜色

"可选颜色"可校正不平衡的色彩和调整颜色，是高端扫描仪和分色程序使用的一项技术，在图像的每个原色中添加或减少 CMYK 印刷色的量。

使用"可选颜色"的操作步骤如下：

（1）打开图像，如图 6-129 所示。

（2）在"可选颜色"对话框的"颜色"下拉列表中选择颜色，有针对性地选择红色、绿色、蓝色、青色等进行调整。

（3）选择"黄色"，调整滑块的位置，如图 6-130 所示。调整"可选颜色"后的效果如图 6-131 所示。

图6-129　原图　　　　　图6-130　"可选颜色"对话框　　　图6-131　调整"可选颜色"后效果

6. 匹配颜色

使用"匹配颜色"可以使另一个图像的颜色与当前图像的颜色进行混合，达到改变当前图像色彩的目的。图 6-132 所示的"匹配颜色"对话框中各选项含义如下：

（1）图像目标：用于显示当前图像文件的名称。

（2）图像选项：用于调整匹配颜色时的明亮度、颜色强度和渐隐效果。"中和"复选框用于选择是否将两幅图像的中性色进行色调的中和。

使用"匹配颜色"命令的操作步骤如下：

（1）打开两幅图像，如图 6-133 所示。

图6-132　"匹配颜色"对话框

图6-133　原图

（2）在"匹配颜色"对话框中，在"源"下拉列表中选择文件"高山.jpg"，在"图像选项"中设置图像的明亮度、颜色强度和渐隐值，如图 6-132 所示。

（3）单击"确定"按钮，匹配颜色效果应用在目标图像中。

> **提示**
> 使用"匹配颜色"命令调整图像色彩时，图像文件的色彩模式必须是 RGB 模式，否则该命令不能使用。

7. 替换颜色

替换颜色可以把图像中某种颜色快速替换为另一种颜色，图 6-134 所示为"替换颜色"对话框，各选项含义如下：

（1）吸管工具组：3 个吸管工具分别用于拾取、增加和减少颜色。

（2）颜色容差：用于调整图像中替换颜色的范围。

（3）"选区"按钮：预览区中以黑白选区蒙版的方式显示图像。

（4）"图像"按钮：预览区中以原图的方式显示图像。

（5）替换：通过拖动滑块或输入数值来调整所替换颜色的色相、饱和度和明度。

使用"替换颜色"命令的操作步骤如下：
（1）打开图像，如图 6-135 所示。
（2）如需要将图像中的花瓣替换为黄色，效果如图 6-136 所示。

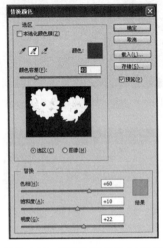

图6-134 "替换颜色"对话框

图6-135 原图

图6-136 替换颜色后的效果

（3）在"替换颜色"对话框中，使用吸管工具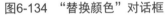单击花瓣，选中的区域在预览区显示为白色；再使用添加到取样工具，单击未选中的黑色区域，直到所有花瓣都选中，在预览区变为白色。单击"结果"的颜色块，在拾色器中设置颜色为黄色，如图 6-134 所示。

8. 去色、阈值、反相和黑白

（1）"去色"命令将彩色图像转换为灰度图像，但图像的颜色模式保持不变，为 RGB 图像中的每个像素指定相等的红色、绿色和蓝色值，每个像素的亮度值不改变。

（2）"阈值"命令将灰度或彩色图像转换为高对比度的黑白图像。通过设置阈值色阶作为分界色阶，比阈值亮的像素转换为白色，比阈值暗的像素转换为黑色。

（3）"反相"命令反转图像中的颜色，常用于制作胶片的效果。通道中每个像素的亮度值都转换为 256 级颜色值刻度上相反的值。值为 255 的正片图像中的像素会被转换为 0，值为 5 的像素会被转换为 250。

（4）"黑白"命令充分利用画面中的色彩信息，特意调整图片彩色时的特定颜色，对个别色彩产生不同的侧重，能够得到特殊的效果，将照片转变为优美的黑白作品。

6.5 图 层

6.5.1 图层基础知识

1. 概述

图层是 Photoshop 的核心功能之一，用户可以通过它轻松地对图像进行编辑和修饰。在 Photoshop 中，可以将图像的不同部分分层存放，由所有图层组合成复合图层。使用图层，可以方便地修改图像，简化图像编辑操作，还可以创建各种图层特效，制作出各种特殊效果。

2. 图层面板

图层面板显示了当前图像的图层信息，可以在面板中调节图层叠放顺序、新建图层、添加图层蒙版、切换图层可见性等。

选择【窗口→图层】命令，调出"图层"面板，如图 6-137 所示。图层在面板中依次自下而上排列，最先创建的图层在最底层，最后创建的图层在最上层。

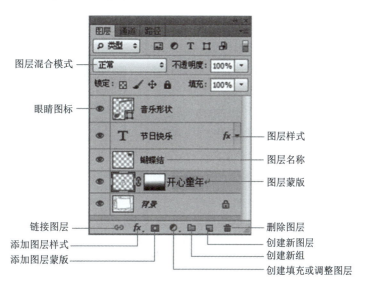

图6-137 "图层"面板

（1）图层混合模式：用于设置图层的混合模式。包括正常、正片叠底等27种模式。

（2）眼睛图标：用于显示或隐藏图层，单击该图标，可以切换图层的显示或隐藏状态。眼睛睁开，代表图层可见；眼睛闭着，代表图层隐藏。

（3）当前图层：以蓝色显示，一个图像只有一个当前图层，大多数编辑命令只对当前图层起作用。

（4）图层样式：表示该图层应用了图层样式。

（5）图层名称：每个图层定义不同的名称，便于区分。如果在建立图层时没有设置图层名称，则自动命名为"图层1""图层2"等。

（6）链接图层：将多个图层链接起来，可以一起复制、移动等。

（7）添加图层样式：对当前图层添加各种图层样式，创建特殊图层效果。

（8）添加图层蒙版：对当前图层建立图层蒙版。

（9）创建填充或调整图层：用于创建填充图层或调整图层。

（10）创建新组：用于建立图层组，以便将若干图层归纳到组中进行管理和操作。

（11）创建新图层：建立一个新的图层。

（12）删除图层：将当前所选图层删除。

3. 图层类型

Photoshop CC中有多种类型的图层，例如文字图层、形状图层等，如图6-138所示。不同类型的图层有不同的特点和功能。

（1）普通图层：用一般方法添加的图层是最常用的图层，几乎所有Photoshop CC的功能都可以在这种图层上应用。普通图层可以通过图层混合模式实现与其他图层融合。

（2）背景图层：不透明的图层，通常位于图层的最底端，用于制作图像的背景。在背景图层右侧有一个图标，表示背景图层默认是锁定的。如果有需要，也可以通过选择【图层→新建→图层背景】命令将背景图层转换为普通图层。

（3）文本图层：用文字工具建立的图层，很多命令不能对文本图层起作用。如果要将文本图层转换为普通图层，可以选择【图层→栅格化→文字】命令。

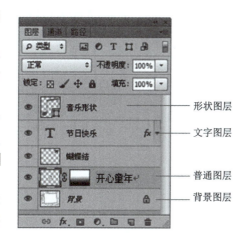

图6-138 图层类型

（4）形状图层：使用工具箱中矩形工具、椭圆工具等 6 种形状工具建立的图层。

6.5.2 图层的操作

1. 移动、复制和删除图层

（1）移动图层操作方法如下：选择图层，然后选择移动工具，按住鼠标左键将图层拖动到合适位置。

（2）复制图层的操作方法如下：选择图层，右击，选择"复制图层"命令，弹出如图 6-139 所示的"复制图层"对话框，在对话框中输入新图层的名称。

（3）删除图层的操作方法如下：选择图层，单击图层面板下方的"删除图层"按钮。

图6-139 "复制图层"对话框

> **提示**
> 选择第一个图层后，按住【Shift】键的同时单击另一个图层，可以选择连续的多个图层。选择第一个图层后，按住【Ctrl】键的同时单击其他图层，可以选择不连续的多个图层。

2. 调整图层的叠放次序

图像一般由多个图层组成，上方的图层会遮盖下方的图层。在编辑图像时，可以调整图层的叠放次序，控制图像的最终显示效果。调整图层叠放次序的操作步骤如下：

（1）在图层面板，选中图层"女孩"，如图 6-140 所示。

（2）按住鼠标左键将图层"女孩"拖到图层"蝴蝶结"的下方，效果如图 6-141 所示。

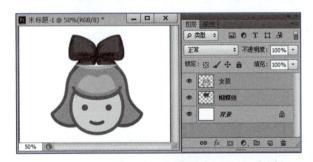

图6-140 原图效果

图6-141 调整叠放次序后的效果

3. 图层的锁定

Photoshop CC 提供了 5 种锁定图层功能，包括锁定透明像素、锁定图像像素、锁定位置、防止在画板内外自动嵌套、锁定全部，如图 6-142 所示。被锁定的图层在其右边会出现相应的锁定图标。

图6-142 图层锁定功能

（1）锁定透明像素：单击该按钮，可以锁定图层中的透明部分，只能对有像素的部分进行编辑。

（2）锁定图像像素：单击该按钮，当前图层中无论是透明部分还是有像素部分，都不能进行编辑，但可以移动位置。

（3）防止在画板内外自动嵌套：Photoshop CC 新增功能，当使用移动工具将画板内的图层或图层组移动出画板的边缘时，被移动的图层或图层组就不会脱离画板。

（4）锁定位置：单击该按钮，不能对当前图层移动位置。

（5）锁定全部：单击该按钮，完全锁定当前图层，任何编辑或移动操作都不能进行。

> 提 示
> 如果要取消图层的锁定，选中图层后，单击对应的锁定按钮。

4. 图层的链接与合并

图层的链接，可以方便地移动多个图层，同时对多个图层中的图像进行旋转、缩放等操作，还可以对不相邻的图层进行合并。图层链接的操作步骤如下：

（1）在图层面板，按住【Ctrl】键，选中要链接的多个图层。

（2）单击图层面板下方的"链接图层"按钮，将多个图层进行链接，在其右侧出现链接标记，如图 6-143 所示。

> 提 示
> 如果要解除链接，选择要解除链接的图层，单击"链接图层"按钮。

图6-143　图层链接

如果几个图层已经编辑好，相对的位置也不需要更改了，可以将这几个图层合并。合并图层后，可以节约空间，还可以对合并后的图层整体进行修改。合并图层的操作步骤如下：

（1）在图层面板，按住【Ctrl】键，选中要合并的多个图层，如图 6-144 所示。

（2）在右键快捷菜单中，选择"合并图层"命令，将多个图层合并为一个图层，如图 6-145 所示。

图6-144　合并前的图层状态

图6-145　合并后的图层状态

6.5.3　图层样式

图层样式包括斜面浮雕、描边、内阴影等 10 种样式，功能如下：

（1）斜面和浮雕。浮雕效果包括外浮雕、内浮雕、浮雕、枕状浮雕、描边浮雕等 5 种形态，在图层的边缘添加一些高光和暗调带，使图层的边缘产生立体浮雕效果。

（2）描边。描边是以一定的宽度沿图像边缘勾勒图像轮廓。可以使用渐变色或图案进行描边，适合处理一些边缘清晰的图层。

（3）内阴影。内阴影样式可以为图像内容增加阴影效果，沿着图像边缘向内产生投影效果，使图像产生一定的立体感和凹陷感，如剪刀裁剪过的镂空效果。

（4）内发光。Photoshop CC 提供了两种光照样式，即内发光和外发光样式。内发光样式，是在图像内容的边缘以内添加发光效果。

（5）光泽。光泽样式可以在图像表面添加一层反射光的效果，使图像产生类似绸缎的感觉，也可以用于制作不规则形态的图案，色调是以工具箱中的前景色为基础表现的。

（6）颜色叠加。颜色叠加样式为图像内容叠加覆盖一层颜色，通过给图像覆盖特定的色调，以突出显示某一特定图像的色调。结合混合模式可以得到独特的效果。

（7）渐变叠加。渐变叠加样式是使用一种渐变颜色覆盖在图像表面，通过对图像覆盖指定的渐变色彩组合成特定的颜色，如将彩虹的形态应用到图像上。

（8）图案叠加。图案叠加样式是使用一种图案覆盖在图像表面，通常应用在为图像填充特定的图案。在原图像的轮廓范围之内，可以填充任意的图案内容。

（9）外发光。外发光样式和内发光样式相反，可以为图像添加从图层外边缘发光的效果。

（10）投影。投影样式是最常用的图层样式，为图像增强层次感、透明感和立体感。

使用图层样式，可以快速创建投影、发光、浮雕和叠加等修饰效果。应用图层样式比较简单，无须逐步模糊、复制及偏移图层。设置图层样式的操作步骤如下：

（1）在图层面板，选中要添加样式的图层。

（2）单击图层面板下方的"添加图层样式"按钮 fx.，在弹出的菜单中选择样式，如图 6-146 所示。

（3）选择"斜面和浮雕"，在弹出的"图层样式"对话框（见图 6-147）中设置相应参数。也可同时选择其他样式的复选框，设置多种样式。

（4）单击"确定"按钮，图层面板中显示添加的效果，如图 6-148 所示。

图6-146 "图层样式"菜单

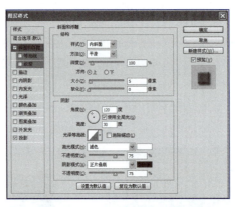

图6-147 "图层样式"对话框

图6-148 添加样式的效果

6.5.4 图层蒙版

图层蒙版是 Photoshop 中一项十分重要的功能，用于控制当前图层的显示或隐藏。通过更改蒙版，可以将很多特殊效果应用到图层中，而不会影响原图像上的像素。图层上的蒙版相当于一个 8 位灰阶的 Alpha 通道。在蒙版中，黑色部分代表隐藏当前图层的图像，白色部分代表显示当前图层的图像，灰色部分代表渐隐渐显当前图层的图像。

图层蒙版，也可以理解为在当前图层上面覆盖的玻璃片，使用合适的工具在蒙版上涂色（黑、白、灰），涂黑色的区域蒙版变为完全不透明的，即隐藏当前图层的图像；涂白色的区域蒙版变为透明，即显示当前图层的图像；涂灰色的地方蒙版变为半透明，透明的程度由涂色的灰度深浅决定，即当前图层渐隐渐显。

1. 建立图层蒙版

建立图层蒙版的操作步骤如下：

（1）打开图像"图层蒙版 1.jpg"和"图层蒙版 2.jpg"。

（2）在工具箱中选择移动工具 ，将"图层蒙版 1.jpg"拖动到"图层蒙版 2.jpg"中，如图 6-149 所示。

（3）选择【编辑→变换→缩放】命令，将"图层 1"调整到合适大小。

（4）单击"图层"面板下方的"添加图层蒙版"按钮 ，给"图层 1"添加图层蒙版，如图 6-150 所示。

此时蒙版为白色,表示当前图层全部显示。

图6-149 添加图层蒙版前的效果

(5)设置前景色为黑色,背景色为白色。

(6)选择画笔工具,设置合适的画笔大小,在小狗之外的区域涂抹,涂抹之处将被隐藏。涂抹后的黑白状态在图层蒙版中显示,如图6-151所示。

图6-150 添加图层蒙版

图6-151 添加图层蒙版后的效果

> **提 示**
> 在使用黑色画笔涂抹过程中,如果要恢复隐藏的图像,将画笔设置为白色,在被隐藏的位置涂抹,被隐藏的区域可显示出来。

2. 删除图层蒙版

删除图层蒙版的操作步骤如下:

(1)选择要删除的蒙版,单击"图层"面板下方的"删除图层"按钮 。

(2)弹出如图6-152所示的对话框,如果单击"应用"按钮,蒙版被删除,而蒙版效果被保留在图层中,如图6-153所示;如果单击"删除"按钮,蒙版被删除的同时蒙版效果也消失,如图6-154所示。

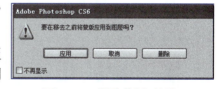

图6-152 删除蒙版对话框

图6-153 单击"应用"按钮的效果

图6-154 单击"删除"按钮的效果

3. 图层蒙版的应用

在使用图层蒙版的时候，除了使用画笔工具来控制图层的显示或隐藏，还可以结合选区工具、渐变工具来操作。

1) 使用选区工具

使用选区工具和图层蒙版，控制图层的显示或隐藏的操作步骤如下：

（1）打开图像"小狗.jpg"和"画框.jpg"。

（2）在工具箱中选择移动工具，将"小狗.jpg"拖动到"画框.jpg"中。在"图层"面板，双击"图层1"，将"图层1"的名字更改为"小狗"，如图6-155所示。

（3）选择【编辑→自由变换】命令，将图层"小狗"调整到合适大小。

（4）单击图层"小狗"前的"指示图层可见性"按钮，将"小狗"隐藏。

（5）选中"背景"图层，用魔棒工具，将需要显示小狗的部分选中（包括中间的大区域及4个角的部分），如图6-156所示。

图6-155　小狗画框素材

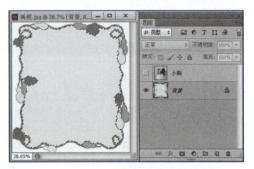

图6-156　背景图层选中的区域

（6）选中"小狗"图层，单击"指示图层可见性"按钮，将"小狗"图层显示，需要显示的小狗区域被选中，如图6-157所示。

（7）单击"图层"面板下方的"添加图层蒙版"按钮，为图层"小狗"添加图层蒙版，即可显示"小狗"图层选中的区域，隐藏未选中的区域，效果如图6-158所示。

图6-157　小狗图层选中的区域

图6-158　最终效果

> 提示
>
> 创建选区后，添加图层蒙版，图层中选中的区域将被显示；未选中的区域将被隐藏。在图层蒙版中，选中的区域为白色，未选中的区域为黑色。

2) 使用渐变工具

使用渐变工具和图层蒙版，控制图层的显示或隐藏的操作步骤如下：

（1）打开图像"童年背景.jpg"和"小朋友.jpg"。

（2）在工具箱中选择移动工具，将"小朋友.jpg"拖动到"童年背景.jpg"中。在"图层"面板，双击

"图层1",将"图层1"的名字更改为"小朋友",如图6-159所示。

(3)选择【编辑→自由变换】命令,将图层"小朋友"调整到合适大小,拖动到合适位置,如图6-160所示。

图6-159 童年素材

图6-160 调整图层大小和位置

(4)单击"图层"面板下方的"添加图层蒙版"按钮,为图层"小朋友"添加图层蒙版。

(5)设置前景色为黑色,背景色为白色。在工具箱选择渐变工具,在选项栏的渐变库中选择"从前景色到背景色渐变"。

(6)按住鼠标左键,在图像中从下往上拖动,松开鼠标后,图层蒙版从下往上填充了从黑到白的渐变颜色。图层"小朋友"的下半部分被隐藏,中间部分半隐藏,上半部分显示,如图6-161所示。

(7)选择文字工具,输入文字"致我们快乐的童年",效果如图6-162所示。

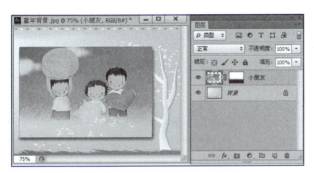
图6-161 使用渐变工具效果

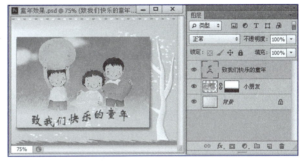
图6-162 最终效果

6.6 通　　道

在 Photoshop 中,通道是记录和保存信息的载体,无论颜色信息还是选择信息,Photoshop 都将它们保存在通道中。用户调整图像的过程,实质上是一个改变通道的过程。

通道作为图像的组成部分,与图像的格式密不可分,图像颜色、格式的不同决定了通道的数量和模式。通道分为颜色通道、Alpha 通道和专色通道 3 种类型。

颜色通道用于保存图像的颜色数据。例如,一幅 RGB 模式的图像,每一个像素的颜色数据是由红、绿、蓝 3 个通道记录的,这 3 个色彩通道组合定义后合成了一个 RGB 主通道,如图 6-163 所示。因此,改变红、绿、蓝其中一个通道的颜色数据,都会反映到 RGB 主通道中。在 CMYK 模式图像中,颜色数据由青色、洋红色、黄色、黑色 4 个单独的通道组合成一个 CMYK 的主通道,如图 6-164 所示。这 4 个通道相当于四色印刷中的 4 色胶片,在印刷时这 4 张胶片叠合,即可印刷出色彩斑斓的彩色图像。灰度图像只有一个颜色通道,如图 6-165 所示,包含了所有将被打印或显示的颜色。

Alpha 通道是真正需要了解的通道,在 Photoshop 中制作的各种特殊效果都离不开 Alpha 通道,它最基本的用处在于保存选择信息,并不会影响图像的显示和印刷效果。当图像输出到视频,Alpha 通道也可以用来决定显示区域。

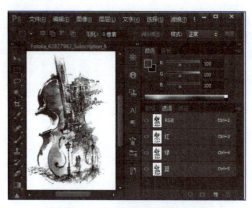

图6-163　RGB模式图像的通道　　图6-164　CNYK模式图像的通道　　图6-165　灰度图像的通道

专色通道是一种特殊的颜色通道,它可以使用除了青色、洋红、黄色、黑色以外的颜色来绘制图像。在印刷中为了让自己的印刷作品与众不同,往往要做一些特殊处理。如增加荧光油墨或夜光油墨,套版印制无色系（如烫金）等,这些特殊颜色的油墨（称其为"专色"）都无法用三原色油墨混合而成,就要用到专色通道与专色印刷。

6.6.1　通道的基本操作

1. 新建Alpha通道

新建 Alpha 通道有以下两种方法：

（1）单击"通道"面板下方的"创建新通道"按钮。默认情况下,Alpha 通道被依次命名为"Alpha 1""Alpha 2""Alpha 3"……

（2）单击"通道"面板右上角的按钮,在弹出的菜单中选择"新建通道"命令,弹出"新建通道"对话框,如图 6-166 所示。设置完毕后,单击"确定"按钮,创建 Alpha 通道。

"新建通道"对话框的参数含义如下：

（1）名称：用于设置新建通道的名称。

（2）色彩指示：用于确认新建通道的颜色显示方式。如果选中"被蒙版区域",新建通道中黑色区域代表蒙版区,白色区域代表保存的选区；如果选中"所选区域",含义相反。

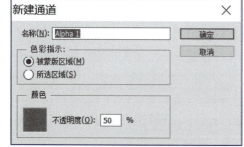

图6-166　"新建通道"对话框

（3）颜色：在该选项组中,可以设置通道的颜色和显示的不透明度。

2. 复制通道

保存一个选区后,对该选区（通道中的蒙版）进行编辑时,要先将该通道的内容复制后再编辑,以免不能还原。为了节省硬盘的存储空间,提高程序运行效率,可将不再使用的通道删除。

复制通道的操作步骤如下：

（1）选择要复制的通道。

（2）右击,选择"复制通道"命令,弹出"复制通道"对话框,如图 6-167 所示。

"复制通道"对话框的参数含义如下：

（1）为：用于设置复制后通道的名称。

（2）文档：用于选择要复制的目标图像文件。

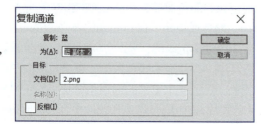

图6-167　"复制通道"对话框

（3）名称：如果在"文档"下拉列表中选择"新建"选项,此时"名称"文本框会变为可用状态,在其中可输入新文件的名称。

（4）反相：如果选中"反相"复选框,相当于选择【图像→调整→反相】命令。复制后的通道颜色会以反相显示,即黑变白、白变黑。

3. 删除通道

删除通道的操作步骤如下:
(1)选择要删除的通道。
(2)单击通道面板下方的"删除当前通道"按钮。

4. 将选区保存为通道

将选区保存为通道的操作步骤如下:
(1)创建选区。
(2)单击通道面板下方的"将选区存储为通道"按钮,将选区保存为通道。

5. 将通道作为选区载入

将通道作为选区载入的操作步骤如下:
(1)在通道面板中选择 Alpha 通道。
(2)单击通道面板下方的"将通道作为选区载入"按钮,载入 Alpha 通道保存的选区。

6.6.2 分离与合并通道

对于一幅包含多个通道的图像,可以将每个通道分离出来。对分离后的通道编辑和修改后,再重新合并成一幅图像。

1. 分离通道

分离通道的操作步骤如下:
(1)打开图像,如图 6-168 所示。
(2)单击通道面板右上角的弹出菜单按钮,选择"分离通道"命令,每一个通道都会从原图像中分离出来,成为 3 个独立的文件。分离后的图像都将单独的窗口显示在屏幕上,这些图像都是灰度图,并在标题栏上显示其文件名(原文件名和当前通道的名称组成),如"分离通道_红"。图 6-169 所示为图像分离通道后的效果。

图6-168　要分离通道的图像

图6-169　分离通道后的效果

> **提示**
> 执行"分离通道"命令的图像必须是只含有一个背景图层的图像,如果当前图像含有多个图层,则需要先合并图层,否则分离通道命令不可用。

2. 合并通道

当图像被分离成多个独立的文件后,用户还可以将这些文件合并成一个新的图像文件。在合并通道时,可以选择以不同的颜色模式来合成图像，包括多通道模式、RGB 颜色模式、CMYK 颜色模式和 Lab 颜色模式等。选择不同的模式，合并后的图像效果不同。

合并通道的操作步骤如下：

（1）选择一个分离后经过编辑修改的通道图像。

（2）单击通道面板右上角的弹出菜单按钮，选择"合并通道"命令，弹出"合并通道"对话框，如图 6-170 所示。

"合并通道"对话框的参数含义如下：

（1）模式：用于指定合并后图像的颜色模式。

（2）通道：用于输入合并通道的数目。

（3）单击"确定"按钮，弹出如图 6-171 所示的对话框。在该对话框中可分别为红、绿、蓝三原色通道选定各自的源文件。注意三者之间不能有相同的选择，如果三原色选定的源文件不同，会直接关系到合并后的图像效果。单击"确定"按钮，完成合并通道。

图6-170　"合并通道"对话框

图6-171　"合并RGB通道"对话框

6.6.3　应用案例

1. 给婚纱照换背景

通道中存放的是灰度图像，当通道图像转化为选区时，白色区域代表选中，黑色区域代表未选中，中间的灰色区域代表半透明效果。使用通道来处理婚纱照时，可以保留婚纱半透明、若隐若现的效果，案例最终效果如图 6-172 所示。

步骤1：选择通道并复制生成通道副本。打开图片"新娘.jpg"，打开"通道"面板。复制红通道，得到"红副本"通道，如图 6-173 所示。

图6-172　婚纱照换背景效果

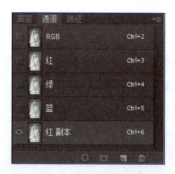

图6-173　步骤1的通道面板

步骤2：调整通道副本。具体操作如下：

（1）在"红副本"通道，通过降低亮度(或调整色阶)，将背景变黑，如图 6-174 所示。

（2）在"红副本"通道，过套索工具、魔棒工具等将人物的背景选中并填充为全黑色，如图 6-175 所示。

步骤3：通道的选区操作。具体操作如下：

（1）回到"图层"面板，在原图背景中，把人物的轮廓选出来（包括隐藏在婚纱下边的轮廓）。选择【选择→存储选区】命令,在弹出的"存储选区"对话框中设置存储选区名称为"选区1"，如图 6-176 所示,单击"确定"按钮。

（2）在"通道"面板中,选择"红副本"通道,选择【选择→载入选区】命令,在弹出的"载入"对话框中，载入"选区1"，并将选区填充为白色，如图 6-177 所示。

 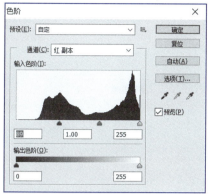 

图6-174 "色阶"对话框及效果　　　　　　　图6-175 背景填充全黑色效果

 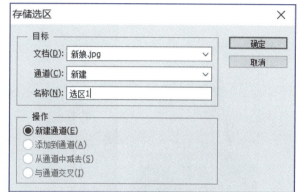

图6-176 选区效果及"存储选区"对话框

 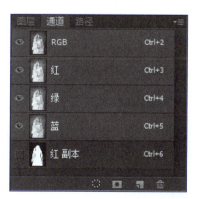

图6-177 选区填充白色效果及"通道"面板

（3）选择RGB通道，回到"图层"面板，选择背景图层。选择【选择→载入选区】命令，在弹出的"载入"对话框中，载入"红副本"后得到选区。选择【编辑→拷贝】命令。

步骤4：合成图像。打开图片"花朵墙.jpg"，选择【编辑→粘贴】命令，将人物复制到花朵墙，得到最终效果图，如图6-172所示。婚纱是半透明的，人物是不透明的。

2. 选取有毛发的人像

通道能够提供细节丰富的灰度图像，适合用来抠取毛发。通道可存储图像中每个颜色的亮暗信息，也可以转换为选区。案例采用通道来选取有毛发的人物，并更换背景，最终效果如图6-178所示。

（1）打开图像"美女.jpg"，打开"通道"面板。找到对比度最大的蓝通道，并将其复制为一个Alpha通道，命名为"毛发"，如图6-179所示。

图6-178 人像换背景效果

图6-179 "复制通道"对话框

（2）将其他通道隐藏，只显示毛发通道。用套索工具粗略把人像内部选中并填充黑色，如图6-180所示。

图6-180 选中人像内部并填充黑色

（3）使用画笔工具，笔尖选择硬边圆，前景色设置为黑色，在人像的边缘涂抹，把没有涂黑的地方变黑（头发的边缘不要涂抹），如图6-181所示。

（4）使用色阶编辑Alpha通道，让背景变成纯白色，人像变成纯黑色。参数可按图6-182所示进行设置。

 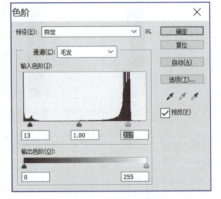

图6-181 涂抹头发　　　　　　　　图6-182 色阶参数

（5）使用加深和减淡工具编辑Alpha通道。使用加深工具时，范围设置为"阴影"，反复涂抹毛发边缘的黑色区域。使用减淡工具时，范围设置为"高光"，涂抹背景中还没有变成纯白的区域。

（6）将"毛发"Alpha通道载入选区，然后反选得到人像选区，显示RGB通道并添加蒙版（基于选区创建蒙版，选中的区域是可见的区域），如图6-183所示

（7）插入背景底图，自由变换底图大小，得到最终效果，如图6-184所示。

图6-183　添加蒙版

图6-184　插入背景底图

6.7　滤　　镜

6.7.1　滤镜概述

Photoshop CC 中的滤镜功能十分强大，可以创建出各种各样的图像特效，完成纹理、杂色、扭曲和模糊等多种操作。在"滤镜"菜单中可看到所有滤镜分类，如图 6-185 所示，滤镜命令列在各个子菜单中（见图 6-186）。

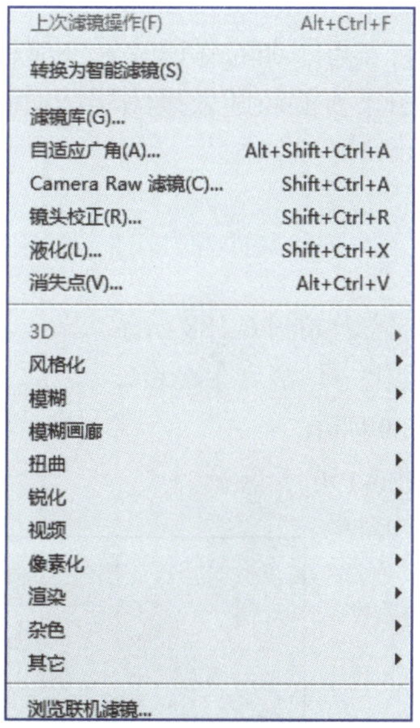

图6-185　"滤镜"菜单

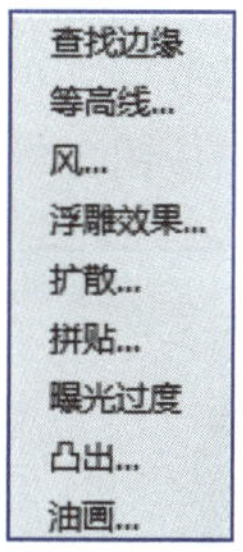

图6-186　"风格化"子菜单

如果滤镜命令后没有符号"…"，表示该滤镜不需要设置任何参数，直接将滤镜效果应用在图像中。如果滤镜命令后有符号"…"，表示在使用滤镜时，会弹出对话框并要求设置一些选项和参数。

6.7.2　滤镜的使用

使用滤镜库可以在同一个对话框中添加并调整一个或多个滤镜，并按照从下往上的顺序应用滤镜效果。

滤镜库最大的特点是在应用和修改多个滤镜时，效果直观，修改方便。

1. 认识滤镜库

选择【滤镜→滤镜库】命令，弹出图6-187所示的滤镜库。滤镜库将众多（不是全部）滤镜集合到一起，通过打开某一个滤镜序列并单击相应命令的缩略图，可对当前图像应用滤镜，应用滤镜后的效果将显示在左侧的预览区。

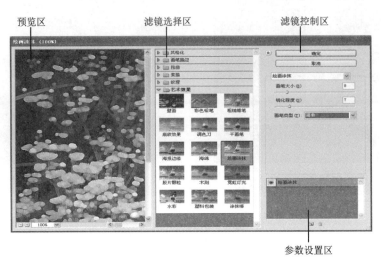

图6-187　滤镜库

滤镜库中各个区域的功能含义如下：

（1）预览区：显示添加滤镜后的图像效果，拖动鼠标，可查看图像的其他部分。

（2）滤镜选择区：单击滤镜序列的名称将其展开，单击相应命令的缩略图应用滤镜。

（3）参数设置区：设置当前已选命令的参数。

（4）滤镜控制区：可在一个对话框中对图像同时应用多个滤镜，并将添加的滤镜效果叠加起来。如果要应用多个不同的滤镜，可以在滤镜控制区选择滤镜的名称，然后单击下方的新建效果图层按钮，新添加一种滤镜，再设置合适的滤镜参数。

2. 应用滤镜

应用滤镜的方法非常简便，例如给图像添加马赛克滤镜的操作步骤如下：

（1）打开图像，如果要将滤镜应用到图像的某个区域，先创建选区，如图6-188所示。

（2）从"滤镜"菜单或滤镜库中选取滤镜，如选择【滤镜→像素化→马赛克】命令。

（3）在弹出的"马赛克"对话框中，设置单元格大小，如图6-189所示。

（4）单击"确定"按钮，可看到添加马赛克滤镜后的效果，如图6-190所示。

图6-188　创建选区

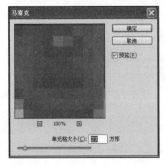

图6-189　"马赛克"对话框

图6-190　添加滤镜的效果

> **提示**
> 选取滤镜后，如果不出现任何对话框，说明已应用该滤镜。对图像应用滤镜后，如果发现效果不明显，可按【Ctrl+F】组合键，再次应用该滤镜。

6.7.3 常用滤镜

滤镜库中提供了风格化、画笔描边等6组滤镜，"滤镜"菜单中也提供了多种使用单独对话框设置参数或无对话框的滤镜。

1. **自适应广角滤镜**

自适应广角滤镜可以对广角镜头拍摄的产生畸变的图形进行处理，得到一张完全没有畸变的照片。

2. **Camera Raw滤镜**

Camera Raw 滤镜是专为摄影爱好者开发的滤镜，可以在不损坏原片的前提下快速、高效、专业地处理摄影师拍摄的图片。

3. **镜头校正滤镜**

镜头校正滤镜可以对拍摄图片中各种相机的镜头自动校正，消除桶状和枕状变形、相片周边暗角，以及造成边缘出现彩色光晕的色相差。

4. **液化滤镜**

液化滤镜可以使图像产生扭曲效果，通过"液化"对话框自定义图像扭曲的范围和强度，常用于人物图像的处理，实现瘦身、瘦脸等功能。

5. **消失点滤镜**

消失点滤镜可以在图像中自动应用透视原理，按照透视的角度和比例来自动适应图像的修改，从而大大节约精确设计和修饰照片所需的时间。

6. **3D滤镜组**

3D 滤镜组可通过慢射纹理创建效果更好的凹凸图或法线图（凹凸图和法线图主要用于游戏贴图）。

7. **风格化滤镜组**

风格化滤镜组通过置换像素和查找增加图像的对比度，使图像产生印象派及其他风格化效果。除了可以使用在滤镜库中的照亮边缘滤镜外，"滤镜"菜单中还包括查找边缘、等高线、风等其他8种风格化滤镜效果。

8. **模糊滤镜组**

模糊滤镜组可以让图像相邻像素间过渡平滑，从而使图像变得更加柔和，该组大部分滤镜都有独立的对话框。

9. **模糊画廊滤镜组**

模糊画廊滤镜组中的滤镜可以通过直观的图像空间快速创建截然不同的照片模糊效果。包括场景模糊、光圈模糊等5种效果。

10. **扭曲滤镜**

扭曲滤镜主要用于对图像进行各种各样的扭曲变形处理，图像可以产生三维或其他变形效果。在滤镜库包括玻璃、海洋波纹和扩散光亮滤镜，在滤镜菜单中还包括波浪、极坐标、挤压等其他9种扭曲滤镜效果。

11. **锐化滤镜组**

锐化滤镜组是通过增加相邻图像像素的对比度，让模糊的图像变得清晰，画面更加鲜明、细腻。

12. 视频滤镜组

视频滤镜组用于视频图像的输入和输出。包括NTSC颜色和逐行2种滤镜。

13. 像素化滤镜

像素化滤镜组用于将图像转换成平面色块的图案，使图像分块或平面化，通过不同的设置达到截然不同的效果，也可用于对图像的屏蔽。

14. 渲染滤镜

渲染滤镜组主要用于模拟不同的光源照明效果，创建出云彩图案、折射图案等。

15. 杂色滤镜

杂色滤镜组可以在图像中添加彩色或单色杂点效果，或者将图像中的杂色移除。该组滤镜对图像有优化的作用，在输出图像时经常使用。

16. 其他滤镜

其他滤镜组位于滤镜菜单中的其他子菜单中，包括位移、最大值、最小值等6种滤镜。

6.8 综合案例应用

6.8.1 制作证件照

1. 案例简介

本案例通过制作证件照，更改背景颜色，掌握裁剪、选区创建与编辑、填充、调整画布大小、新建图像、图案图章等工具的使用方法。

2. 实现方法

操作步骤如下：

（1）打开图像"证件照 - 原图 .jpg"，使用裁剪工具将图像的外围部分裁减掉，如图6-191所示。

（2）按【Ctrl+J】组合键，将背景复制到新"图层1"。

（3）选择【选择→色彩范围】命令，在弹出的"色彩范围"对话框中，使用"吸管"工具选出背景区域，选中的区域在"选择范围"中为白色，如图6-192所示，单击"确定"按钮。

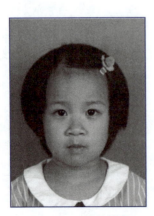

图6-191 裁剪效果

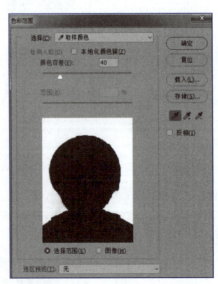

图6-192 "色彩范围"对话框

（4）大部分背景区域已选中，再使用套索工具将未选中的区域添加到选区。

（5）按【Ctrl+Shift+I】组合键，对已有选区进行反选，创建人物选区。

（6）按【Ctrl+J】组合键，将人物选区复制到新"图层2"。在"图层2"下方新建"图层3"，并填充背景为红色，RGB值为（175,10,10）。

（7）人物边缘有未填充成功的蓝色区域。单击"指示图层可见性"按钮，将"背景"图层和"图层1"隐藏。

（8）单击"图层2"，选择"加深工具"，在选项栏设置"范围"为"中间调"，按住鼠标左键在人物蓝色边缘区域涂抹，使蓝色边缘加深为发丝的黑色，如图6-193所示。

（9）按【Ctrl+E】组合键，将"图层2"和"图层3"合并。单击"指示图层可见性"按钮，将"图层1"和"背景"显示。

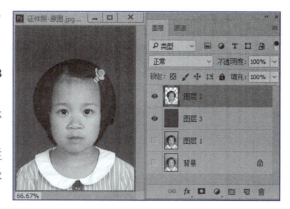

图6-193　修复蓝色边缘

（10）选择【图像→画布大小】命令，在弹出的"画布大小"对话框中设置参数，将"宽度"和"高度"都增加1厘米，"画布扩展颜色"为白色，如图6-194所示。使图像的四周增加白色边框，效果如图6-195所示。

图6-194　"画布大小"对话框

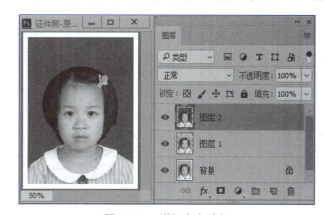

图6-195　增加白色边框

（11）选择【编辑→定义图案】命令，在弹出的"图案名称"对话框中输入图案的名称为"证件照.jpg"，如图6-196所示，单击"确定"按钮。

图6-196　"图案名称"对话框

（12）选择【图像→图像大小】命令，查看单张证件照的宽度、高度为348像素、460像素。选择【文件→新建】命令，在弹出的对话框中设置参数，"名称"为"证件照–红底.jpg"，"宽度""高度"分别为定义图案中"证件照.jpg"的4倍、2倍（见图6-197），单击"创建"按钮。

（13）在工具箱中选择图案图章工具，在选项栏单击"图案拾色器"按钮，在下拉列表中选择图案"证件照.jpg"。

（14）将鼠标指针移至"证件照–红底"的工作区，按住鼠标左键在工作区拖动，进行图案填充，最终效果如图6-198所示。

图6-197 "新建"对话框

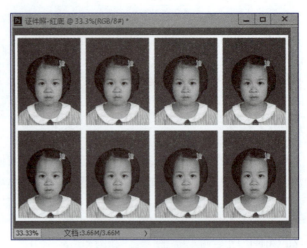

图6-198 最终效果

6.8.2 数码照片合成

1. 案例简介

本案例以儿童数码照片的处理为中心，以实例制作的方式讲解其制作方法和技巧。让读者学习如何将不同的素材图片进行拼合，使用色彩调整命令、图层混合模式、蒙版、图层样式、变换等工具对图像进行调整，制作出效果唯美的儿童写真。案例制作完成的最终效果如图6-199所示。

2. 实现方法

本案例的实现步骤如下：

（1）选择【文件→新建】命令，或者按【Ctrl+N】组合键，在弹出的对话框中设置相关参数，如图6-200所示，单击"创建"按钮，新建一个空白的图像文件"可爱宝贝"。

图6-199 案例效果

（2）打开素材图片"草地.jpg"，在工具箱中选择移动工具，将图片"草地"拖动到"可爱宝贝"中，图层面板自动生成"图层1"，将图层重命名为"草地"。

（3）选择【编辑→自由变换】命令，将"草地"的大小调整为与白色背景一致，按【Enter】键确定。

（4）在图层面板，设置图层"草地"的不透明度为90%，效果如图6-201所示。

图6-200 "新建"对话框

图6-201 设置不透明度

（5）打开素材图片"人物素材 1.jpg"，在工具箱中选择移动工具，将图片"人物素材 1"拖动到"可爱宝贝"中，图层面板自动生成"图层 1"，将图层重命名为"人物 1"。

（6）选择【编辑→自由变换】命令，将图层"人物 1"调整到合适大小，按【Enter】键确定，如图 6-202 所示。

（7）增加"曲线"调整图层，创建两个节点，并往上拖动，提高图像的亮度，如图 6-203 所示。

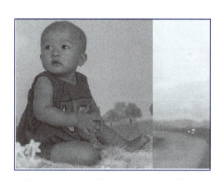
图6-202　调整"人物1"的效果

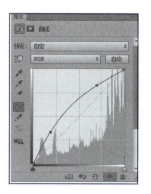
图6-203　调整曲线

（8）单击"确定"按钮，效果如图 6-204 所示。

（9）单击图层面板下方的"添加图层蒙版"按钮，为图层"人物 1"添加图层蒙版。在工具箱中选择渐变工具，在选项栏的渐变库中选择"从前景色到背景色渐变"，并在"渐变编辑器"对话框中，设置黑、白颜色所占的比例，如图 6-205 所示。

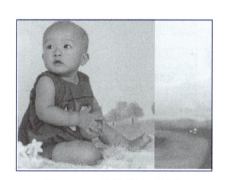
图6-204　调整曲线后效果

图6-205　"渐变编辑器"对话框

（10）按住鼠标左键，在图像中从右往左拖动，松开鼠标后，图层"人物 1"的右半部分被虚化，如图 6-206 所示。

（11）将图层"人物 1"的混合模式设置为"正片叠底"，效果如图 6-207 所示，此时图层面板如图 6-208 所示。

图6-206　右侧虚化效果

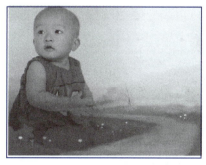
图6-207　"正片叠底"效果

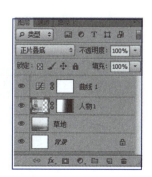
图6-208　图层面板

（12）选择椭圆选框工具，按住【Shift】键的同时拖动鼠标，在图中绘制一个正圆形选区，如图6-209所示。

（13）新建一个图层，重命名为"圆形1"，设置前景色为白色，按【Alt+Delete】组合键对选区填充前景色，按【Ctrl+D】组合键取消选择，效果如图6-210所示。

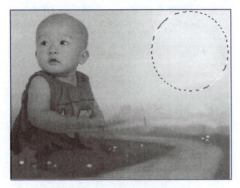

图6-209　绘制正圆形选区

图6-210　填充背景色效果

（14）双击图层"圆形1"，弹出"图层样式"对话框，选择"描边"选项，设置填充颜色为浅绿色，RGB分量值为（216,243,151），设置描边参数，如图6-211所示。单击"确定"按钮，效果如图6-212所示。

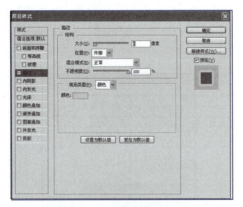

图6-211　"图层样式"对话框

图6-212　设置描边后效果

（15）打开素材图片"人物素材2.jpg"，工具箱中选择移动工具，将图片"人物素材2"拖动到"可爱宝贝"中，图层面板自动生成"图层1"，将图层重命名为"人物2"。

（16）选择【编辑→自由变换】命令，将图层"人物2"调整到合适大小，按【Enter】键确定，效果如图6-213所示。

（17）选择【编辑→变换→水平翻转】命令，将图层"人物2"水平翻转，效果如图6-214所示。

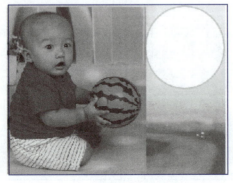

图6-213　调整"人物2"大小

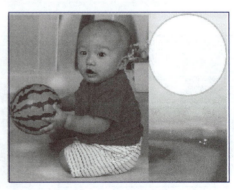

图6-214　水平翻转效果

(18)选择【图像→调整→亮度/对比度】命令,在弹出的"亮度/对比度"对话框中设置参数,如图6-215所示。

(19)将图层"人物2"拖动到上面创建的圆形位置,按【Ctrl+Alt+G】组合键,创建剪贴蒙版,并调整图层"人物2"的位置,效果如图6-216所示。

图6-215 "亮度/对比度"对话框

图6-216 创建剪贴蒙版的效果

(20)使用同样的方法将图片"人物素材3"添加到图片"可爱宝贝"中,效果如图6-217所示,此时图层面板如图6-218所示。

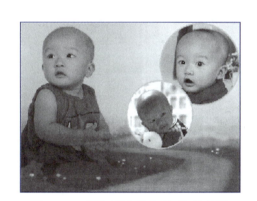

图6-217 添加"人物素材3"的效果

图6-218 图层面板

(21)打开文字素材"文字1.psd""文字2.psd",选择移动工具,将文字素材添加到"可爱宝贝"中,调整位置和大小,最终效果如图6-199所示。

6.8.3 制作"世界读书日"宣传画

1. 案例简介

书籍和阅读是文明的主要载体,要实现中华民族的伟大复兴,传承和发扬历史文明是必不可少的一部分,阅读书籍是传承文明最好的途径。每年的4月23日是世界读书日,提醒我们需要阅读,而不是只在这一天想起阅读。愿我们每天都能过成读书日。本案例的任务是制作"世界读书日"宣传画,最终效果如图6-219所示。本案例涉及的知识点包括形状工具、钢笔工具、选区工具、调色工具、文字工具、图层样式、图层蒙版、自由变换、滤镜等。

2. 实现方法

本案例的实现步骤如下:

(1)选择【文件→新建】命令,在弹出的"新建"对话框中,设

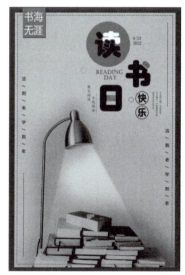

图6-219 "世界读书日"宣传画效果

置高 1 504 像素、宽 1 000 像素、分辨率 96 像素 / 英寸，背景色为白色，颜色模式为 RGB，文件名为"读书日"。

（2）双击背景图层转换成普通图层，并添加图层样式：斜面和浮雕、光泽和颜色叠加，设置参数如图 6-220 至图 6-222 所示，颜色叠加中的颜色为 #ee8085。

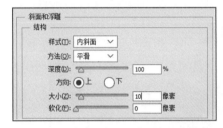
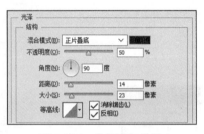

图6-220 "斜面和浮雕"参数　　图6-221 "光泽"参数　　图6-222 "颜色叠加"参数

（3）打开图片"书本.JPG"，把书本图片复制到画布中，调整书本图片的大小，使图片在画布中央且周边留有一定的距离。使用套索工具（羽化 20 像素）把台灯及书本区域选中，如图 6-223 所示，按【Ctrl+J】组合键将其复制到图层 2，并设置图层 2 的混合模式为正片叠底。为图层 2 添加"曲线"调整图层，压暗暗部，保持亮部不变，如图 6-224 所示。按住【Alt】键在曲线调整图层和图层 2 之间单击，创建剪贴蒙版，如图 6-225 所示。

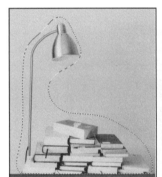
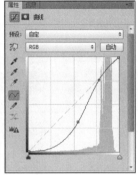

图6-223 选中台灯及书本区域　　图6-224 调整曲线　　图6-225 步骤3的效果图及"图层"面板

（4）使用"钢笔工具"（模式为路径）在图层 1 上绘制如图 6-226 所示的路径，然后单击图层面板底部的"创建新的填充或调整图层"按钮，在弹出的列表中选择"渐变"命令，在"渐变填充"对话框中添加由白色到透明的渐变填充，如图 6-227 所示。复制渐变填充 1 图层，得到副本。对副本添加滤镜（模糊 - 高斯模糊），如图 6-228 所示，设置不透明度为 50%。设置渐变填充 1 图层的不透明度为 30%，然后单击"确定"按钮，得到如图 6-229 所示的效果。

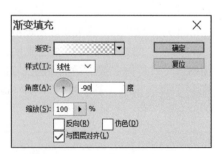

图6-226 路径参考图　　　　　　　　图6-227 "渐变填充"对话框

图6-228 "高斯模糊"对话框

图6-229 步骤（4）的效果图

（5）栅格化两个灯光图层，并合并成一个图层。把渐变填充1图层拖到图层1和图层2之间，添加图层蒙版，使用黑色画笔（笔触为柔边圆），涂抹边缘生硬的地方。新建组，重命名为"背景"。把前面步骤处理过的图层都拖到背景组中，如图6-230所示。

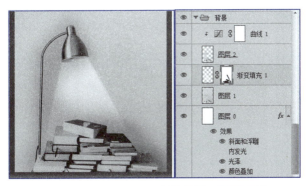

图6-230 步骤（5）的效果图及图层面板

（6）使用"矩形工具"，属性栏的设置如图6-231所示，在书本图片略靠内部的地方画出一个虚线矩形框。使用"直线工具"，属性栏的设置如图6-232所示，在矩形框内部的左下角画出一条虚线，复制一份，移动到矩形框右上角的内部。

图6-231 "矩形工具"的属性栏1　　　　　　图6-232 "直线工具"的属性栏

（7）使用"直排文字工具"，单击属性栏中的"切换字符和段落面板"按钮，打开"字符"面板，参数设置如图6-233所示，在左上角和右下角分别输入"活/到/老/学/到/老"。

（8）新建组，重命名为"边框"。把步骤（6）和步骤（7）处理过的图层都拖到边框组中，如图6-234所示。

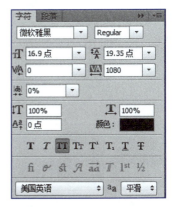

图6-233 "字符"面板

图6-234 步骤（8）的效果图和图层面板

（9）使用矩形工具，设置前景色为 #ee8085，其属性栏的设置如图 6-235 所示，在左上角绘制出一个矩形，添加图层样式：斜面和浮雕，参数如图 6-236 所示。

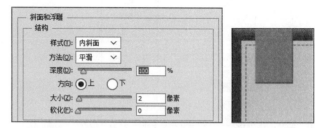

图6-235 "矩形工具"的属性栏2　　　　　图6-236 斜面和浮雕参数及步骤（9）的局部效果图

（10）使用"横排文字工具"，设置前景色为白色，单击属性栏中的"切换字符和段落面板"按钮，在打开的"字符"面板中设置，如图 6-237 所示，在矩形中输入"学海无涯"。

（11）新建组，重命名为标签。把步骤（9）和步骤（10）处理过的图层都拖到标签组中，如图 6-238 所示。

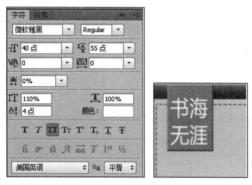

图6-237 输入文字后的局部效果　　　　　图6-238 步骤（11）的图层面板

（12）使用"文字工具"设置字体为"华文琥珀"，颜色为黑色，属性栏的设置如图 6-239 所示。在画布的右上角分别输入"读""书""日"3 个字。选中"读"图层，右击，在弹出的快捷菜单中选择"栅格化文字"命令。使用"魔棒工具"，选中"读"字的一部分，填充为白色。

图6-239 文字工具的属性栏及步骤（12）的分区效果图

（13）使用"椭圆工具"，模式为形状，设置颜色为 #ee8085，画出一个圆形，并拖动到文字"读"图层下方，如图 6-240 所示。

（14）参考步骤（12），处理"书"图层和"日"图层，效果如图 6-241 所示。新建组，重命名为"读书日"。把步骤（12）~（14）处理过的图层都拖到读书日组中，如图 6-242 所示。

图6-240 步骤（13）的分区效果图　　　　　图6-241 步骤（14）的分区效果图

第6章 Photoshop图像处理

图6-242 步骤（14）的效果图及图层面板

（15）使用"文字工具"，属性栏的设置如图6-243所示，分别输入"快"和"乐"两字。使用"椭圆工具"，属性栏的设置如图6-244所示，分别画出两个圆把"快"和"乐"两个字圈起来，如图6-245所示。

图6-243 文字工具的属性栏

图6-244 椭圆工具的属性栏

（16）参考步骤（6）和步骤（7），在"日"字左边添加虚线和竖排文字，文字参数如图6-246所示。

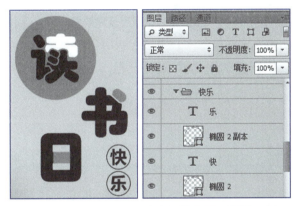

图6-245 步骤（15）的分区效果图及图层面板

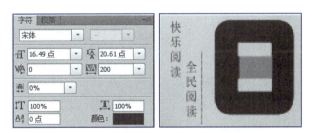

图6-246 字符面板及步骤（16）的效果图

（17）在"读"字右边添加横排文字，文字参数如图6-247所示。

（18）在"读"字和"日"字中间添加文字，文字参数如图6-248所示。

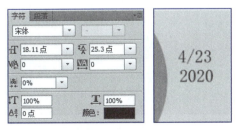

图6-247 字符面板及步骤（17）的效果图

图6-248 字符面板及步骤（18）的效果图

（19）在"快乐"文字右边添加直排文字。文字参数如图6-249所示。

（20）在台灯右边添加横排文字，文字参数如图6-250所示。案例完成，得到如图6-219所示的效果图。

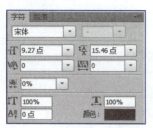  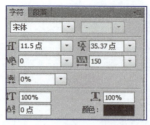 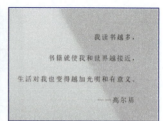

图6-249　字符面板及步骤（19）的效果图　　　　图6-250　字符面板及步骤（19）的效果图

拓 展 训 练

1. 打开本章"拓展训练"文件夹下的素材"图1.jpg"，结合仿制图章、修补、修复画笔等工具，去除图中左边的人物，与周围的景物完全融合，制作如图6-251所示的效果。

2. 使用文字编辑等相关工具，制作广告宣传版面，效果如图6-252所示。

3. 打开本章"拓展训练"文件夹下的素材"图2.jpg"，使用滤镜、色彩范围等工具，制作暴风雪效果，如图6-253所示。

4. 使用本章"拓展训练"文件夹下的素材"图3.jpg""图4.jpg""图5.jpg""图6.jpg""图7.psd"，对人物进行合成处理，制作如图6-254所示的效果。

5. 使用本章"拓展训练"文件夹下的素材"图8.jpg""图9.jpg"，使用钢笔工具、图层样式、填充图层等工具，制作如图6-255所示的请柬效果。

图6-251　照片修复效果

图6-252　广告宣传效果

图6-253　暴风雪效果

第6章　Photoshop图像处理

图6-254　人物合成效果

图6-255　请柬效果

第 7 章 会声会影视频处理

学习目标

- 了解会声会影的工作界面及视频编辑的基础知识。
- 掌握导入素材及素材库的基本操作。
- 掌握会声会影视频剪辑的技巧。
- 掌握视频滤镜的添加方法。
- 掌握视频转场的添加方法。
- 掌握视频字幕、音频的添加与编辑方法。
- 了解视频输出的操作。

会声会影（Corel Video Studio）是由 Corel 公司推出的影音编辑工具，是目前应用最广泛的视频制作软件之一。会声会影 X9 可以使用户以强大、新奇和轻松的方式完成视频片段从导入计算机到输出的整个过程。它可以快速加载、组织和裁剪视频剪辑，并配以音乐、标题和转场等效果为视频增添创意，其可视化操作页面和多变特效被广大非专业人员应用并且制作出了高水平视频。

本章采用会声会影 X9 版本，并结合"美丽广州"电子相册的制作，讲解会声会影导入素材、视频剪辑、添加转场和滤镜效果、视频输出等操作。

7.1 预备知识

7.1.1 会声会影X9工作界面

会声会影 X9 在以前版本的基础上新增了许多功能，如"多相机编辑器"、更多的滤镜效果、更多的转场效果、3D 视频输出等，为用户制作出更加完美的视频影片提供了很多支持。启动会声会影 X9 后，通过加载进入工作窗口，如图 7-1 所示。窗口包括标题栏、菜单栏、步骤面板等 7 部分。

（1）标题栏：位于窗口最顶端，包括左侧标题  和右侧窗口控制按钮。
（2）菜单栏：包括常用的"文件""编辑""工具""设置""帮助"等菜单。
（3）步骤面板：包括视频编辑的 3 个步骤：捕获、编辑与共享。单击步骤面板的按钮，可在不同步骤之间进行切换。

① 捕获：可直接将视频源中的素材捕获到计算机硬盘中，包括视频捕获、DV 快速扫描、从数字媒体导入、定格画面、屏幕捕获。

② 编辑：会声会影的核心，可以整理、编辑、修整素材，还可以对素材添加特效。该选项面板下包括 7 个选项卡：媒体、即时项目、转场、标题、图形、滤镜、路径。

③ 共享：影片编辑完成后，通过该步骤可以创建视频文件，将影片输出到计算机、DVD 光盘或者移动设备上。

图7-1　会声会影X9工作界面

（4）预览窗口：查看正在编辑的项目或者预览视频、转场、滤镜、字幕等素材的效果，对视频进行的各种设置基本都可以在此预览窗口显示出来。

（5）素材库：素材库中存储了制作影片所需的全部内容，如视频素材、照片、即时项目模板、转场、标题、滤镜和音频文件等，如图 7-2 所示。

素材库是会声会影中非常重要的素材来源，用户不仅可以直接使用默认素材库中的素材进行编辑，还可以在不同素材库中自定义文件夹并添加素材文件。

（6）导览面板：预览窗口的下方就是导览面板，如图 7-3 所示。在导览面板上有一排播放控件与功能按钮，主要用于预览和编辑项目中使用的素材。表 7-1 为导览窗口中按钮的说明。

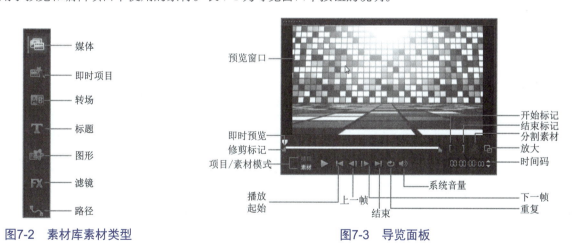

图7-2　素材库素材类型　　　　　　　图7-3　导览面板

表7-1　导览窗口中的可控制项

按　钮	名　称	描　述
	即时预览	浏览项目或素材
	修剪标记	可以拖动设置项目的预览范围或修整素材
	项目/素材模式	指定预览整个项目或只预览所选素材

续表

按　　钮	名　　称	描　　述
▶	播放	播放、暂停或恢复当前项目或所选素材
◀	起始	返回起始片段或提示
◁	上一帧	移动到上一帧
▷	下一帧	移动到下一帧
▶│	结束	移动到结束片段或提示
↻	重复	循环播放
🔊	系统音量	可以拖动滑条来调整计算机扬声器的音量
00:00:17	时间码	通过指定精确的时间码,直接跳到项目的某个部分
⌕	放大	放大预览窗口的大小
✂	分割素材	分割选定的素材
[ ]	开始/结束标记	设置项目的预览范围或修整素材的开始和结束点

（7）时间轴：显示项目中包括的所有媒体、标题、转场效果等素材，还可以对素材进行剪辑，如图7-4所示。不同类型的素材放在不同的轨道，主要包括以下轨道：

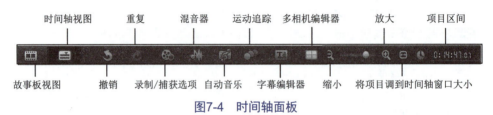

图7-4　时间轴面板

① 视频轨：包含视频、图片和转场。
② 覆叠轨：包含覆叠素材，可以是视频、图片、色彩素材和转场。
③ 标题轨：包含标题素材。
④ 声音轨：包含声音素材。
⑤ 音乐轨：包含音频文件的音乐素材。时间轨上的一些工具列，可方便存取编辑指令来提升编辑效率，表7-2详细介绍这些工具的功能。

表7-2　时间轴中工具列按钮

按　　钮	名　　称	描　　述
	故事板视图	按照时间顺序显示媒体缩略图
	时间轴视图	允许用户在不同的轨道中对素材执行精确到帧的编辑操作
	撤销	还原上一个动作
	重复	重复上一个还原的动作
	录制/捕获选项	显示"录制/捕获选项"面板,可捕获视频、导入文件、录制旁白以及抓拍快照等操作
	混音器	启动"环绕混音"和多音轨的音频时间轴,可以自定义音频设置
	动态追踪	将追踪路径套用到选定的视频素材
	字幕编辑器	启动"字幕编辑器"对话框,可轻松地在选取的视频素材中编辑字幕
	缩放控件	使用缩放滑动条和按钮,调整时间轴的视图大小

续表

按钮	名称	描述
	将项目调整到时间轴窗口大小	将项目视图调整到适合于整个时间轴的长度
0:02:55:21	项目区间	显示项目的总时间长度
	自动音乐	自动匹配音乐
	多相机编辑器	将不同相机在相同时刻捕获到的视频镜头结合在一起。单击，即可从一个视频素材切换到另一个视频素材

若想在播放或编辑视频时，隐藏不使用的轨道，可选择设置轨道可视性，"轨道可视性"按钮的眼睛睁开表示轨道可见，眼睛关闭表示轨道隐藏。

单击"轨道管理器"按钮，或选择【设置→轨道管理器】命令，在弹出的"轨道管理器"对话框中，可以添加不同类型的轨道，如图7-5所示。

7.1.2 常用术语

随着信息技术的迅速发展，数字视频与音频设备、数字软件的更新换代，视频与音频等文件的格式也不断增多，全新的术语层出不穷。在学习会声会影编辑处理视频时，了解视频编辑的常用术语，以便能够更快、更容易地使用会声会影。

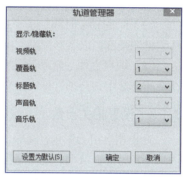

图7-5 "轨道管理器"对话框

1. 视频常用术语

（1）AVI：由微软公司推出的视频格式，优点是被各种平台广泛支持，图像质量好；缺点是体积较大，压缩标准不统一。

（2）WMV：微软公司推出的一种流媒体格式，它是由"同门"的 ASF 格式升级延伸而来。在同等视频质量下，WMV 格式的体积非常小，因此适合在网上播放和传输。

（3）MPEG-2：主要用于制作 DVD，在一些高清晰的电视广播和一些高要求的视频编辑处理上也有一定的应用。使用 MPEG-2 的压缩法，可以将一部 120 min 长的电影压缩到 4~8 GB。

（4）MPEG-4：使用 MPEG-4 算法的 ASF 模式可以把一部 120 min 长的电影压缩到 300 MB 左右，但是图像质量比 ASF 格式文件好很多。常用于移动设备和网络视频流媒体，以较低数据传输速率提供高品质视频。

（5）DVD：因其高品质和广泛的兼容性，成为制作视频的首选。除了能呈现极佳的音质和画质之外，DVD 还能利用 MPEG-2 格式来产生单面或双面、单层或双层的光盘。

（6）FLV：FLV 流媒体格式是一种新的视频格式，全称为 Flash Video，优点是文件极小、加载速度极快。它的出现有效地解决了视频文件导入 Flash 后，导出的 SWF 文件体积过于庞大，不能在网络上有效使用的缺点。

2. 音频常用术语

（1）MP3：MP3 是 MPEG Audio Layer-3 的简称，可以极小的文件产生接近 CD 的音频品质，让用户迅速地在网络上传送音频，是目前应用最广泛的音频格式。

（2）WMA：WMA 的全称是 Windows Media Audio，以减少数据流量但保持音质的方法来达到更高的压缩率，音频质量优于 MP3，适合在网络上在线播放。

（3）WAV：WAV 是微软公司开发的一种声音文件格式，它符合 RIFF 文件规范，用于保存 Windows 平台的音频信息资源，被 Windows 平台及其应用程序广泛支持，支持多种音频数字，取样频率和声道，标准格式化的 WAV 文件和 CD 格式一样。

（4）MID：数字音乐电子合成乐器的统一国际标准。它定义了计算机音乐程序、数字合成器，以及其他电子设备交换音乐信号的方式，可以模拟多种乐器的声音。

3. 视频编辑常用术语

（1）动画：通过迅速显示一系列连续的图像而产生的动态模拟。

（2）帧：视频或者动画序列中的单个图像。

（3）关键帧：素材中的特定帧，它可标记特殊的编辑或操作，以便控制完成动画的流、回放或其他特性。

（4）渲染：在应用转场和其他效果之后，和原素材组合成单个文件的过程。

（5）转场效果：两个场景之间，采用一定的技巧（如划像、叠变、卷页等）实现场景或情节之间的平滑过渡，或达到丰富画面，吸引观众的效果。

（6）滤镜：用来改变视频素材显示效果的方法，或作为一种修正方式来弥补拍摄失误，也可以有创意地将其用来为视频实现特定的效果。

（7）时间轴：时间轴是影片时序的图形化呈现方式。素材在时间轴上的相对大小可让用户精确地掌握媒体素材的长度，以及影片段、覆叠和音频的相对位置。

（8）项目文件：会声会影的项目文件（*.VSP）包含了链接所有相关影像、音频与视频文件所需的信息。在会声会影中，必须打开项目文件后，才能编辑视频。

7.1.3 设置相关参数

在使用会声会影进行视频编辑时，合理设置各项参数，可以帮助用户节省时间，从而有效提高视频编辑的工作效率。

选择【设置→参数选择】命令，或者按【F6】键，弹出"参数选择"对话框，包括"常规""编辑""捕获""性能""界面布局"等选项卡，如图 7-6 所示。

1. 设置常规属性

"常规"选项卡主要设置一些基本的操作属性：

（1）素材显示模式：在下拉列表中，选择视频素材在时间轴上的显示模式，包括"仅缩略""仅文件名"和"略图和文件名"3 种模式。

（2）自动保存间隔：选中此复选框并指定自动保存的时间间隔，系统将会间隔性地自动保存项目文件。

2. 设置编辑属性

"编辑"选项卡主要用于设置影片素材和效果的质量：

（1）应用色彩滤镜：勾选该复选框，可将会声会影的调色板限制

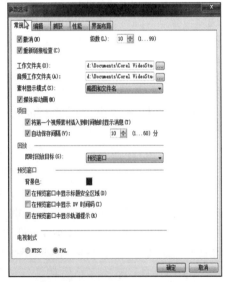

图7-6 "参数选择"对话框

在 NTSC 或 PAL 滤镜色彩空间的可见范围内，以确保所有色彩均有效。若仅用于计算机显示器显示，可以不选择该复选框。

（2）重新采样质量：可以为所有的素材和效果指定质量，质量越高，生成的视频质量越好，但用于渲染的时间也越长。如果用于最后的输出，可以选择"最佳"；如果要进行快速操作，可以选择"更好"或者"好"。

3. 设置捕获属性

"捕获"选项卡用于设置与视频捕获相关的参数：

（1）从 CD 直接录制：选中该复选框，可直接从 CD 播放器上录制歌曲的数码数据，并保留最佳质量。

（2）捕获格式：在下拉列表中可以选择从视频捕获静态帧时，文件保存的格式为 BITMAP 或者 JPEG。

（3）显示丢弃帧的信息：选中此复选框，在捕获视频时可以显示视频捕获期间丢弃帧的数目。

4. 设置性能参数

"性能"选项卡用于设置与性能相关的参数：

（1）启用智能代理：选中该复选框，在将视频文件插入到时间轴时，将自动地创建代理文件，如图 7-7 所示。在"当视频大小大于此值时，创建代理："微调框中设置一定数值，如果视频来源文件的帧大小等于或

大于指定的数值，则为该视频文件创建代理文件。"代理文件夹"用于设置代理文件夹保存的位置。选中"自动生成代理模板（推荐）"，将自动生成默认的代理模板。

（2）"视频代理选项"：撤选"自动生成代理模板（推荐）"后，该选项则成为可用状态。若要更改代理文件的格式或者其他的设置，单击"模板"按钮，从弹出的下拉列表中选择合适的模板即可，如图7-8所示。

图7-7 "启用智能代理"设置

图7-8 "视频代理选项"设置

5. 设置界面布局属性

在"界面布局"选项卡中可以更改会声会影操作界面的布局，如图7-9所示。

6. 设置项目属性

项目属性主要用于设置项目在屏幕上预览时的外观和质量。选择【设置→项目属性】命令，弹出"项目属性"对话框，如图7-10所示。如果用户插入视频后再打开"项目属性"对话框，该对话框中将显示被插入视频的相关信息。

在"项目属性"对话框中，显示了与该项目文件相关的各种信息。在"现有项目配置文件"中，可以选择创建影片最终使用的视频格式。单击"编辑"按钮，将弹出"编辑配置文件选项"对话框，如图7-11所示，在该对话框中可以对所选的文件格式进行自定义压缩，并进行视频和音频设置。

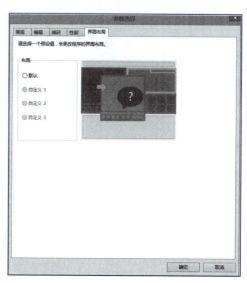

图7-9 "界面布局"相关设置

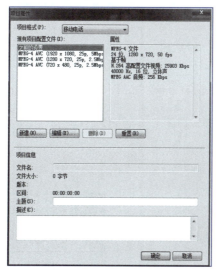

图7-10 "项目属性"对话框

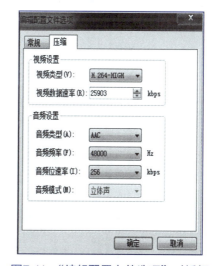

图7-11 "编辑配置文件选项"对话框

7.2 案例简介

1. 案例背景

电子相册是以图片、视频为主体的视频文件，它将照片以视频的形式展示并配有背景音乐，可永久地保存，供人拾起美好回忆，也方便与家人、朋友分享。

小明国庆长假期间游历广州，期间拍摄了大量照片、视频。小明想将这些素材，制作成"美丽广州"电子音乐相册，将这些照片分享给亲朋好友，效果如图7-12～图7-15所示。

本案例涉及的知识点包括：导入素材、剪辑与调整素材、添加与编辑文字、添加视频滤镜、添加背景音乐、添加转场效果、视频输出等。

图7-12　相册头部1

图7-13　相册头部2

图7-14　相册中间

图7-15　相册尾部

2. 案例所需素材

（1）图片素材：主要为游历广州拍摄的风景照片，如"五羊.png""广州塔.jpg""沙面.jpg"等，如图7-16所示。

（2）视频素材：包括现场游历拍摄的视频和网上下载的视频，包括"倒计时片头.mp4""广州风光.wmv""白云山观看风景.mp4"和"长隆欢乐世界.avi"，如图7-17（a）所示。

（3）音频素材：包括"纯音乐.mp3"和"Let It Go.mp3"，如图7-17（b）所示。

图7-16　图片素材

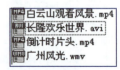

（a）视频素材

（b）音频素材

图7-17　素材

7.3 新建与保存项目

项目，就是进行视频编辑等加工工作的文件，它可以保存视频素材、图像素材、声音素材，以及字幕、特效等使用的参数信息。在会声会影中，项目在默认情况下是以 .VSP 格式保存。

1. 新建项目

在启动会声会影 X9 时，会自动打开一个新项目供用户开始制作影片，也可以根据需要新建项目。

在会声会影 X9 中新建一个项目。操作步骤如下：

（1）启动会声会影 X9。

（2）选择【文件→新建项目】命令,或者按【Ctrl+N】组合键,新建一个文件名为"未命名"的项目文件,如图 7-18 所示。

图7-18 "未命名"的项目文件

2. 保存项目

在影片剪辑过程中，保存项目非常重要。编辑影片后保存项目文件，保存视频素材、图像素材、声音素材以及各种效果。如果对保存后的影片有不满意的地方，还可以重新打开项目文件，修改其中的部分属性。

☞保存新建的项目。操作步骤如下：

（1）选择【文件→保存】命令，或者按【Ctrl+S】组合键，弹出"另存为"对话框，如图 7-19 所示。

（2）在"另存为"对话框中,设置"文件名"为"美丽广州","保存位置"为"E:\电子相册","保存类型"为"Corel Video Studio X9 项目文件（*.VSP）","主题"为"2022.03.20","描述"为"关于游览广州的记录"。

（3）单击"保存"按钮。

3. 另存为项目

将当前剪辑完成的项目文件进行保存后，若需要将文件备份，可采用"另存为"命令，另存项目文件。另存为项目的操作方法与保存项目的操作方法相似，选择【文件→另存为】命令后，执行相应的设置即可。

4. 自动保存项目

会声会影 X9 中可以启用项目文件的自动保存功能，以便随时保存文件，避免项目的意外丢失。操作步骤如下：

（1）选择【设置→参数选择】命令，弹出"参数选择"对话框。

（2）选择"常规"选项，选中"自动保存间隔"复选框，并设置间隔时间，如图 7-20 所示。然后单击"确定"按钮。

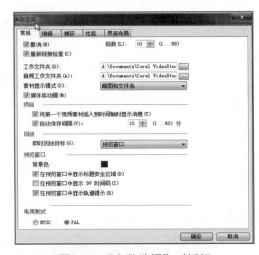

图7-19 "另存为"对话框　　　　　　　图7-20 "参数选择"对话框

5. 使用智能包保存项目

如果要备份或传送文件，以便在其他计算机上分享和编辑，可使用智能包保存项目。智能包功能中还包含 WinZip 文件压缩技术，将项目打包为压缩文件。操作步骤如下：

（1）选择【文件→智能包】命令，在弹出的"Corel Video Studio"对话框中，单击"是"按钮，如图 7-21 所示。

（2）在弹出的"智能包"对话框中设置打包的文件类型、文件夹路径、项目文件夹名、项目文件名等，如图 7-22 所示。

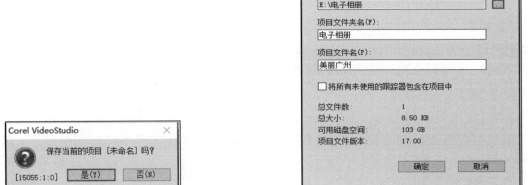

图7-21 "Corel Video Studio"对话框　　　　图7-22 "智能包"对话框

（3）单击"确定"按钮，将弹出提示框，提示已成功打包，在项目文件的存储路径位置将添加一个文件夹或压缩包。

7.4 导入与添加素材

在使用会声会影对各种素材进行编辑之前，首先要获取素材并将其导入软件中。在会声会影 X9 中，可以在"编辑"步骤面板中添加各种类型的素材，也可以从摄像机、光盘等移动设备中获取各种素材。

导入到素材库的素材，需要将其添加到时间轴中才能进行各种编辑，包括添加素材、移动素材、复制素材和删除素材等。在使用会声会影编辑影片时，时间轴是将不同素材组织并串联起来的主要工具，用户只要将各种类型的素材添加到时间轴，素材就成为整个项目的一部分。

7.4.1 导入素材

会声会影提供了多种导入素材的方法，可以通过素材库导入素材、选择【文件→将媒体文件插入到素材库】命令等方法。本节主要介绍通过素材库导入素材的操作方法。

☞ 在"美丽广州"电子相册中，通过素材库导入项目需要的图片、音乐、视频素材。操作步骤如下：

（1）单击素材库左上方的"媒体"按钮，然后单击"导入媒体文件"按钮，如图7-23所示。
（2）在打开的"浏览媒体文件"对话框中，选择需要的各种类型素材。
（3）单击"打开"按钮，将素材导入到素材库中，如图7-24所示。

图7-23　导入媒体文件

图7-24　素材库

7.4.2 添加素材

导入到素材库的素材，需要添加到时间轴中才能进行编辑，不同类型的媒体素材放在对应的轨道，如视频轨中放置视频、音乐轨中放置音乐、标题轨中放置标题文字等。

会声会影提供了3种添加素材到时间轨的方式：从素材库中拖动素材到时间轨；从快捷菜单中添加素材；使用【文件→将媒体文件插入到时间轴】命令添加素材。

1. 从素材库中拖动素材到时间轴

☞ 在"美丽广州"电子相册中，从素材库中将素材拖动到时间轴。操作步骤如下：

（1）在素材库中选择图片素材，如"五羊.png"，如图7-25所示。

图7-25　选取素材

（2）按住鼠标左键并拖动到视频轨上，释放鼠标后，素材即可添加到视频轨，如图7-26所示。

2. 从快捷菜单中添加素材

使用快捷菜单从素材库中添加素材至时间轴时，系统会自动识别素材插入的轨道。

☞在"美丽广州"电子相册中，使用快捷菜单从素材库中将视频"倒计时片头.mp4"添加至时间轴。操作步骤如下：

（1）在素材库中选择视频"倒计时片头.mp4"，右击，在弹出的快捷菜单中，选择【插入到→视频轨】命令，如图7-27所示。

（2）在时间轴中，视频"倒计时片头.mp4"已添加至视频轨上，如图7-28所示。

图7-26 拖动素材至视频轨

图7-27 使用快捷菜单

图7-28 添加素材至视频轨

3. 从"文件"命令中插入素材

从"文件"命令中将媒体文件插入时间轴，可以将媒体文件直接导入到时间轴，而不进入素材库。操作步骤如下：

（1）选择【文件→将媒体文件插入到时间轴→插入照片】命令，如图7-29所示。

（2）在打开的"浏览媒体文件"对话框中，选择需要的素材，如图片素材"广州塔.jpg"。

（3）单击"打开"按钮，即可将选中的素材导入到时间轴中。

图7-29 "文件"命令

> 【练习】
> 使用任意一种方法,将"美丽广州"电子相册所需的图片、视频素材添加至时间轴。

将素材添加到时间轴后,可以对素材进行移动、复制和删除等各种编辑,在时间轴中选择素材,右击,在弹出的快捷菜单中选择相应的命令即可。

7.5 剪辑与调整素材

在会声会影中制作影片常常需要大量的视频素材作为支持,很多时候,需要从视频中截取一段使用,这种操作称为剪辑。本节介绍了多种剪辑的方法,在使用时可根据视频素材的特点及操作方便性进行选择。

7.5.1 剪辑素材

1. 去除头、尾部多余视频

会声会影提供了多种方式对素材进行剪辑,最常见的视频剪辑方式为去除头尾部分多余的片段。本节介绍使用时间轴面板、使用区间和标记视频片段来剪辑视频。

(1)使用时间轴面板剪辑视频。使用时间轴面板剪辑视频是最直观和快捷的方式,适用于对素材进行粗略修整或者修整易于识别的场景。

☞ 将视频素材"倒计时片头.mp4"的倒计时间 5 s 剪辑成 3 s。操作步骤如下:

① 在时间轴面板中选择视频"倒计时片头.mp4",视频两端以黄色标记表示,如图 7-30 所示。

② 将鼠标指针移至视频的头部,按住鼠标左键向右拖动,在预览窗口中可查看当前标记对应的视频内容,拖到"3"时释放鼠标,即删除开始部分不需要的片段,如图 7-31 所示。

图7-30 选择视频 　　　　图7-31 删除头部多余片段

③ 将鼠标指针移至视频的尾部,按住鼠标左键向左拖动,可删除结尾部分不需要的片段。

> 【提示】
> 按【F6】键或者选择【设置→参数选择】命令,在弹出的"参数选择"对话框中,在"常规"选项卡中设置"素材显示模式"为"仅略图",设置完成后能够在时间轴上精确地查看素材各帧的画面效果。

(2)使用区间剪辑视频。使用区间剪辑视频素材可以精确控制片段的播放时间,但只能从视频的尾部剪辑,如果对整个影片的播放时间有严格的限制,可使用区间修整的方式来剪辑各个视频素材片段。

☞ 使用区间修整的方式,将图片"五羊.png"的播放时间长度调整为 6 秒 10 帧。操作步骤如下:

① 在时间轴面板中选择图片"五羊.png",右击,在弹出的快捷菜单中选择"打开选项面板"命令,在"照片"选项中,显示了图片的播放时间长度为 03 秒 00 帧。

② 在"视频区间"文本框中,输入"0:00:06:10",如图 7-32 所示。

③ 按【Enter】键完成剪辑，图片的播放时间长度调整为 6 秒 10 帧。

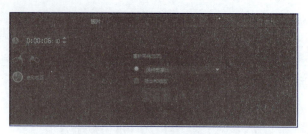

图7-32　设置视频区间

> **提　示**
>
> 视频和音频素材，不能增大"视频区间"文本框中的数值；对于图像素材，"视频区间"文本框中的数值可增大或减小。

（3）通过标记剪辑视频。通过标记剪辑视频是一种直观又精确的方式，使用这种方式可使视频剪辑精确到帧，对视频的起始点、结束点进行精确标记或者删除不需要的片段。

👉通过标记剪辑视频素材"广州风光 .wmv"，将头部和尾部的片段去除。操作步骤如下：

① 在时间轴面板中选择视频"广州风光 .wmv"，预览窗口中会显示视频内容及播放时间，如图 7-33 所示。

② 单击"播放"按钮▶，开始播放视频，播放到需要剪辑的起始位置时单击"暂停"按钮，再通过"上一帧"按钮和"下一帧"按钮，将起始时间精确定位为"0:00:51:16"，如图 7-34 所示。

图7-33　预览素材

图7-34　确定视频起始点

③ 单击"开始标记"按钮或者按【F3】键，将当前位置设置为起始点，如图 7-35 所示。

④ 利用上述方法，将结束时间定位在"0:01:32:20"，单击"结束标记"按钮或者按【F4】键，将当前位置设置为结束点，如图 7-36 所示，此时选定的区间就是剪辑后的视频片段。

图7-35　标记起始点

图7-36　标记结束点

(5)单击"播放"按钮▶,预览标记视频片段后的效果。

2. 去除中间冗余视频

如果视频素材中间某些部分效果较差,或者有一些不需要的内容,可以删除中间冗余的视频片段。使用"分割"按钮,将冗余的视频分割成一个单独的视频片段,再将其删除即可。

☞ 在视频"长隆欢乐世界.avi"中,将时间段"0:00:02:00—0:00:22:18"中的冗余视频片段删除。操作步骤如下:

(1)在时间轴上选择视频"长隆欢乐世界.avi",在预览窗口中播放视频,并精确定位在要分割的时间点"0:00:02:00",如图7-37所示。

(2)单击"分割"按钮,在当前位置将视频分割为两段,在时间轴中显示分割后的片段效果,如图7-38所示。

(3)选择后一段视频,再次定位分割的时间点"0:00:22:18",单击"分割"按钮,后一段视频被分割为两段。

(4)在时间轴中显示,中间的冗余视频被分割成一个单独的视频片段,如图7-39所示。

图7-37 确定分割点

图7-38 分割视频

图7-39 分割中间冗余视频

> **提 示**
> 使用"分割"按钮时,若不想其他轨道同一时间的素材被剪辑掉,可在分割素材之前,单击轨道前的禁用按钮,如"禁用视频轨"按钮,将不需进行剪辑的轨道禁用。

(5)选择中间的冗余视频,按【Delete】键将其删除,单击"播放"按钮▶预览效果,如图7-40所示。

图7-40 预览效果

7.5.2 调整素材

在会声会影中，调整素材与剪辑素材对视频处理的侧重点有所区别。剪辑素材主要是对素材的播放长度、内容进行调整。调整素材是在整个素材序列中改变素材播放顺序或速度、调整素材音量等。

1. 调整播放顺序

将素材添加到时间轴时，素材会按添加的先后顺序进行排列。如果顺序不合适，可以进行适当的调整。在时间轴中，用户可以在同一轨道或不同轨道之间移动素材的位置。

将视频"倒计时片头.mp4"调整到视频轨的最前面。操作步骤如下：

（1）在时间轴上选择视频"倒计时片头.mp4"，如图7-41所示。

图7-41　选择视频

（2）按住鼠标并拖动到视频轨的最前面，释放鼠标即可达到效果，如图7-42所示。

图7-42　调整位置

> **练习**
>
> 将视频轨上的素材顺序调整为：倒计时片头.mp4、五羊.png、广州风光.wmv、广州塔.jpg、地铁.jpg、沙面.jpg、黄埔港.jpg、小洲村.jpg、海洋馆.jpg、白云山观看风景.mp4、长隆欢乐世界.avi、广州城.jpg。声音轨上的素材顺序调整为：纯音乐.mp3、Let It Go.mp3。

2. 调整播放速度

调整播放速度是指快速播放或慢速播放素材，用来实现快动作或者慢动作，为影片营造更动感的效果。

☞将视频"白云山观看风景.mp4"播放速度加快到150%。操作步骤如下：

（1）在时间轴上选择视频"白云山观看风景.mp4"，如图7-43所示。

图7-43　选取素材

（2）右击，在弹出的快捷菜单中选择"打开选项面板"命令，在打开的面板中单击"速度/时间流逝"按钮。

（3）在弹出的"速度/时间流逝"对话框中，设置"速度"为"150%"，如图7-44所示。

（4）单击"预览"按钮查看调整后的效果，再单击"确定"按钮，即可将效果应用到视频中。

（5）如果设置"速度"为小于"100%"，可使视频播放速度变慢。

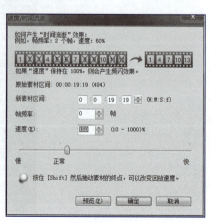

图7-44　"速度/时间流逝"对话框

7.6 添加文字

在影片中适当添加字幕，不仅可以起到解释说明影片内容的作用，有时还可以作为一种图文结合的方式来装饰画面。会声会影提供了使用素材库和字幕编辑器两种添加文字的方法。

7.6.1 使用素材库添加文字

☞ 在"美丽广州"电子相册中，使用素材库给图片素材添加文字。操作步骤如下：

（1）单击素材库中的"标题"按钮 ■，打开标题素材库。

（2）单击标题 Lorem ipsum，并拖动到图片"五羊.png"对应的"标题轨"，如图 7-45 所示。

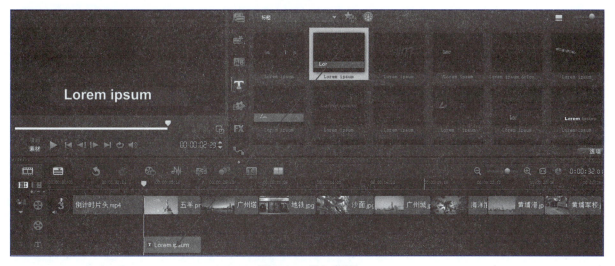

图7-45　添加标题

（3）双击标题轨中的 Lorem ipsum，使其在预览窗口中处于可编辑状态。当鼠标指针变成 ✋ 形状时，拖动标题编辑框，调整标题在图片中的位置，如图 7-46 所示。

（4）将标题 Lorem ipsum 文本框中的文字删除，输入文字"美丽广州 魅力羊城"，并适当调整文本框的位置，如图 7-47 所示。

（5）右击标题轨上的"美丽广州，魅力羊城"，在弹出的快捷菜单中选择"打开选项面板"命令，在"编辑"选项中，设置"停留时间"为"0:00:05:05"，"字体"为 Arial，"字号"为 35，"加粗"显示，如图 7-48 所示。

（6）在标题素材库将 LOREM IPSUM DOLOR SIT AMET 拖到标题轨 2，放在标题"美丽广州魅力羊城"位置的下面，如图 7-49 所示。

图7-46　调整标题的位置

图7-47　输入标题

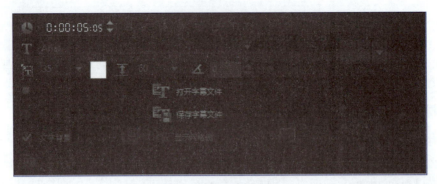

图7-48 设置标题格式

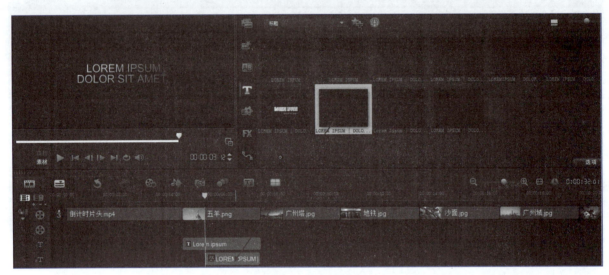

图7-49 添加标题

（7）双击标题轨2中的LOREM IPSUM DOLOR SIT AMET，调整其在图片中的位置，效果如图7-50所示。

（8）将LOREM IPSUM文本框中的文字删除，输入文字"电子相册""2022.03.20"，并适当调整位置。

（9）在选项面板的"编辑"选项中，设置文字"电子相册"的"停留时间"为"0:00:03:13"，"字体"为"楷体"，"字号"为"25"，"加粗"显示。设置文字"2022.03.20"的"停留时间"为"0:00:03:13"，"字体"为"楷体"，"字号"为"20"，"加粗"显示，如图7-51所示。最后的文字效果如图7-52所示。

图7-50 继续添加标题

图7-51 设置标题格式

图7-52　最终效果

☞在"美丽广州"电子相册中,添加片尾滚动字幕。操作步骤如下:

(1)单击素材库上的标题按钮 ,打开标题素材库。单击具有滚动效果的标题样式 Lorem ipsum dolor sit amet,并将其拖到时间轴的末尾,如图 7-53 所示。

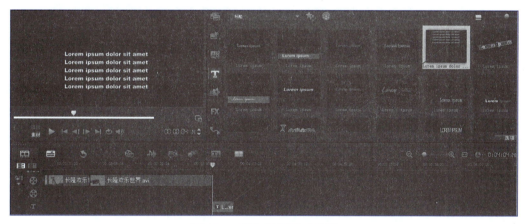

图7-53　添加片尾滚动字幕

(2)双击标题轨上的 Lorem ipsum dolor sit amet,当鼠标指针变成手形状 时,拖动标题编辑框,调整片尾字幕在预览窗中的显示位置,如图 7-54 所示。

(3)将标题文本框中的文字 Lorem ipsum dolor sit amet 删除,输入文字"导演:小明 广州欢迎你谢谢观赏",如图 7-55 所示。

图7-54　调整位置

图7-55　输入文字

(4)双击片尾字幕,打开选项面板,在"编辑"选项中编辑文字的属性,如图 7-56 所示。
(5)单击预览窗口中的"播放"按钮,观看到片尾字幕自下而上慢慢滚动,效果如图 7-57 所示。

图7-56　设置文字格式

图7-57　滚动字幕效果

> **提　示**
>
> 　　如果需要将标题保存成预设项目，可右击时间轴中的标题，在弹出的快捷菜单中选择"添加到收藏夹"命令，将标题保存为预设项目后，可以重复使用该标题。

> **练　习**
>
> 　　给"美丽广州"电子相册中其他图片素材添加文字。采用素材库标题 LOREM IPSUM DOLOR SIT AMET，给风景照的图片都输入相应的说明文字，如"广州塔 .jpg"输入文字"广州塔"、"沙面 .jpg"输入文字"沙面"等，统一设置"字体"为 Arial，"字号"为"54"，"加粗"显示，"方向"为"垂直"。"广州城 .jpg"输入文字"广州再见"，设置"字体"为 Arial，"字号"为 54，"加粗并倾斜"显示。

7.6.2　使用字幕编辑器添加文字

字幕编辑器是会声会影 X7 新增的功能，可以将文字添加在各种素材中。手动新增字幕时，使用时间码可以使字母与素材精准相符；也可以使用声音侦测自动添加字幕，以便在更短的时间内获得准确的结果。

☞ 使用字幕编辑器添加文字，操作步骤如下：

（1）在时间轴中选择视频"白云山观看摩天楼 .mp4"，单击时间轴上方的"字幕编辑器"按钮，打开 Subtitle Editor（字幕编辑器）窗口，如图 7-58 所示。

（2）在 Subtitle Editor 窗口中，播放视频至要添加文字的位置。单击"开始标记"时间按钮和"结束标记"时间按钮，标记字幕的时间长度。

图7-58　字幕编辑器窗口

（3）单击 Add a new subtitle 按钮，在弹出的文本框中输入文字"白云山"，如图 7-59 所示。
（4）单击 Subtitle Editor 对话框中的 Text options 按钮，在弹出的"文本选项"对话框中，设置"字体"为 Arial，"字号"为 60，"对齐方向"为"居中"，如图 7-60 所示。

图7-59　添加文字

图7-60　"文本选项"对话框

（5）单击"确定"按钮完成设置。

7.7　添加转场效果

转场是指影片片段与片段之间的切换，转场为场景切换提供了创意的方式，实现场景之间的平滑过渡。时间轴上每个素材之间有一些细小的空隙，可以在这些空隙中添加素材间的转场效果。会声会影的转场素材库中提供了 16 种类型的转场效果，如图 7-61 所示。添加转场效果有手动添加和系统自动添加两种方式。

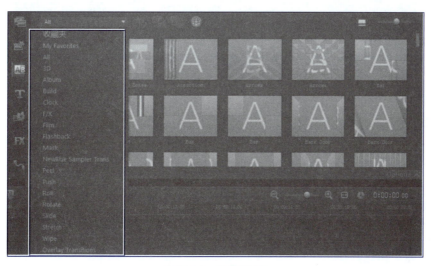
图7-61　转场效果

7.7.1　手动添加转场效果

☞在"美丽广州"电子相册中，给素材手动添加转场，操作步骤如下：

（1）单击素材库中的"转场"按钮，素材库会显示所有的转场效果缩略图，如图 7-62 所示。

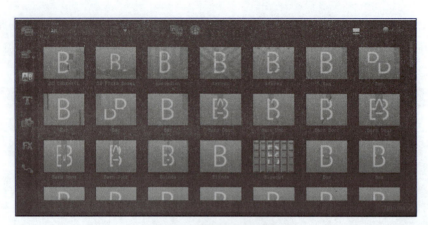

图7-62 转场效果缩略图

（2）在缩略图中选择 Blinds，拖动到时间轴"广州塔 .jpg"与"地铁 .jpg"之间，释放鼠标，转场效果成功添加到时间轴中。

（3）单击预览窗口上的"播放"按钮▶，预览转场效果，如图 7-63 所示。

图7-63 预览转场效果

【练 习】

给不同场景的素材之间添加转场效果，如在"沙面 .jpg"与"地铁 .jpg"之间添加"Bar"转场、在"白云山观看风景 .mp4"与"长隆欢乐世界 .avi"之间添加"Flying Cube"转场，其他场景之间的转场自定效果。

【提 示】

双击素材库中的转场效果，可以插入到第一个没有转场的位置，重复操作可以插入到下一个无转场的位置。

7.7.2 系统自动添加转场效果

系统自动添加转场效果，操作步骤如下：

（1）按【F6】键或者选择【设置→参数选择】命令。

（2）在弹出的"参数选择"对话框中，打开"编辑"选项卡，在"转场效果"选项组下选中"自动添加转场效果"复选框，并在列表中选择要自动添加的转场效果"随机"（见图 7-64）。然后单击"确定"按钮。

（3）添加图片"黄埔港 .jpg"到时间轴，如图 7-65 所示。

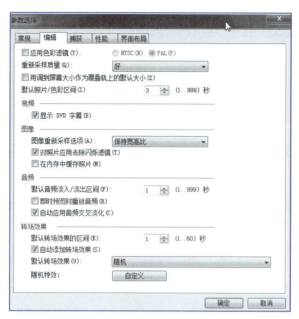

图7-64 "参数选择"对话框

图7-65 添加素材

（4）添加图片"黄埔军校.jpg"到"黄埔港.jpg"后面，两个图像之间会自动地添加转场效果，如图7-66所示。

（5）单击预览窗口中的"播放"按钮，预览添加的转场效果。在会声会影中，无论使用何种方法添加转场，都无法一次往时间轴中添加多个转场效果。实际上，在会声会影X9的素材库中，除了转场和滤镜之外，其他素材均可一次性选中多个并添加到时间轴中。

图7-66 继续添加素材

> 提 示
>
> 若要将选取的转场效果添加至所有素材，单击"对视频轨应用当前效果"按钮 即可；或右击转场效果，在弹出的快捷菜单中选择"对视频轨应用当前效果"命令。

7.7.3 保存和删除转场效果

一些较好的转场效果，可以保存在收藏夹，以便下次直接使用，操作步骤如下：

（1）在转场素材库中，选中转场效果，如图7-67所示。

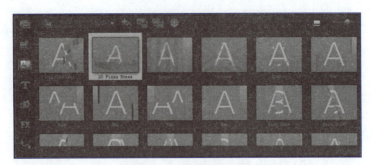

图7-67　选取转场效果

（2）单击"收藏夹"按钮，即可完成转场效果的保存，将其添加到收藏夹素材库中。如果插入时间轴中的转场效果不再需要，即可将其删除。常用的删除转场效果的方法有以下3种：

- 在时间轴中选中需要删除的转场效果，按【Delete】键。
- 在时间轴中选中需要删除的转场效果，右击，在弹出的快捷菜单中选择"删除"命令。
- 选择添加转场效果的其中一个素材，按住鼠标左键拖动，分开具有转场效果的两个素材。

7.8　编辑音频

声音是影片中不可或缺的重要元素，如果没有背景音乐，制作的作品就没有灵气。下面介绍在电子相册中添加、编辑音频的常用方法。

1. 添加背景音乐

☞ 在电子相册"美丽广州"中添加背景音乐，操作步骤如下：

（1）在素材库中，选择音频"纯音乐.mp3"，并拖动到音乐轨。

（2）调整音频"纯音乐.mp3"在声音轨的位置，使其头部与图片"五羊.png"的头部对齐，如图7-68所示。

图7-68　添加音频至时间轴

（3）选择音频"纯音乐.mp3"，向左拖动右侧的黄色标记到视频"白云山观看风景.mp4"的尾部，释放鼠标，去除尾部不需要的音频，如图7-69所示。

（4）在预览窗口中单击"播放"按钮，在预览过程中，调整视频与音乐的融合效果。

2. 分割视频素材中的音频

☞ 会声会影可以将视频中的音频分割到声音轨，操作步骤如下：

（1）选择视频"白云山观看风景.mp4"，右击，在弹出的快捷菜单中选择"分割音频"命令，如图7-70所示。

（2）在声音轨中自动添加分割出的声音"白云山观看风景"，如图7-71所示。

图7-69　剪辑音频

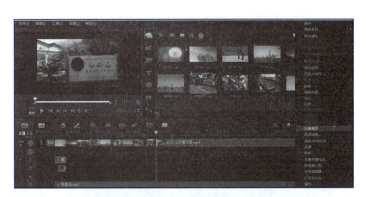
图7-70　选择"分离音频"命令

图7-71　分离视频中的音频

【练　习】

将音频 Let It Go.mp3 添加到时间轴，调整其在声音轨的位置，删除该音频的前 58 s，调整其头部与视频"长隆欢乐世界 .avi"的头部对齐，将视频"长隆欢乐世界 .avi"的音频分割并删除。

3．调整音频素材的音量

在会声会影中，调整音频音量常用的方法是通过"音乐和声音"面板中的"音量"选项和音量调节线来完成调节。

使用"音乐和声音"面板调节音量，操作步骤如下：

（1）在时间轴中选择音频素材。

（2）双击素材即可打开"音乐和声音"面板，如图 7-72 所示。从该面板中可以看到当前音乐的音量为 100。

（3）在"音量"文本框中输入具体的数值，或者单击后面的小三角形按钮调节音量，如图 7-73 所示。此外，也可以单击 按钮，在激活的音量控件中拖动滑块快速调节音量。

图7-72　"音乐和声音"面板

图7-73　调节音量

（4）单击"淡入"按钮 和"淡出"按钮 ，可让音乐的进入、退出更加自然。

【提　示】

"淡入"按钮 ，使素材起始部分的音量从 0 开始逐渐增加到最大。"淡出"按钮 ，使素材结束部分的音量从最大开始逐渐减少到 0。

"音乐和声音"面板中的"音量"选项,控制音频的整体音量,使用音量调节线可以对音频音量进行局部控制。音量调节线是声音轨中央的水平线条,仅在音频视图中可以看到,用户可以在这条线上添加关键帧,上下拖动关键帧的位置,即可调整相应位置的音量。

使用音量调节线调节音量,操作步骤如下:

(1)在时间轴中选择音频素材。

(2)单击时间轴上的"混音器"按钮,声音轨中央增加水平线条,如图7-74所示。

(3)在4秒处,单击添加控制点,并向上拖动增加音量,如图7-75所示。

图7-74 混音器　　　　　　　　　　图7-75 增加音量

(4)在预览窗口中单击"播放"按钮,预览效果。

4. 设置音频素材的回放速度

音频回放速度就是设置音频播放的快慢,操作步骤如下:

(1)在时间轴中选择音频素材。

(2)双击素材,打开"音乐和声音"面板。

(3)单击"速度/时间流逝"按钮,在弹出的"速度/时间流逝"对话框中,设置"速度"为80%,如图7-76所示。

(4)单击"预览"按钮可以试听设置的效果。

(5)单击"确定"按钮确认设置,时间轴如图7-77所示,速度变慢,音频素材播放的时间相应变长。

 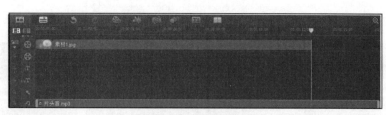

图7-76 "速度/时间流逝"对话框　　　　图7-77 时间轴效果

5. 制作背景音乐特效

在会声会影中,除了对各种照片和视频等素材进行编辑,对音频素材应用不同的音频滤镜,可以制作出具有特殊效果的音频。操作步骤如下:

(1)在时间轴中选择音频素材。

(2)双击素材,打开"音乐和声音"面板。

(3)单击"音频滤镜"按钮,在弹出的"音频滤镜"对话框中,选择合适的滤镜效果应用到素材中,如图7-78所示。

(4) 单击"选项"按钮,在弹出的对话框中,可以自定义滤镜的值,如图 7-79 所示。

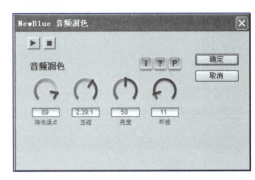

图7-78 "音频滤镜"对话框

图7-79 自定义滤镜

常用的音频滤镜:
① 音频润色:对音频素材进行润色,使音频音色得到改善。
② 回音:为音频素材添加回声效果,使音乐变得余音袅袅、回味无穷。
③ 音量偏移:使音频的音调产生偏移,使其升高或降低,从而影响音乐的音色。
④ 混响:声音遇到障碍会反弹,所以这个世界充满混响。为音频添加混响效果,使音乐听起来更温润、响亮。

7.9 添加滤镜

视频滤镜是可以应用到素材的特殊效果,用来改变素材的样式或外观。在会声会影中,视频滤镜起到的作用主要是处理由于拍摄不佳或人为、自然条件的影响造成的有瑕疵的影片,也可以为影片添加一些特殊效果,使影片的内容更充实、不单调、更具吸引力。

会声会影提供了 13 类近百种的滤镜效果,这些滤镜可以模拟各种艺术效果并对素材进行美化,为素材添加光照或气泡等特殊效果,从而制作出精美的视频作品。在会声会影 X9 中,用户可以方便地对视频或者图像素材添加一个或多个滤镜效果,还可以对滤镜进行替换和删除操作。

7.9.1 添加滤镜

☞ 在"美丽广州"电子相册中添加滤镜。操作步骤如下:

(1) 单击素材库中的"滤镜"按钮,切换到视频滤镜素材库,显示会声会影的各种视频滤镜特效,如图 7-80 所示。

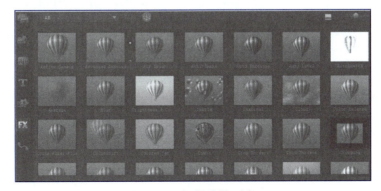

图7-80 视频滤镜列表

(2) 选择 Cloud 滤镜,拖动到视频轨中图像"五羊.png"的上方,如图 7-81 所示。

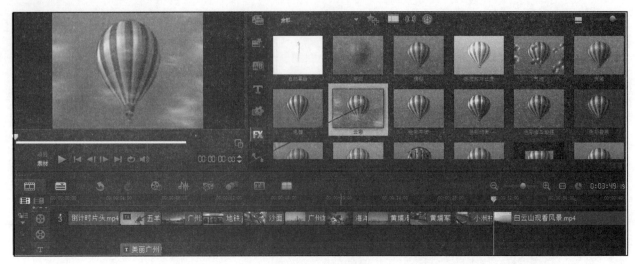

图7-81 添加滤镜

（3）释放鼠标后，即可为图像素材添加滤镜效果。在预览窗口中单击"播放"按钮▶预览效果，如图7-82所示。

（4）使用相同的方法为图像素材添加"气泡"滤镜效果。单击"素材库"面板中的"选项"按钮，可以查看已经添加的滤镜效果，如图7-83所示。

图7-82 预览滤镜效果

图7-83 查看添加的滤镜

（5）为素材添加多个视频滤镜后，在"选项"面板中将显示所有添加的视频滤镜，选择需要删除的滤镜，单击"删除滤镜"按钮 ，即可将其删除。

> **提 示**
>
> 　　会声会影最多可以向单个素材添加 5 个滤镜。如果一个素材应用了多个视频滤镜，单击"上移滤镜"按钮 或"下移滤镜"按钮 ，可以改变滤镜的应用顺序。

7.9.2　自定义滤镜

　　在会声会影中，虽然每一种滤镜都提供了预设效果，但是这些效果毕竟有限，难以满足每个人的需求。在预设效果右边有一个"自定义滤镜"按钮 ，单击该按钮可以弹出滤镜的属性对话框，在对话框中可以调整出更加多变的滤镜效果。

　　自定义滤镜是通过在素材中添加关键帧，来指定不同的属性或行为方式，可以灵活地决定滤镜在素材任何位置上的外观。

　　自定义滤镜的操作步骤如下：

（1）在时间轴中选择图像"五羊.png"，并添加滤镜效果 Cloud。

（2）单击"素材库"面板中的"选项"按钮，在"选项"面板中单击"自定义滤镜"按钮 。

（3）打开"云彩"对话框，在该对话框中设置滤镜的各项参数，如图7-84所示。

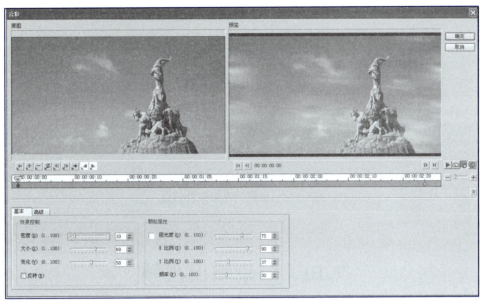

图7-84 "云彩"对话框1

（4）在"关键帧控件"面板中拖动滑块 到需要添加关键帧的位置，单击 按钮，此时在时间轴上出现红色菱形标记 ，为一个关键帧，如图 7-85 所示。

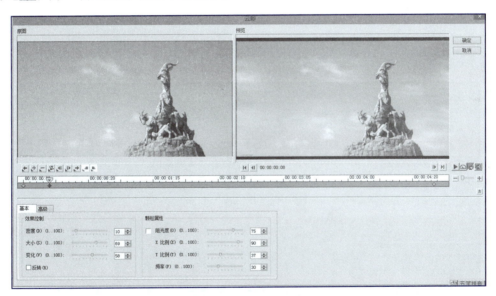

图7-85 "云彩"对话框2

（5）在"基本"选项卡中，设置效果控制、颗粒属性等参数，如图 7-86 所示。

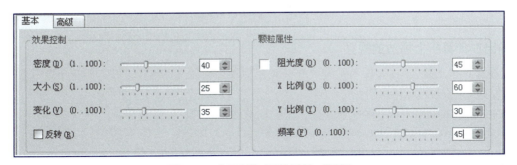

图7-86 "云彩" 颗粒属性对话框

（6）在"高级"选项卡中，设置速度、移动方向等参数，如图7-87所示。

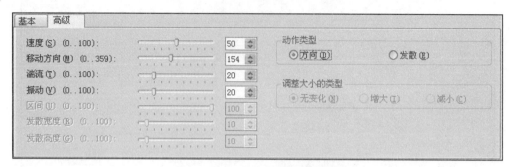

图7-87 "云彩"高级属性设置

（7）单击"启用设备"按钮，再单击"播放"按钮，预览效果。

7.10 渲染输出视频

通常在会声会影中制作完成一个项目后，保存的格式是.VSP。这种格式的影片只能在会声会影中打开，观看很不方便。渲染输出后的影片可以在任何视频播放器中直接打开，非常方便、快捷。

打开"共享"面板（见图7-88），窗口左上方为视频预览窗口，左下方为输出驱动器的相关空间显示，窗口右边为共享设置窗口。会声会影X9提供了5种共享类别，包括"创建能在计算机上播放的视频""创建能够保存到可移动设备或摄像机的文件""保存视频并在线共享""将项目保存到光盘""创建3D视频"等。

本节主要介绍"创建能在计算机上播放的视频""创建能够保存到可移动设备或摄像机的文件"，以及"单独输出影片音频"的方法。

图7-88 "共享"面板

7.10.1 输出在计算机上播放的视频

输出能在计算机上播放的视频，用户可将影片项目保存为视频文件格式，以方便在计算机上播放。会声会影X9提供了以下几种视频输出格式。

（1）AVI：该格式调用方便、图像质量好，压缩标准可任意选择，是应用最广泛，也是应用时间最长的格式之一。

（2）MPEG：包括MPEG-1、MPEG-2和MPEG-4在内的多种视频格式。其中MPEG-1和MPEG-2是采

用相同原理为基础的预测编码、变换编码等第一代数据压缩编码技术。MPEG-4 是基于第二代压缩编码技术指定的国际标准，它以视听媒体对象为基本单元，以实现数字视音频、图形合成应用及交互式多媒体的集成。

（3）AVC/H.264：由 ITU-T 视频编码专家组和动态图像专家组联合组成的视频组提出的高度压缩数字视频编解码器标准。

（4）WMV：微软公司推出的一种流媒体格式，在同等视频质量下，WMV 格式的体积非常小，因此适合在网上播放和传输。

☞将项目"美丽广州"电子相册创建为能在计算机上播放的视频。操作步骤如下：

（1）在"共享"步骤面板，单击"计算机"按钮，打开"创建能在计算机上播放的视频"窗口。

（2）设置"视频输出格式"为 MPEG-4，"文件名"为"美丽广州电子相册"，"文件位置"为"E:\电子相册"并选中"启用智能渲染"复选框，如图 7-89 所示。

（3）单击"开始"按钮，开始渲染视频，如图 7-90 所示。若在渲染过程中想中止视频渲染，可按【Esc】键。

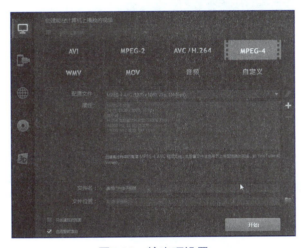

图7-89　输出项设置　　　　　　　　　　图7-90　视频渲染

（4）渲染完成后，在文件保存的位置打开视频，欣赏电子相册效果。

7.10.2　输出到可移动设备的文件

会声会影可以将影片项目保存到可移动设备上播放的文件格式。会声会影 X9 内置了多种配置文件，可以优化影片以便在特定设备上播放。主要包括以下移动设备：

（1）DV：将项目转换为 DV 兼容视频文件，便于写回 DV 摄录放影机。需要将摄录放影机开机并连接到计算机，然后将其设为播放/编辑模式。

（2）HDV：将项目转换为 HDV 兼容视频文件，以便可以写回 HDV 摄录放影机。

（3）Mobile Device：创建兼容于大部分平板计算机和智能手机的高画质 MPEG-4、AVC 文件，包括 iPad、iPhone 和 Android 设备等。

（4）Game Console：创建与 PSP 设备兼容的 MPEG-4AVC 视频文件。

☞创建能够保存到可移动设备或摄像机的文件。操作步骤如下：

（1）在"共享"步骤面板，单击"设备"按钮，打开"创建能够保存到可移动设备或摄像机的文件"窗口，如图 7-91 所示。

（2）选择其中一种移动设备，如 DV，并在下方选择"配置文件"，并查看其属性。

（3）设置"文件名"和"文件位置"，如图 7-92 所示。

图7-91 "创建能够保存到可移动设备或摄像机的文件"窗口

（4）单击"开始"按钮，开始视频输出。

7.10.3 输出影片音频

如果用户只需要输出影片中的声音部分，而不需要将整个影片输出。在会声会影中可以将影片中的声音部分单独输出，以便于使用其他音频软件进行再加工。会声会影 X9 提供了 4 种音频保存格式，其中 WAV 格式的声音质量最好，但是文件比较大。

☞将项目"美丽广州"电子相册中的音频部分单独输出。操作步骤如下：

（1）在"共享"步骤面板，单击"计算机"按钮，打开"创建能在计算机上播放的视频"窗口。

（2）设置"视频输出"为"Audio（音频）"，"属性格式"为"WAV 音频"，"文件名"为"美丽广州"，"文件位置"为"E:\电子相册"，并选中"启用智能渲染"复选框，如图 7-92 所示。

（3）单击"开始"按钮，开始渲染视频，如图 7-93 所示。

（4）渲染完成后，在文件保存的位置生成音频文件"美丽广州.WAV"。

图7-92 音频输出设置

图7-93 音频渲染

拓 展 训 练

操作题

按照要求,使用会声会影制作"四季之歌"视频,展现春夏秋冬的壮美英姿,效果如图 7-94～图 7-99 所示。

(1)新建一个项目,保存文件,文件名为"四季之歌",保存路径设置为"E:\",保存类型为"Corel Video Studio X9 项目文件(*.VSP)",主题为"2022.03.20",描述为"春夏秋冬的美景"。

(2)将视频素材"春.mp4""夏.mp4""秋.mp4""冬.mp4"和"蝴蝶飞舞.mov"及音频素材"轻音乐——天籁之音.mp3"导入素材库。

(3)将视频素材"春.mp4"头部,时间点"0:01:15:22"前的冗余视频片段删除。

(4)将视频素材"夏.mp4"的中间冗余部分,时间段"00:07:40:00—00:08:38:12"的冗余视频片段删除。

图7-94　片头

图7-95　春

图7-96　夏

图7-97　秋

图7-98　冬

图7-99　片尾

(5)调整视频轨的素材顺序依次调整为"蝴蝶飞舞.mov""春.mp4""夏.mp4""秋.mp4""冬.mp4"。

(6)将视频素材"冬.mp4"的播放速度变快到 120%。

（7）调整视频素材"春.mp4"音量为120，并添加淡入、淡出效果。

（8）在视频"蝴蝶飞舞.mov"中添加标题，应用样式Lorem ipsum，输入文字"四季之歌"，并设置文字格式及动画效果。

（9）在片尾添加字幕"制作：小明；2022.03.20"，应用样式Lorem ipsum dolor sit amet，并设置合适的字体格式，字幕滚动速度。

（10）在视频"蝴蝶飞舞.mov"与"春.mp4"之间添加转场效果，使用样式MaskC，在选项面板中设置转场的时间长度、色彩等。

（11）将音频"轻音乐——天籁之音.mp3"添加至音乐轨，使其头部与视频素材"蝴蝶飞舞.mp4"的头部对齐，并对音频进行剪辑，将其尾部，时间点"0:01:40:21"后的多余音频片段删除。

（12）添加视频滤镜："春.mp4"添加Lens flare滤镜，"夏.mp4"添加Rain滤镜，"秋.mp4"添加Light滤镜，"冬.mp4"添加Bubble滤镜，并设置合适的滤镜参数。

（13）在"四季之歌"视频中，创建能在计算机上播放的视频，视频输出格式为：MPEG-4，文件名为"四季之歌"，文件位置为"E:\电子相册"。

第 8 章 Web前端设计

学习目标

- 理解HTML5和CSS3的基本语法。
- 掌握使用HTML5标签制作网页的方法。
- 掌握CSS3选择器的使用方法。
- 掌握使用CSS3定义网页样式的方法。
- 掌握盒子模型布局页面的方法。

随着因特网技术飞速发展与普及，Web 技术也在同步发展，应用越来越广泛。网站是企业对外宣传和建立企业品牌的必需品，WWW（World Wide Web）成为不可或缺的信息传播载体。Web 前端设计的主要任务是信息内容的呈现和用户界面设计。HTML5、CSS3、JavaScript 作为网站建设技术的新"三剑客"，成为网站设计人员必须掌握的核心技术。HTML5 为网页设计的结构层：实现结构的设计，通过标签描述网页的文本、图像、声音等内容。CSS3 为网页设计的表现层：实现网页风格的装饰，设置文本格式、图片外观、网页版面布局等。

8.1 基础知识

8.1.1 网页概述

网站是通过浏览器加载的页面，一个网站由若干个相互关联的网页组成。网上购物、浏览新闻、查询资料都需要浏览网页，网页是承载各种网站应用和信息的容器，所有可视化的内容都可以通过网页展示给用户。

网页是由一系列的 HTML 标签组成的文件，当当购物网站的首页网址为"https://www.dangdang.com/"，图 8-1 所示为一个网页。网页主要由文字、图像和超级链接等元素构成，音频、视频、动画等也是网页中常见的元素。如需更加全面了解网页的构成，按"F12"功能键可查看网页的源代码。

除了主页，当当网还包含了各类子页，多个页面通过链接集合组成网站，页面之间通过超级链接相互访问。

网页包括静态网页和动态网页。静态网页是无论何时何地访问，其内容是固定不变的，除非网页代码重新修改上传。动态网页会随着用户访问的时间不同，内容随之变化，其内容是和服务器的数据库进行实时交换数据获得的新内容。

图8-1 当当网的首页

8.1.2 网页制作技术

1. HTML简介

HTML 的英文全称是 Hyper Text Markup Language,即超文本标签语言,是用于描述网页文档的一种标签语言。它由一系列标签(也称标记)组成,如段落标签、标题标签、超链接标签、图片标签等。使用 HTML 标签按某种规则编辑成 HTML 文件,通过专用的浏览器来识别,并将 HTML 文件翻译成可以识别的信息,也就是网页。通过超链接将网页和各种网页元素链接起来,构成丰富多彩的网站。

HTML 自 1989 年首次应用于网页编辑后,便迅速崛起为网页编辑主流语言。几乎所有的网页都是由 HTML 或者将其他程序语言嵌套在 HTML 中编写的。最初的版本可看作 HTML1.0,在后续的十几年中 HTML 飞速发展,1995 年的 2.0 版、1997 年的 3.2 版和 4.0 版、1999 年 4.01 版,HTML 功能得到了极大的丰富。2008 年发布了 HTML5 的工作草案,2014 年,The World Wide Web Consortium (W3C) 宣布 HTML5 正式定稿,网页进入了 HTML5 开发的新时代。

2. CSS简介

CSS 层叠样式表 (Cascading Style Sheets),主要用于设置 HTML 的元素的格式,如文本格式(字体、大小、对齐方式等)、图片格式(边距、边框样式)、网页版面的布局和外观显示形式等。

1996 年 W3C 发布了第一个有关样式的标准 CSS1,1998 年发布了 CSS2,2001 年完成了 CSS3 的工作草案,CSS3 的语法几乎全部建立在 CSS 原始版本的基础上,同时增加了很多新的样式。

3. 浏览器

常用的浏览器有 IE 浏览器、火狐浏览器、谷歌浏览器、360 浏览器、Safari 浏览器等,其中 IE、火狐和谷歌是目前互联网上的三大主流浏览器。网页文件是通过浏览器解析执行,所以不同的浏览器对 HTML5 和 CSS3 的语法支持程度不一样,但是对于一般的网站而言,只要兼容 IE 浏览器、火狐浏览器和谷歌浏览器,就可满足大多数用户的需求。本书案例是在谷歌浏览器中测试使用。

4. 网页制作工具

为了方便网页制作,通常会选择一些较便捷的辅助工具,如 EditPlus、Notepad++、Sublime、Hbuilder、VSCode、Dreamweaver 等,本章案例使用 Hbuilder 工具编写网页代码。HBuilder 的优点是快捷,通过完整的语法提示和代码输入法、代码块等,大幅提升 HTML、JS、CSS 的开发效率。图 8-2 所示为 Hbuilder 工具的界面。HBuilder 下载地址为 HBuilder 官方网站 "http://www.dcloud.io/",包括 Windows 版和 Mac 版。

图8-2 Hbuilder工具的界面

8.2 HTML标签

8.2.1 HTML入门

1. HTML的定义

HTML 是用标签来描述网页中的文字、表格、特殊符号、图像、声音和视频等元素的一种标签语言。在实际开发过程中，用 HTML 开发的网页称为 HTML 文件，扩展名为 html，一个 html 网页代表一个页面。案例"我的第一个网页"，示例代码如下所示：

```
<!DOCTYPE html>
<html>
    <head>
        <meta charset="utf-8" />
        <title>我的第一个网页</title>
    </head>
    <body>
        欢迎加入网页设计大家庭！
    </body>
</html>
```

2. HTML的文档结构

HTML 文档的基本格式是 HTML 文件的框架结构，由一系列 HTML 标签组成，包含 <!DOCTYPE> 文档类型声明、<html> 根标签、<head> 头部标签和 <body> 主体标签等。

1）<!DOCTYPE > 文档类型声明

<!DOCTYPE > 位于文档的最前面，称为文档类型声明，表明该文档符合 HTML5 规范，按 HTML5 标准来解析。

2）<html> 文件根标签

<html>、</html> 标签是 HTML 页面中的顶层标签，也称根标签，一个页面有且只有一对该标签，页面中的所有标签和内容都必须放在 <html></html> 标签对之间。

3）<head> 头部标签

<head>、</head> 标签表示文档头部信息，一般包括标题和主题信息，该部分的信息不会显示在页面正文中。可以在其中嵌入其他标签，如文件标题/编码方式等属性。CSS 样式定义、JavaScript 脚本也可以放在文档的头部。

4）<body> 主体标签

<body>、</body> 主体标签，是放置页面内容的部分，所有需要在浏览器中显示的内容（文本、图像、音频和视频等）都需要放置在 <body>、</body> 标签对之间。

HTML 文档结构中的主要 HTML 标签说明，见表 8-1。

表8-1 主要HTML标签

标签	定义	作用
<html></html>	整个文档	定义文档的开始和结束位置
<head></head>	文档的头部	解析语言、字符编码和标题
<meta>	页面信息	定义属性和属性值
<title></title>	文档的标题	网页的标题
<body></body>	文档的主体	网页的所有内容

3. HTML标签

在 HTML 页面中，带有"< >"符号的元素称 HTML 标签，表 8-1 中的 <html>、<head>、<body> 等都是 HTML 的标签。

标签包括单标签和双标签。

（1）单标签：也被称为空标签，是指用一个标签符号即可完整地描述某个功能的标签，其语法格式为：< 标签名 />，如"<hr/>"。

（2）双标签：是指由开始和结束两个标签符号组成的标签，其语法格式为：< 标签名 > 内容 </ 标签名 >，如"<div> 内容 </div>"。

标签属性用来说明元素的特征，每个属性对应一个属性值，称为"属性 / 值"对，基本语法格式如下：

< 标签名 属性1=" 属性值1" 属性2=" 属性值2"> 内容 </ 标签名 >

一个标签中可以定义多个"属性 / 值"对，属性对之间通过空格分隔，可以任何顺序出现。属性名不区分大小写，但不能在一个标签中定义同名的属性。示例代码如下所示：

 段落居中显示，并且字体颜色设置为红色

4. HTML注释

HTML 注释是对代码进行解释的特殊内容，是一个浏览器不执行的特殊标签，方便开发人员对代码的理解，有助于日后团队人员更好地阅读和理解代码。注释标签的语法格式为：<!-- 注释内容不会被浏览器解释执行 -->。

8.2.2 文本控制标签

HTML 的文本元素主要用段落标签、标题标签、块标签和列表标签等来描述，主要用于描述 HTML 文档的内容。

1. 标题标签<hn>

HTML 文档中，通过设置不同级别的标题标签，可以清晰地表示出文档的结构。标题是通过 <h1> ~ <h6> 6 对标签进行定义的。<h1> 定义最大的标题，<h6> 定义最小的标题。标题标签的基本语法格式为：<hn> 标题文字 </hn>。标题代码如图 8-3 所示，标题代码显示效果如图 8-4 所示。用 <h1> ~ <h6> 这 6 个标签定义了 6 级标题，表达了文档的层次关系。

2. 段落标签<p>和换行标签

在 HTML 文件中，使用段落标签 <p> 来描述段落。网页显示时，包含在 <p></p> 标签对中的内容会显示在一个段落里。如果需另起一行，可使用换行标签
。合理地使用段落会使文字显示更加美观，要表达的内容也更清晰。通过案例理解 <p> 和
 的区别。代码如图 8-5 所示，页面效果如图 8-6 所示。

```
1   <!DOCTYPE html>
2   <html>
3       <head>
4           <meta charset="utf-8">
5           <title>标题案例</title>
6       </head>
7       <body>
8           <h1>这是标题1</h1>
9           <h2>这是标题2</h2>
10          <h3>这是标题3</h3>
11          <h4>这是标题4</h4>
12          <h5>这是标题5</h5>
13          <h6>这是标题6</h61>
14      </body>
15  </html>
```

图8-3　h1~h6标题代码

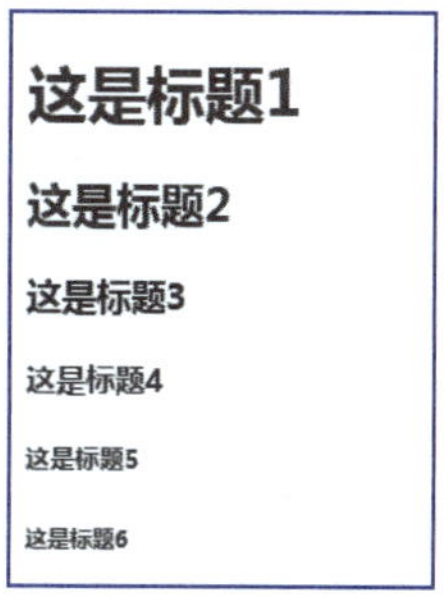

这是标题1

这是标题2

这是标题3

这是标题4

这是标题5

这是标题6

图8-4　h1~h6标题页面效果

```
1   <!DOCTYPE html>
2   <html>
3       <head>
4           <meta charset="utf-8">
5           <title></title>
6       </head>
7       <body>
8           <p>在HTML中，一个段落中的文字从做到右排列，直到浏览器窗口的右端，</p>
9           <p>然后自动换行，是双标签的标志符号</p>
10          <p>如果需要强行换行，必须用到换行br标记，<br>可以实现强制换行效果</p>
11      </body>
12  </html>
```

图8-5　<p>和
标签的区别

在HTML中，一个段落中的文字从做到右排列，直到浏览器窗口的右端，

然后自动换行，是双标签的标志符号

如果需要强行换行，必须用到换行br标记，
可以实现强制换行效果

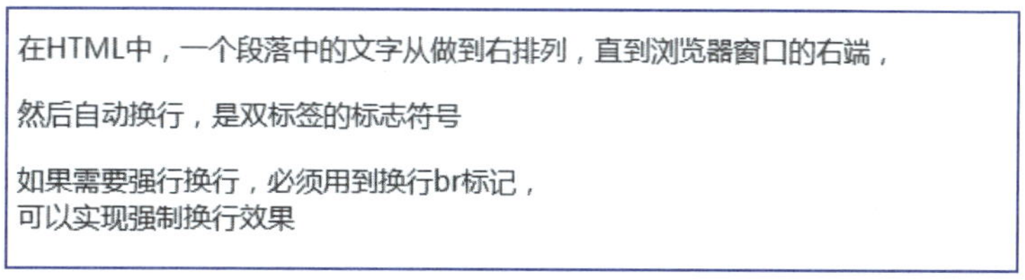

图8-6　<p>和
标签区别的页面效果

3. 水平线标签<hr/>

<hr> 标签的功能是在 HTML 页面中创建一条水平线。水平分隔线可以在视觉上将文档分隔成多个部分。<hr> 标签相关属性见表 8-2。

表8-2　<hr>标签相关属性

属 性 名	属 性 值	含 义
align	包括 center、left、right，默认属性值是 center	设置对齐方式
color	可以是颜色的英文单词，也可以是十六进制颜色值	设置颜色
size	像素值，默认是 2 px	设置高度（厚度）
width	可以是像素值，也可以设置为浏览器窗口的百分比	设置宽度

4. 文本样式标签

文本样式标签 <font>，用来控制网页中文本的字体、字号和颜色，其语法格式如下：

```
<font  属性 =" 属性值 "> 文本内容 </font>
```

<font> 标签常用的属性有三个，各属性的含义见表 8-3。

表8-3 <font>标签的常用属性

属　性	含　义
face	设置文字的字体
size	设置文字的大小，取 1 ～ 7 之间的整数值
color	设置文本的颜色

5. 文本格式化标签

网页中有时需要为文字设置粗体、斜体或下画线效果，HTML 提供了专门的文本格式化标签，满足特殊的要求。常用的文本格式化标签见表 8-4。

表8-4 常用的文本格式化标签

属　性	含　义
<b></b> 和 <strong></strong>	设置文本粗体显示（b 定义文本粗体，strong 强调文本）
<u></u> 和 <ins></ins>	设置文本加下画线显示
<i></i> 和 <em></em>	设置文本以斜体显示（i 定义斜体字，em 定义强调文本）
<del></del> 和 <s></s>	设置文本加删除线显示

6. 分区<div>和行内<span>

<div> 和 <span> 标签都是用于定义页面内容的容器，可以用于实现页面布局，本身没有具体的显示效果，显示效果由 style 属性或 CSS 来定义。

图 8-7、图 8-8 所示为 <div> 和 <span> 标签的区别代码和页面效果。对比页面效果，可以发现 <div> 标签是一种块（block）容器，默认的状态是占据一行；<span> 标签是一个行间（inline）容器，默认状态是行间的一部分，占据行的长短由内容的多少决定。

```
<!DOCTYPE html>
<html>
    <head>
        <meta charset="utf-8">
        <title>div和span</title>
    </head>
    <body>
        <div>div标记内容1</div>
        <div>div标记内容2</div>
        <span>span标记内容1</span>
        <span>span标记内容2</span>
        <span>span标记内容3</span>
    </body>
</html>
```

图8-7 <div>和<span>标签的区别代码

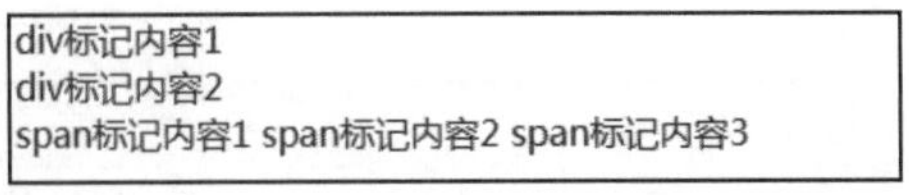

图8-8 <div>和<span>标签区别的页面效果

8.2.3 列表标签

HTML 提供的列表元素可以对网页中的元素进行更好的布局和定义。列表就是在网页中将项目有序或无序地罗列显示。列表项目以项目符号开始，这样有利于将不同的内容分类呈现，并体现出重点。按照列表结构划分，列表通常包括：无序列表、有序列表和自定义列表。

1. 无序列表<ul>

ul(unordered list)，译为无序列表。无序列表是一个项目的序列，不用数字而采用一个符号标志每个项目。无序列表由成对的 <ul></ul> 标签对实现，<ul></ul> 标签之间使用成对的 <li></li> 标签可添加列表项目。无序列表的语法格式如下：

```
<ul  type=" " >
    <li>列表项 1</li>
    <li>列表项 2</li>
    ……
</ul>
```

默认情况下，无序列表的每个列表项目前显示黑色实心圆点。可以使用 type 属性修改无序列表符号的样式，type 属性的具体取值及说明见表 8-5，其中，type 属性值必须小写。

表8-5　无序列表type属性值及说明

属 性 值	说　　明
disc	实心圆点（默认）
circle	空心圆圈
square	方形

图 8-9 所示的代码，定义了两组无序列表，第一组的每个列表项目前显示默认的黑色实心圆点。第二组无序列表的 type 属性值设置为"circle"，即项目符号样式为空心圆圈，显示效果如图 8-10 所示。

```
1   <!DOCTYPE html>
2   <html>
3       <head>
4           <meta charset="utf-8">
5           <title>无序列表</title>
6       </head>
7       <body>
8           <!-- 无序列表符号默认为黑点实心圆点 -->
9           <ul>
10              <li>中国大连国际葡萄酒美食节</li>
11              <li>2022大连长山群岛国际海钓节</li>
12              <li>2022大连国际沙滩文化节</li>
13          </ul>
14          <!-- 修改无序列表符号为空心圆圈-->
15          <ul type="circle">
16              <li>第二十六届大连偿槐会暨东北亚国际旅游文化周</li>
17              <li>第十三届大连国际徒步大会</li>
18              <li>大连啤酒节</li>
19          </ul>
20      </body>
21  </html>
```

图8-9　无序列表代码

- 中国大连国际葡萄酒美食节
- 2022大连长山群岛国际海钓节
- 2022大连国际沙滩文化节
○ 第二十六届大连偿槐会暨东北亚国际旅游文化周
○ 第十三届大连国际徒步大会
○ 大连啤酒节

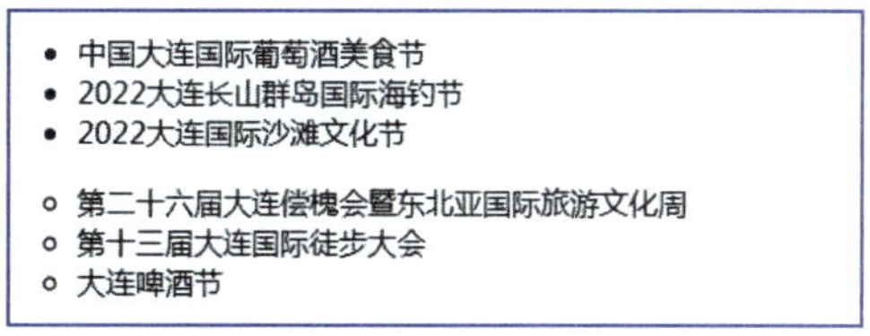

图8-10　无序列表显示效果

2. 有序列表<ol>

ol(ordered list) 的缩写，译为有序列表。有序列表是一个项目的序列，各项目前标有数字以表示顺序。有序列表由 <ol></ol> 标签对实现，在 <ol></ol> 标签之间使用成对的 <li></li> 标签添加列表项目。定义有序列表的语法格式如下：

```
<ol  type=" "  start=" ">
    <li>列表项 1</li>
    <li>列表项 2</li>
    ……
</ol>
```

默认情况下，有序列表的列表项目前显示 1、2、3…序号，从数字 1 开始计数。可以使用 type 属性修改有序列表序号的样式，也可以定义 start 属性设置列表序号的起始值。type 属性的具体取值及说明见表 8-6。

表8-6　有序列表type属性值及说明

属　性　值	说　　　明
1	数字1、2、3…
a	小写字母a、b、c…
A	大写字母A、B、C…
i	小写罗马数字i、ii、iii…
I	大写罗马数字Ⅰ、Ⅱ、Ⅲ…

图 8-11 所示的代码，定义了两组有序列表。第一组有序列表定义了 3 个列表项，采用默认的列表样式；第二组有序列表定义了 3 个列表项，type 属性值设置为 "a"，start 属性值设置为 "3"，即列表项目的序号样式为小写字母，并从字母 c 开始计数。显示效果如图 8-12 所示。

```html
<!DOCTYPE html>
<html>
    <head>
        <meta charset="utf-8">
        <title>有序列表</title>
    </head>
    <body>
        <!-- 有序列表默认样式 -->
        <ol>
            <li>中国大连国际葡萄酒美食节</li>
            <li>2022大连长山群岛国际海钓节</li>
            <li>2022大连国际沙滩文化节</li>
        </ol>
        <!-- 修改有序列表序号样式及初始值 -->
        <ol type="a" start="3">
            <li>第二十六届大连偿槐会暨东北亚国际旅游文化周</li>
            <li>第十三届大连国际徒步大会</li>
            <li>大连啤酒节</li>
        </ol>
    </body>
</html>
```

图8-11　有序列表代码

```
1. 中国大连国际葡萄酒美食节
2. 2022大连长山群岛国际海钓节
3. 2022大连国际沙滩文化节

c. 第二十六届大连偿槐会暨东北亚国际旅游文化周
d. 第十三届大连国际徒步大会
e. 大连啤酒节
```

图8-12　有序列表显示效果

8.2.4　超链接标签

Web 上的网页都是互相链接的。在浏览网页时，单击一张图片或者一段文字就可以跳转到其他页面，这些功能通过超链接来实现。

1. 创建超链接

在 HTML 文件中，超链接使用 <a> 标签来定义，具体链接对象通过标签中的 href 属性来设置。通常，将当前文档称为链接源，href 的属性值称为链接目标。其语法格式如下：

`<a href=" 跳转目标 " target=" 目标窗口弹出方式 "> 文本或图像 </a>`

（1）href 属性定义了链接标题所指向的目标文件的 URL 地址。

（2）target 属性指定用于打开链接的目标窗口，默认方式是原窗口，属性值见表 8-7。

表8-7　<a>标签中target 的属性值及说明

属　性　值	说　　　明
parent	当前窗口的上级窗口，一般在框架中使用
blank	在新窗口中打开
self	在同一窗口中打开，和默认值一致
top	在浏览器的整个窗口中打开，忽略任何框架

例如，为文字"访问搜狐"定义了超链接，示例代码如下：

```
<a href=" https://www.sohu.com/" > 访问搜狐 </a>
```

链接目标为搜狐网站首页的 URL 地址"https://www.sohu.com"。在浏览器中加载网页后，单击文字标题"访问搜狐"，可以在当前窗口打开搜狐网站的页面。

2. 锚点链接

如果有的网页内容特别多，页面特别长，需要不断翻页才能看到想看的内容，这时可以在页面中（一般是页面的前部）定义锚点链接。这里的锚点链接相当于方便浏览者查看的目录，单击锚点链接时，可以快速定位到页面中的锚点（指定的目标位置）。

创建锚点链接分两步：

（1）设置锚点链接：设置链接文本的 href 属性的属性值为"#id 属性值"。其中 id 是第二步锚点元素的 id 属性值。如示例代码的第 10 行"<a href="#hbjj"> 环保简介 </a>"即为锚点链接。

（2）设置锚点：锚点也就是定位，也称为书签，给目标位置设置 id 属性，用于第一步中 href 的属性值。如示例代码的第 28 行"<p id="hbjj">"，为"环境保护……"段落设置名称为"hbjj"的锚点。

在长页面中创建锚点链接的示例代码如下：

```
<!DOCTYPE html>
<html>
    <head>
        <meta charset="utf-8" />
        <title>锚点链接</title>
    </head>
    <body>
    <ul id='top'>
        <li>网站首页</li>
        <li><a href="#hbjj">环保简介</a></li>
        <li>环境问题</li>
        <li>环保措施</li>
        <li>环保行动</li>
        <li>环保资讯</li>
    </ul>
    <div>
        <h1 align="center">环保简介</h1>
<p id="hbjj">环境保护是利用环境科学的理论和方法，协调人类与环境的关系，解决各种问题，……，还有其独特的研究对象。 </p> <br>
        <a href="#top" >回顶部</a>
    </div>
    </body>
</html>
```

运行代码后，单击锚点链接文本"环保简介"，会自动跳转到目标位置，过程如图 8-13、图 8-14 所示。

图8-13 锚点链接效果1　　　　　　　　　　图8-14 锚点链接效果2

案例显示效果如图 8-13 所示，页面内容较长，可单击锚点链接文本"环保简介"，会自动定位到指定的目标位置（"环境保护……"段落），如图 8-14 所示，单击"回顶部"链接，可回到页面顶端。

8.2.5 图像标签

1. 图像标签

<img> 标签用于向网页中插入图像，有时也通过使用 CSS 为一些元素设置背景图像。本质上，<img> 标签并不是在网页中插入图像，而是从网页上链接并显示一幅图像。<img> 标签创建的是被引用图像的占位空间，语法格式如下：

```
<img src="图像路径和图像名"/>
```

<img> 标签的作用是嵌入图像，该标签含有多个属性，具体的属性及说明见表 8-8。其中，width 属性、height 属性、border 属性、align 属性已经不建议使用，通过 CSS 来描述。

表8-8 图像标签属性表

属　　性	作　　用
src	图像地址
tiltle	添加图像的替代文字
width/ height	设置图像的宽度/高度
border	设置图像边框
align	设置图像对齐方式

2. 绝对路径和相对路径

网页中的路径分为绝对路径和相对路径。在图像标签、引用样式和 JS 文件中都会广泛应用。绝对路径和相对路径的区别见表 8-9。

表8-9　绝对路径与相对路径的区别

类　型	具　体　路　径	描　　述
绝对路径	D:\web\demo.html	D 盘的 web 文件夹中，有个名为 demo，格式为 html 的文件
	http://www.baidu.com/logo.png	百度网站中，有个名为 logo，格式为 png 的文件
相对路径	<img src="huanbao.png" >	相对于当前位置，有个名为 huanbao，格式为 png 的文件
	<img src=". /huanbao.png" >	相对于当前位置上一级，有个名为 huanbao，格式为 png 的文件
	<img src="img /hb.png" >	相对于当前位置，img 文件夹中有个名为 hb，格式为 png 的文件
	<img src="/huanbao.png" >	当前位置的根目录，有个名为 huanbao，格式为 png 的文件

1）绝对路径

网页上的文件或目录在硬盘的实际路径，如"D:\web\demo.html"；或完整的网络地址，如：https://www.runoob.com/images/compatible_firefox.gif。

2）相对路径

相对于当前文件的一个路径，相对路径没有盘符，通常以 HTML 文件为起点，通过层级关系描述目标图像的位置。

8.2.6 表单标签

表单（Form）是 HTML 的重要内容，是网页提供的一种交互式操作手段，主要用于采集用户输入的信息。无论是搜索信息还是网上注册，都需要使用表单提交数据。用户提交数据后，由服务器端程序对用户提交的数据进行处理。本节介绍 HTML 表单的常用标签和属性。

1. 表单域标签

在 HTML5 中，<form></form> 标签用于定义表单域，即创建一个表单，以便用户信息的收集和传递，<form></form> 内的所有内容都会被提交给服务器。基本语法结构如下：

```
<form action="url 地址" method="提交方式" name="表单名称">
    各种表单控件
</form>
```

表单域标签 <form> 的属性作用见表 8-10。

表8-10　表单域标签<form>的属性

属　　性	属　性　值	作　　用
action	网址、文件名、email 地址	把传入的信息提交到目标网址、相关文件、电子邮箱
method	post、get	以何种方式发送信息，默认方式为 get
name	名字	当前表单的名称

2. 表单控件标签

表单中用于数据输入的包括 input 控件、<lable> 标签、<textarea> 标签、select 列表框元素等，这些元素被称为表单控件。其中，应用最广泛的是 input 元素。

1）input 控件

表单是网页提供的交互式操作手段，用户首先在表单控件中输入必要的信息，发送到服务器请求响应，然后服务器将结果返回给用户，这样就体现了交互性。<input> 用于在表单中输入数据，通常包含在 <form> 和 </form> 标签中，其语法格式如下：

```
<input type="controlType" name="controlName">
```

name 属性用于定义与用户交互控件的名称；type 属性设置控件的类型，可以是文本框、密码框、单选按钮、复选框等。Input 控件的常用属性作用见表 8-11，type 的不同属性值对应的类型及作用见表 8-12。

表8-11　input控件的常用属性

属　　性	属　性　值	作　　用
type	见表 8-12	表单控件标签的类型
checked	checked	选择当前表单控件
disable	disable	禁用当前表单控件
id	标识号	表单唯一的标识
name	名字	当前表单的名字

表8-12　type属性值的类型及作用

属　性　值	作　　用
button	单击按钮，实现单击功能
checkbox	复选框，可以选择多个复选框
file	文件上传按钮，通过表单上传文件
password	密码框，在密码框中输入的内容会密码化
radio	单选按钮，相对复选框只能选择一个
submit	提交按钮，单击把数据发送到服务器
text	文本框，用户可以输入文本信息

type 的常用属性值具体含义如下：

（1）标准按钮 button。将 <input> 标签中的 type 属性值设置为 button，就可以在表单中插入标准按钮，示例代码如下：

```
<input type="button" id="id1" value="确认"/>
```

"value"属性定义按钮上显示的标题文字，button 按钮一般由 onclick 事件响应。

新建一个"个人信息"html 页面，在页面中插入文本框、密码框、单选按钮和复选框。主要 HTML 代码如下：

```
<form action="" method="post" name="form1">
    <label for="xm">姓名 </label>
    <input type="text"  id="xm" value="" />
    <label for="sex">性别 </label>
    <input type="radio" name="sex" id="male" value="male"  checked="checked"/>男
    <input type="radio" name="sex" id="female" value="female" />女 <br>
    <label for="pwd">密码 </label>
    <input type="password" id="pwd" maxlength="50" /><br>
    <label for="confirm">确认密码 </label>
    <input type="password"  id="confirm" maxlength="50" /><br>
    <label for="hobby">爱好 </label>
    <input type="checkbox" id="read" value= "reading"  checked="checked" /> 读书
    <input type="checkbox" id="sing" value="singing" />唱歌
    <input type="checkbox" id="game" value="game" />游戏 <br>
</form>
```

上述代码在表单中插入名为"xm"的单行文本框、一个名为"pwd"的密码框、3 个复选框、2 个同名的单选按钮。"个人信息"表单的效果如图 8-15 所示。

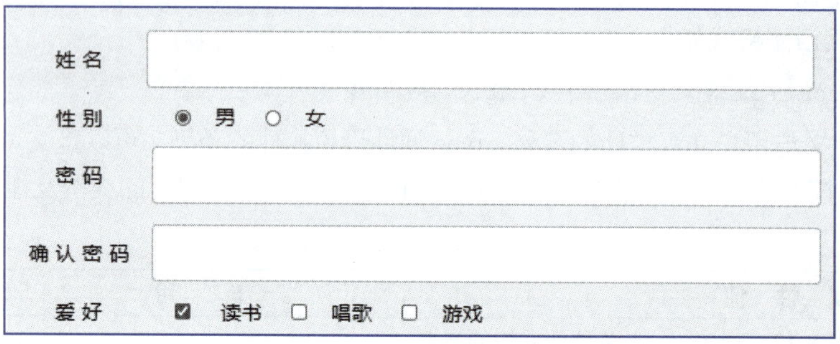

图 8-15 "个人信息"表单效果

（2）复选框 checkbox。复选框允许在一组选项中选择任意多个选项。将 <input> 标签中的 type 属性值设置为 checkbox，就可以在表单中插入复选框。通过复选框，可以在网页中实现多项选择。示例代码如下：

```
请选择：<input type="checkbox" name="check1" value="football" checked />足球
```

value 属性指定复选框被选中时该控件的值，checked 设置复选框默认被选中。

（3）密码框 password。将 <input> 标签中的 type 属性值设置为 password，就可以在表单中插入密码框，各属性的含义与文本框相同。密码框中可以输入任何类型的数据，以实心圆点的形式显示，以保护密码的安全。示例代码如下：

```
密码：<input type="password" name="pwd" maxlength="8" size="8"/>
```

（4）单选按钮 radio。单选按钮表示互相排斥的选项。在某单选按钮组（由两个或多个同名的按钮组成）中选择一个按钮时，就会取消对该组其他所有按钮的选择。将 <input> 标签中的 type 属性值设置为 radio，就可以在表单中插入一个单选按钮。在选中状态时，按钮中心有一个实心圆点。单选按钮与复选框使用方法类似。

（5）文本框 text。将 <input> 标签中的 type 属性值设置为 text，就可以在表单中插入文本框。在此文本框中可以输入任何类型的数据，输入的数据将以单行显示，不会换行。

使用 <input> 标签输入姓名的示例代码如下：

```
姓名：<input type="text" name="username" maxlength="12" size="8" value="myname" />
```

name 属性用于定义文本框的名称；maxlength 和 size 属性用于指定文本框的宽度和允许用户输入的最大字符数；value 指定文本框的默认值。

注意事项：

单选按钮组的属性 name 必须一样，才能实现只选择一个的功能。复选框的属性 name 必须一样，才能得到所有复选框的值。

2）<lable> 标签

<lable> 标签是用来记录标签信息，与某个表单标签绑定后，单击 label 标签的内容时，光标会聚焦到绑定的表单标签上。在设置 <lable> 标签时，<lable> 的属性 for 必须绑定表单标签的 id 值。其语法格式为：

```
<label  for="绑定表单标签id">标签显示内容</label>
```

在"个人信息"表单案例中，为姓名输入框和密码输入框添加 <lable> 标签，代码如下：

```
<label for="xm">姓名</label><input type="text"  id="xm" value="" />
<label for="pwd">密码</label><input type="password" id="pwd" maxlength="50" />
```

单击标签上的文本信息"姓名"和"密码"时，光标会聚集到对应的文本框中。

3）<textarea> 标签

在使用表单时，姓名、年龄字段可以使用单行文本框，如涉及描述信息，内容比较多时，就需要用到多行文本框。<textarea> 标签表示多行文本框，又叫作文本域。<textarea> 能创建多行文本输入框，通过必选属性 cols 和 rows 控制标签的尺寸。其语法格式为：

```
<textarea  cols="每行中的字符数" rows="需要显示的行数"></textarea>
```

textarea 标签除了包括必须属性 cols 和 rows 外，还包括 readonly 属性设置该控件内容是否只读，disable 属性设置第一次加载页面时禁用该控件（显示为灰色）。

4）select 列表框元素

网页中经常看到多个选项的下拉选择框，如学历、籍贯等，下拉选择框最大的优势是能节省网页空间，一般用于选择较大数量的内容。其语法格式为：

```
<select>
    <option>请选择</option>
    <option>可选项1</option>
    <option>可选项2</option>
    <option>可选项3</option>
    <option>可选项4</option>
</select>
```

在"个人信息"表单案例中，使用 select 控件添加"所在城市"的选项，示例代码如下：

```
<label for="city">所在城市</label>
<select name="city" id="">
    <option value="beijing" selected="selected">北京</option>
    <option value="shanghai">上海</option>
    <option value="guangzh">广州</option>
    <option value="shenzh">深圳</option>
</select>
```

效果如图 8-16 所示，第一个选项中的 selected 属性定义选择框的默认选项。

图8-16　select控件效果

3. 表单案例

本案例使用文本框、密码框、单选按钮、复选框等元素，制作一个会员注册表单，嵌入的 CSS 样式将页面进行美化，效果如图 8-17 所示。操作步骤如下：

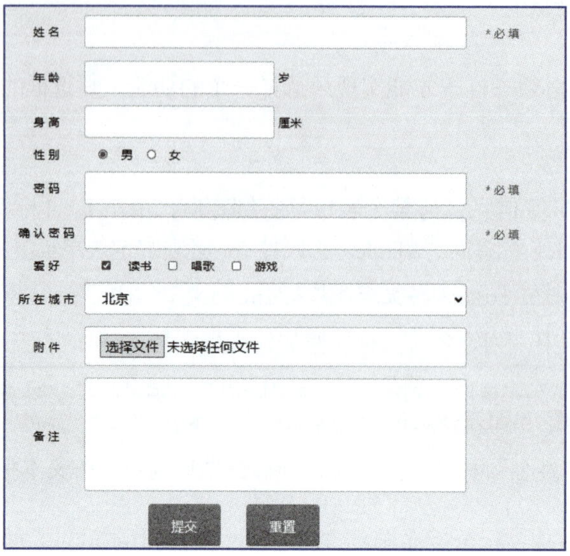

图8-17 "会员注册"表单效果

（1）新建 html 文件，利用 div 定义一个表单区域，插入表单控件，包括一个 text 类型的 input 标签，用来输入姓名；两个 numbler 类型的 input 标签，用来输入身高、年龄；两个 password 类型的 input 标签，用来输入密码；一组单选按钮和一组复选按钮；一个 select 下拉选择框和一个用于输入多行文字信息的 textarea 标签；两个 button 类型的 input 标签。主要代码如下：

```html
<div class="main_form">
    <form action="" method="post" name="form1">
    <label for="xm">姓名 </label><input type="text" name="xm" id="xm" value="" />
    <label class="required">* 必填 </label><br>
    <label for="age">年龄 </label>
    <input type="number" name="age" id="age" value="" /> 岁 <br>
    <label for="high">身高 </label>
    <input type="number" name="high" id="high" value="" /> 厘米 <br>
    <label for="sex">性别 </label>
    <input type="radio" id="male" value="male" checked="checked"/> 男
    <input type="radio" name="sex" id="female" value="female" /> 女 <br>
    <label for="pwd">密码 </label>
    <input type="password" name="pwd" id="pwd" value="" maxlength="50" />
    <labelclass="required">* 必填 </label><br>
    <label for="confirm">确认密码 </label>
    <input type="password" name="confirm" id="confirm" maxlength="50" />
    <label class="required">* 必填 </label><br>
    <label for="hobby">爱好 </label>
    <input type="checkbox" name="read" value="reading" checked="checked" /> 读书
    <input type="checkbox" name="sing" id="" value="singing" />唱歌
    <input type="checkbox" name="game" id="" value="game" />游戏 <br>
    <label for="city">所在城市 </label>
    <select name="city" id="">
        <option value="beijing" selected="selected">北京 </option>
        <option value="shanghai">上海 </option>
        <option value="guangzh">广州 </option>
        <option value="shenzh">深圳 </option>
    </select><br>
    <label for="file">附件 </label>
```

```html
            <input type="file" name="upload" id="upload" value="" /><br>
            <div id="beizhu">
                <label for="remark">备注</label>
                <textarea rows="" cols="" name="remark" id="remark"></textarea>
            </div>
            <div class="btnArea">
                <input type="button" value=" 提交 " />
                <input type="button" name="" id="" value=" 重置 " />
            </div>
        </form>
</div>
```

（2）使用 CSS 样式为页面设置宽度、背景和居中显示等样式。主要代码如下：

```css
.main_form {
    width: 870px;                        /* 定义主内容区的文段区域的宽度 */
    margin: 0 auto;                      /* 在父层中页面居中 */
    background-color: aliceblue;
    padding: 10px 15px;
    margin-bottom: 20px;
}
```

（3）为 input、select、textarea 表单控件添加圆角边框、长度、字号等样式。代码如下：

```css
input,
select,
textarea{                                /* 同时为三个标签设置 CSS 样式 */
    font-size: 18px;
    outline: none;
    width: 60%;
    padding: 10px 20px;
    margin: 8px 0;
    box-sizing: border-box;
    border-radius: 4px;
    border: 1px solid #CCCCCC;
}
```

（4）为文本区域 textarea 表单控件添加位置、高度样式。代码如下：

```css
textarea {
    height: 150px;
    resize: none;
    position: absolute;
    top: 0;
    margin-left: 100px;
}
```

（5）为命令按钮添加大小、背景、圆角边框、鼠标指针形状等样式。命令按钮属于 input 表单控件的一种，在添加标签样式时要引用 [type=button] 命令设置 input 控件的类型。代码如下：

```css
input[type=button]
{
    width: 100px;
    background-color: #4CAF50;
    border: none;
    color: white;
    padding: 16px 32px;
    text-decoration: none;
    cursor: pointer;                     /* 鼠标形状变为手 */
```

```
        border-radius: 5px;
        margin: 5px 15px;
}
```

8.2.7 常用标签应用

1. 案例分析

本案例使用 HTML 常用标签进行图文混排，完成如图 8-18 所示的页面效果。页面分为上下两部分，由水平线分隔。上半部分图文混排，图像居左，文字居右排列；下半部分为一个列表。

图8-18 图文混排案例效果

2. 制作页面结构

新建一个 html 页面，使用相应的 HTML 标签搭建网页结构。在 body 标签中，使用 <img /> 标签插入图像，使用 <hr> 标签、<h2> 标签、<p> 标签以及 <ul> 标签分别设置水平线、标题、段落以及列表文本，效果如图 8-19 所示。主要代码如下：

```
<!doctype html>
<html>
    <head>
        <meta charset="utf-8">
        <title>英雄归来！神舟十三号航天员乘组平安抵京</title>
    </head>
    <body>
        <img src="images/hangtianhero.jpg" alt="神舟十三号" />
        <h2>英雄归来！神舟十三号航天员乘组平安抵京</h2>
        <p>据中国载人航天工程办公室消息，……空间生物实验及航天文化等。</p>
        <p>神舟十三号，简称"神十三"，……神舟十三号航天员乘组在轨驻留六个月</p>
        <hr size="1">
        <p>
            <ul>
                <li>2021年9月20日，满载货物的天舟三号货运飞船……</li>
                <li>2021年11月5日，神舟十三号航天员乘将于近……</li>
                <li>2021年11月7日，神舟十三号飞行乘组进行首次……</li>
                <li>2021年12月26日，神舟十三号航天员乘组第二……</li>
```

```
                <li>2022年4月14日，神舟十三号载人飞船已完成……</li>
                <li>2022年4月16日9时56分，神舟十三号载人飞……</li>
            </ul>
        </p>
    </body>
</html>
```

图8-19　HTML页面结构

3. 控制图像

图 8-19 所示的页面中，文字位于图像下方。要实现图 8-18 所示的效果，需要使用图像对齐属性 align，让图片处于文字的左边，并设置水平边距属性 hspace，让图片和文字的间隔合理。操作步骤如下：

（1）在上述页面代码中，在图片标签中的代码更改如下：

`<img src="images/hangtianhero.jpg"alt=" 神舟十三号 "align="left"hspace="35"height="300"/>`

（2）保存 HTML 文件，刷新网页，效果如图 8-20 所示。

图8-20　控制图像效果

4. 控制文本

通过对图像进行控制，实现图像居左、文字居右的效果。在效果图中，标题和段落文本应用不同的字体和字号，某些文字以特殊的颜色突出显示。更改代码如下：

```html
<body>
    <img src="images/hangtianhero.jpg" alt="神舟十三号" align="left" hspace="35" height="300" />
    <h2><font face=" 微软雅黑" size="4" color="red"> 英雄归来! 神舟十三号航天员乘组平安抵京 </font></h2>
    <p style=" text-indent: 2em; ">
        <font size="2" color="#515151">据中国载人航天工程办公室消息,北京时间 <font color="#0e5c9e">2022 年 4 月 16 日 0 时 44 分 </font>,神舟十三号载人飞船与空间站天和核心舱成功分离,神舟十三号航天员乘组在空间站组合体工作生活了 <font color="#0e5c9e">183</font> 天,刷新了中国航天员单次飞行任务太空驻留时间的纪录。神舟十三号载人飞船搭载具有科研价值和社会效益的多个项目,涉及 <font color="#0e5c9e">航天育种、空间生物实验以及航天文化 </font>等。</font>
    </p>
    <p style=" text-indent: 2em; ">
        <font size="2" color="#515151">神舟十三号,简称 <font color="red"><strong>" 神十三 "</strong></font>,为中国载人航天工程发射的第十三艘飞船,是中国空间站关键技术验证阶段第六次飞行,也是该阶段最后一次飞行任务,按照计划部署,神舟十三号航天员乘组在轨驻留 <font color="red"><strong> 六个月 </strong></font>。</font>
    </p>
    <br>
    <hr size="1" color="#515151">
    <p > <font size="2">
        <ul>
            <li>2021 年 9 月 20 日,满载货物的天舟三号货运飞船驶入太空,成功对接 <font color="red"><strong> 空间站 </strong></font></li>
            <li>2021 年 11 月 5 日,神舟十三号航天员乘组将于近日择机执行 <font color="red"><strong> 第一次 </strong></font> 出舱活动 </li>
            <li>2021 年 11 月 7 日,神舟十三号飞行乘组进行 <font color="red"><strong> 首次 </strong> </font> 在轨紧急撤离演练 </li>
            <li>2021 年 12 月 26 日,神舟十三号航天员乘组 <font color="red"><strong> 第二次 </strong> </font> 出舱 </li>
            <li>2022 年 4 月 14 日,神舟十三号载人飞船已完成全部既定任务,将择机撤离空间站核心舱组合体,返回东风着陆场 </li>
            <li>2022 年 4 月 16 日 9 时 56 分,神舟十三号载人飞船返回舱在东风着陆场成功着陆,神舟十三号载人飞行任务取得 <font color="red"><strong> 圆满成功 </strong></font></li>
        </ul> </font>
    </p>
</body>
```

保存文件,刷新页面,最终效果如图 8-18 所示。

8.3 CSS样式

HTML 定义了一系列标签和属性,主要用于描述网页的结构和定义一些基本的格式。更多的文本、图片和网页的样式在 HTML 中并没有涉及。如果需要一种技术对网页的页面布局、背景、颜色等效果实现更加精确的控制,这种技术就是 CSS。CSS(Cascading Style Sheet)称为层叠样式表,在不改变原有 HTML 结构的基础上,增加多样的样式效果,极大地满足了开发者的各种需求,CSS3 是 CSS 当前的最新版本,CSS3 将会美化页面、创造动画效果、显著提高用户体验,同时也能极大地提高程序的性能。

8.3.1 CSS语法结构

CSS 的样式定义由若干条样式规则组成,这些样式可以应用到不同的、被称为选择器的对象上。CSS 的样式定义就是对指定选择器的某个方面的属性进行设置,并给出该属性的值。

CSS 样式语法规则由两个主要的部分构成:选择器和声明。语法规则如下:

```
选择器 {
    属性 1:属性值 1;
    属性 2:属性值 2;
```

```
……
}
```

选择器通常是需要设置样式的 HTML 元素。根据选择器的功能或作用范围，选择器主要分为标签选择器、类选择器和 ID 选择器。

声明由一个或多个属性与属性值成对组成。属性是 CSS 的关键字，如 font-family（字体）、color（颜色）和 border（边框）等。属性用于指定选择器某一方面的特性，属性值用于指定选择器的特性的具体特征。属性和值用冒号分开，如图 8-21 所示。

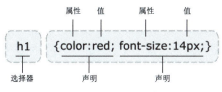

图8-21　选择器和声明

例如，定义 CSS 样式为一级标题设置颜色和字体，示例代码如下：

```
h1{
    color:red;
    font-size:14px;
}
```

上述代码中，将 HTML 的页面标签 <h1> 设置文字颜色是红色，字体大小为 14 像素。如果需要更改 <h1> 标签的格式，只要修改其中的属性值即可。

8.3.2　CSS选择器

要将 CSS 样式应用于特定的 HTML 对象，首先需要用选择器来选择目标元素。CSS 选择器主要有四种类型：标签选择器、类选择器、id 选择器、通配符选择器。

1. 标签选择器

一个 HTML 页面由很多不同的标签组成，如 <p>、<h1>、<div> 等。CSS 标签选择器用于声明这些标签的 CSS 样式。标签选择器也称为元素选择器，是指用 HTML 标签名作为选择器，CSS 通过标签名称找到 HTML 元素，对某一类标签进行统一的格式设置。所有的标签名都可以作为选择器，常见的标签名有 div、p、h1、body 等。其基本的语法格式是：

```
标签名 {
    属性1：属性值1；
    属性2：属性值2；
    ……
}
```

通过标签选择器，设置网页背景色为灰绿色。示例代码如下：

```
body {
    background-color: #E1E0C7;
}
```

通过定义 p 标签的 CSS 格式，为正文所有段落设置相同的格式。示例代码如下：

```
p{
    font-size: 16px;
    line-height: 200%;
}
```

2. 类选择器

标签选择器用于控制页面中所有同类标签的显示样式。例如，当声明了 <p> 标签样式为蓝色、隶书时，

页面中所有的 <p> 标签都将发生变化。如果希望页面中部分 <p> 标签为蓝色、隶书，而另一部分 <p> 标签为绿色、黑体时，仅使用标签选择器是达不到要求的，需要对标签进行分类，使用类选择器来声明样式。类选择器由点号"."及类名称直接相连构成，基本的语法格式为：

```
.类名 {
    属性1:属性值1;
    属性2:属性值2;
    ……
}
```

类名为 HTML 文件中元素的 class 属性值，大多数 HTML 元素都可以设置 class 属性，类选择器常用于为元素对象设置单独的样式。类名的第一个字符不能使用数字，严格区分大小写，一般采用小写的英文字符。

例如，设置页面中部分 <p> 标签为蓝色、隶书；另一部分 <p> 标签为绿色、黑体。操作步骤如下：

（1）通过定义 <P> 标签的 class 属性，把 <P> 标签分为两类，代码如下：

```
<body style="background-color:#CCCCCC;">
    <h1 style="text-align:center;"> 人类三次技术革命回望 </h1>
    <h2> 一、蒸汽机 " 改变了世界 "</h2>
    <p class="special1">1776 年，瓦特制成了高效能蒸汽机，……瓦特完成了从动力机到工具机的生产技术体系，他的巨大功 " 改变了世界 "</p>
    <h2> 二、电力技术 " 开创一个新纪元 "</h2>
    <p class="special2"> 继西门子之后，贝尔于 1876 年发明电话，……这三大发明 " 照亮了人类实现电气化的道路 "。</p>
    <h2> 三、计算机——人类大脑的延伸 </h2>
    <p class="special1">1946 年制成世界上第一台电子数字计算机 ENIAC, 开辟了一个计算机科学技术新纪元，……拉开信息技术革命序幕。</p>
</body>
```

（2）在 CSS 中，通过类选择器，定义两个不同的样式，代码如下：

```
.special1 {        /* 类选择器 1*/
    line-height:140%;
    background-color:#999;
}
.special2 {        /* 类选择器 2*/
    line-height:120%;
    font-size:12px;
}
```

通过上述 CSS 代码，设置段落 1 和 3 的格式为行高 140%，背景颜色 #999。段落 2 的格式为行高 140%，字体 12 px。

3. ID选择器

ID 选择器和类选择器在设置样式的功能上类似，都是对特定元素的属性值进行设置。ID 选择器的一个重要功能是用作网页元素的唯一标识，所以，HTML 文件中元素的 ID 属性值是唯一的。ID 选择器由 "#" 号及 ID 属性值直接相连构成，基本语法格式如下：

```
#Id名 {
    属性1:属性值1;
    属性2:属性值2;
    ……
}
```

如果某标签具有 ID 属性，并且该属性值与 ID 选择器的 ID 名相同，那么该标签的呈现样式由该 ID 选择器指定。元素的 ID 名是唯一的，只能对文档中某一个具体的元素进行样式的设置。

网页中为了突出重要内容，可以先设置 ID，然后根据 ID 添加 CSS 样式。例如，给作者的信息应用不同的格式，示例代码如下：

```
#author{
```

```
    text-decoration: underline;
    color: brown;
    font-size: 12px;
}
```

类选择器和 ID 选择器的主要区别如下：

（1）类选择器可以给任意数量的标签定义样式，但 ID 选择器在页面的标签中只能使用一次。

（2）ID 选择器比类选择器具有更高的优先级，当 ID 选择器与类选择器在样式定义上发生冲突时，优先使用 ID 选择器定义的样式。

4. 伪类选择器

伪类选择器用于向某些选择器添加特殊效果。伪类选择器种类较多，包括链接伪类、结构伪类等。常用的是链接伪类，功能描述如下：

```
a:link           未被访问的链接
a:visited        已被访问的链接
a:hover          鼠标经过的链接
a:active         鼠标选中的链接
```

链接伪类要严格按照顺序定义，a:hover 在 a:link 和 a:visited 之后，a:active 在 a:hover 之后。

8.3.3　CSS的定义与引用

要想使用 CSS 修饰网页，就必须在 HTML 文档中引入 CSS 样式表。CSS 提供了 3 种常用的引入方式：行内式，内嵌式，外链式。

1. 行内样式

通过标签的 style 属性来设置标签的样式，style 是标签的属性，任何 HTML 标签都拥有 style 属性。其基本语法格式如下：

```
< 标签名  style=" 属性1：属性值1；属性2：属性值2……"> 内容 </ 标签名 >
```

示例代码如下：

```
<h1 style="color:red;">style 属性的应用 </h1>;
<p  style="font-size:14px;color:green;"> 直接在 HTML 标签中设置的样式 </p>
```

行内样式的特点主要是通过标签的属性来控制样式，并且只对该标签起作用，没有做到结构与样式分离。

2. 内部样式

内部样式将样式定义作为网页代码的一部分，写在 HTML 文档的 <head> 和 </head> 之间，通过 <style> 和 </style> 标签来声明。嵌入的样式与行内样式有相似的地方，但是又不同，行内样式的作用域只有一行，而嵌入的样式可以作用于整个 HTML 文档。其基本的语法格式如下：

```
<style type="text/css">
    选择器 { 属性1：属性值1；属性2：属性值2……}
</style>
```

内部样式使用标签 <style>，将结构与样式进行了不完全分离。因为内部样式只对其所在的 HTML 页面有效，如果只有一个页面时，内部样式是一个不错的选择。如果是一个大型网站，则需要用到外部样式。

3. 外部样式

外部样式是将所有的样式规则放在一个或多个扩展名为 .css 的文件中，通过 <link> 标签将外部样式表文件链接到 HTML 文档中。基本的语法结构如下：

```
<link type="text/css" rel="styleSheet"  href="CSS 文件路径 " />
```

示例代码如下：

```
<link rel="stylesheet" type="text/css" href="css/style.css" />
```

外部样式的特点是 <link> 标签需要放在头部标签 <head> 中，且必须设置以下三个属性：

（1）href：定义被链接文档的位置，一般使用相对路径。

（2）type：定义被链接文档的类型，值为"text/css"代表链接的外部文件为 CSS 样式表。在一些宽松的语法格式中，type 属性也可以省略。

（3）rel：定义当前文档与被链接文档之间的关系，stylesheet 代表链接的文档是一个样式表文件。

8.3.4　CSS常用样式

1. CSS字体属性

CSS 提供了文本设置属性，能有效地控制和设置丰富的文本样式。为了设置丰富的网页字体，CSS 提供了一系列字体样式属性，常用的有以下 5 种。

1）font-size：字号大小

font-size 属性属于设置字号，该属性的值可以使用相对长度单位，也可以使用绝对长度单位。相对长度单位指定一个长度相对于另一个长度的属性；绝对长度单位是一个固定的值，不依赖于环境（显示器、分辨率、操作系统等）。常见的长度单位见表 8-13。

表8-13　常见的长度单位

相对长度单位	说　　明	绝对长度单位	说　　明
em	相对于当前对象内文本的字体大小（2em 表示当前字体大小的 2 倍）	in	英寸
rem	相对于根元素 (html) 的字体大小	cm	厘米
px	像素是相对于显示器屏幕分辨率而言，最常用的单位	mm	毫米
		pt	点

相对长度单位比较常用，推荐使用像素单位 px；绝对长度单位使用较少。例如，将网页中所有段落文本的字体大小设为 12 px，CSS 样式的示例代码如下：

```
p { font-size:12px}
```

2）font-family：字体

font-family 属性用于设置字体，网页中常用的字体有宋体、微软雅黑、黑体等。例如将网页中所有段落文本的字体设置为微软雅黑，CSS 样式的示例代码：

```
p {font-familly:" 微软雅黑 "}
```

font-family 属性可以同时指定多个字体，中间用逗号隔开，如果浏览器不支持第一个字体，会尝试下一个，直到找到合适的字体。例如：body{font-family:"幼圆","宋体","黑体"}，当指定的字体都没有安装时，用浏览器默认的字体。

使用 font-family 设置字体时，需注意以下 4 点：

（1）各字体之间必须使用英文状态下的逗号隔开。

（2）中文字体需要加上英文输入法的引号，英文字体一般不需要加引号，当要设置英文字体时，英文字体名称必须位于中文字体名称之前。例如：body{font-family:Arial,"幼圆","宋体","黑体"}。

（3）如果字体名中包含空格、#、$ 等符号，则该字体必须加英文输入法的单引号或双引号，例如：font-family: "Times New Roman"。

（4）尽量使用系统默认字体，保证文字在任何用户的浏览器中都能正常显示。

3）font-weight 属性

font-weight 属性用于定义字体的粗细，其可用属性值见表 8-14。

表8-14 font-weight可用属性值

值	描　　述	值	描　　述
normal	默认值，定义标准的字符	bolder	定义更粗的字符
bold	定义粗体字符	lighter	定义更细的字符

4）font-style 属性

font-style 属性用于定义字体风格，如设置斜体、倾斜或正常字体，其可用属性值如下：

（1）normal：默认值，浏览器会显示标准的字体样式。

（2）italic：浏览器会显示斜体的字体样式。

（3）oblique：浏览器会显示倾斜的字体样式。

italic 使用了文字本身的斜体属性，oblique 是让没有斜体属性的文字作为倾斜处理。两者在显示效果上并没有本质的区别。实际工作中常使用 italic。

5）font 综合属性

font 属性用于对字体样式进行综合设置，其基本语法格式如下：

```
选择器 { font: font-style font-weight font-size line-height font-family;}
```

使用 font 属性时，必须按上面语法格式中的顺序书写，各属性以空格隔开。其中 line-height 指的是行高。不需要设置的属性可以省略（取默认值），但必须保留 font-size 和 font-family 属性，否则 font 属性不起作用。

2. CSS文本属性

1）color：文本颜色

color 属性用于定义文本的颜色，取值方式包括 3 种：

（1）预定义的颜色值：如 red、green、blue 等。

（2）十六进制：如 #FF6600、#29D794 等。十六进制是最常用的定义颜色的方式。

（3）RGB 代码：如红色可以表示为 RGB (255,0,0) 或 RGB (100%,0%,0%)。如果使用百分比颜色值，取值为 0 时也不能省略百分号，必须写 0%。

2）letter-spacing：字间距

letter-spacing 属性用于定义字间距，就是字符与字符之间的空白。其属性值可为不同单位的数值，允许使用负值，默认为 normal。例如，为 div 和 p 设置不同的字间距，示例代码如下：

```
div{letter-spacing: 15px;}, p{letter-spacing: -0.8em;}
```

3）word-spacing：单词间距

word-spacing 属性用于定义英文单词之间的间距，对中文字符无效。和 letter-spacing 一样，其属性值可为不同单位的数值，允许使用负值，默认为 normal。word-spacing 和 letter-spacing 对英文进行设置时，word-spacing 是设置单词之间的间距，letter-spacing 是设置字母之间的间距。

4）line-height：行高

line-height 属性用于设置行间距，就是行与行之间的距离，即字符的垂直间距，一般称为行高。line-height 常用的属性值单位有三种：像素 px、相对值 em、百分比 %，使用最多的是像素 px。

5）text-transform：大小写控制属性

text-transform 属性用于控制英文字符的大小写，其可用属性值如下：

（1）none：不转换（默认值）。

（2）capitalize：首字母大写。

（3）uppercase：全部字符转换为大写。

（4）lowercase：全部字符转换为小写。

6）text-decoration：文本修饰

text-decoration 属性用于设置文本的下划线、上划线、删除线等装饰效果。其可用属性值如下：

（1）none：没有装饰（正常文本默认值）。
（2）underline：下划线。
（3）overline：上划线。
（4）line-through：删除线。

7）text-align：水平对齐方式

text-align 属性用于设置文本内容水平对齐，相当于 html 中的 align 对齐属性。其可用属性值如下：

（1）left：左对齐（默认值）
（2）right：右对齐。
（3）center：居中对齐。

8）vertical-align：垂直对齐

vertical-align：属性用于设置文本内容垂直对齐。其可用属性值如下：

（1）top：顶对齐。
（2）bottom：底对齐。
（3）text-top：相对文本顶对齐。
（4）text-bottom：相对文本底对齐。
（5）baseline：基准线对齐。
（6）middle：中心对齐。
（7）sub：以下标的形式显示。
（8）super：以上标的形式显示。

9）text-indent：首行缩进

text-indent 属性用于设置首行文本的缩进。其属性值可为不同单位的数值、em 字符宽度的倍数、或相对于浏览器窗口宽度的百分比，允许使用负值，建议使用 em 作为设置单位。

10）text-shadow：文本阴影

text-shadow 属性可以为页面中的文本添加阴影效果，其基本语法格式为：

选择器 {text-shadow: h-shadow v-shadow, blur }

其中 h-shadow 用于设置水平阴影的距离，v-shadow 用于设置垂直阴影的距离，blur 用于设置模糊半径，color 用于设置阴影颜色。

3. CSS背景属性

1）背景颜色：background-color

取值：颜色常量（red, blue 等），合法的十六进制颜色值。

2）背景图像：background-image

取值：background-image：url(img/bg.png)。

通过 url 设置背景图像的文件目录及文件名。

3）背景图片平铺重复：background-repeat

设置背景图像在水平和垂直方向的重叠覆盖方式，参数如下：

（1）no-repeat：不重复平铺背景图片。
（2）repeat-x：使图片只在水平方向上平铺。
（3）repeat-y：使图片只在垂直方向上平铺。

如果不指定背景图片重复属性，浏览器默认的是背景图片向水平、垂直两个方向上平铺。

4）背景图片固定：background-attachment

背景图片固定控制背景图片是否随网页的滚动而滚动。如果不设置背景图片固定属性，浏览器默认背景图片随网页的滚动而滚动。为了避免过于花哨的背景图片在滚动时转移浏览者的注意力，一般都设为固定。参数如下：

fixed：网页滚动时，背景图片相对于浏览器的窗口而言，固定不动。
scroll：网页滚动时，背景图片相对于浏览器的窗口而言，一起滚动。

4. 其他常用样式

1）显示样式：display

参数如下：

block：块级元素，在对象前后都换行。
inline：在对象前后都不换行。
list-item：在对象前后都换行，增加了项目符号。
none：无显示。

2）列表样式：list-style-type

不管是有序列表还是无序列表，都统一使用 list-style-type 属性来定义列表项符号，属性值见表 8-15。

表8-15 list-style-type 属性值说明

值	描述	值	描述
none	无标签	upper-roman	大写罗马数字（I, II, III, IV, V 等）
disc	默认的，标签是实心圆。	lower-alpha	小写英文字母（a, b, c, d, e 等）
circle	标签是空心圆	upper-alpha	大写英文字母（A, B, C, D, E 等）
square	标签是实心方块	lower-greek	小写希腊字母（α, β, γ 等）
decimal	标签是数字	lower-latin	小写拉丁字母（a, b, c, d, e 等）
decimal-leading-zero	0 开头的数字标签（01, 02, 03 等）	upper-latin	大写拉丁字母（A, B, C, D, E 等）
lower-roman	小写罗马数字（i, ii, iii, iv, v 等）		

3）鼠标指针样式 cursor

用于设置鼠标指针的类型，例如："cursor:pointer" 手形、"cursor:crosshair" 十字形、"cursor:text" 文本形、"cursor:wait" 沙漏形。

8.3.5 CSS样式应用

利用 CSS 样式，完成案例"中国历代画牛名作"的制作，网页效果如图 8-22 所示。CSS 设置的步骤是先整体后局部，操作步骤如下：

图8-22 "中国历代画牛名作"效果图

（1）新建 HTML 页面，在 body 部分，使用 HTML 标签插入网页内容，具体代码如下：

```html
<body>
    <div class="main_content">
        <h1> 中国历代画牛名作 </h1>
        <p class="textRemark">2022 年 02 月 13 日 09:07:20 来源：明清史研究 </p>
        <img src="img/ 文化 / 牧童和牛 .png">
        <p> 牧童骑黄牛，歌声振林樾。意欲捕鸣蝉，忽然闭口立。——
        <span id='author'> 清代·袁枚《所见》</span></p>
        <p class="subtitle"> 一、唐·韩滉《五牛图卷》( 局部 ) </p>
        <p> 韩滉画牛用笔之细，描写之传神，牛态之可掬，……任劳任怨的精神信息。</p>
        <img src="img/ 文化 / 韩滉五牛图 .jpeg">
        <p class="subtitle"> 二、宋·李唐《乳牛图》</p>
        <p> 南宋的画家李唐也画过《乳牛图》，现藏台北故宫博物院……气韵如真。"</p>
        <img src="img/ 文化 / 李唐乳牛图 .jpeg">
        <p class="subtitle"> 三、唐·戴嵩《斗牛图》</p>
        <img src="img/ 文化 / 戴嵩斗牛图 .jpg">
        <p>《斗牛图》以浓墨绘蹄、角，点眼目、棕毛，……合称 " 韩马戴牛 "。</p>
        <p class="subtitle"> 四、南宋·李迪《风雨牧归图》</p>
        <img src="img/ 文化 / 李迪风雨牧归图 .jpeg">
        <p>《风雨牧归图》是一幅妙趣横生的牛画，……也点醒了作品的意趣。</p>
        <p id="footer">
            <a href="index.html" id="textReturn"> 返回主页 </a>
            <a href="page2-cultrue-1.html">
                <font id="textNext"> 下一篇：</font> 庚子清明：十里春深，念念故人
            </a>
        </p>
    </div>
</body>
```

（2）为整个页面定义通用格式。包括使用通用选择器为整个页面所有元素清除默认外边距和内边距，设置值为 0；通过标签选择器，为页面设置背景颜色。

① 清除默认边距，代码如下：

```css
* {
    margin: 0;
    padding: 0;
}
```

② 设置 body 的背景色为 #f3f4f5 或 whitesmoke，代码如下：

```css
body {
    background-color: whitesmoke;
}
```

（3）为页面正文设置通用格式。通过标签选择器，为页面主体段落、主标题、图片等内容设置统一格式。

① 主标题样式定义的代码如下：

```css
h1 {
    padding-top: 15px;        /* 内上边距 */
    text-align: center;       /* 文本水平对齐方式 */
    font-size: 32px;          /* 字号 */
    font-weight: bold;        /* 字体粗细 */
}
```

② 为所有段落设置统一格式：首行缩进 2 个字符，行高 2 个字符，内、外边距，字体和字号等，效果如图 8-23 所示，段落文本具有相同的格式。CSS 样式定义的代码如下：

```css
p {
    padding: 0 15px;
```

```
    font-family: "微软雅黑";              /* 字体 */
    font-size: 18px;
    margin: 0 15px;
    text-indent: 2em;                    /* 两倍于字体大小 */
    line-height: 2em;                    /* 两倍于字体大小 */
    text-align: justify;                 /* 两端对齐 */
}
```

图8-23　设置段落格式效果

③ 为图片定义统一样式，显示为块状元素、居中对齐、宽度为页面宽度的 80%、高度根据宽度自动调整，效果如图 8-24 所示。CSS 代码如下：

```
img {
    display: block;                      /* 设置显示方法 */
    margin: 15px auto;                   /* 设置外边距 */
    max-width: 80%;
    height: auto;
}
```

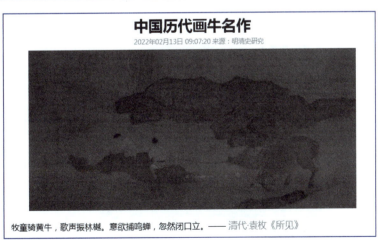

图8-24　图像版式效果

（4）为二级标题、副标题等添加样式。二级标题由 p 段落标签定义，为所有具有 p 标签定义的内容设置统一格式。为了区分标题和内容，所有的二级标题添加 class（类）属性，使用类选择器，定义统一的样式。

页面中包括很多标签，为了让所有内容具有相同的背景，居中显示，需添加一个 div 容器，设置类名为 "main_content"，利用类选择器定义特殊样式，代码如下：

```css
.main_content
{
    width: 900px;              /*定义主内容区的文段区域的宽度*/
    margin: 0 auto;            /*页面居中*/
    background-color: white;
}
```

在 html 代码中，为副标题添加类属性，设置类名为"textRemark"，使用类选择器定义特殊样式，效果如图 8-25 所示，代码如下：

```
<h1>中国历代画牛名作</h1>
<p class="textRemark">2021年02月13日 09:07:20 来源：明清史研究</p>
.textRemark {
    font-size: 14px;
    color: darkgray;
    height: 15px;
    width: 450px;
    margin: 0 auto;
    text-align: center;
}
```

中国历代画牛名作
2022年02月13日 09:07:20 来源：明清史研究

图8-25　副标题效果

在 html 代码中，为所有二级标题添加类属性，设置相同的类名"subtitle"，利用类选择器定义统一样式，给二级标题设置相同的格式，效果如图 8-26 所示。代码如下：

```
<p class="subtitle">一、唐·韩滉《五牛图卷》（局部）</p>
<p class="subtitle">二、宋·李唐《乳牛图》</p>
<p class="subtitle">三、唐·戴嵩《斗牛图》</p>
<p class="subtitle">四、南宋·李迪《风雨牧归图》</p>
    .subtitle {
        font-weight: bold;
        padding: 0 15px;
        height: 45px;
        font-size: 24px;
        font-family: "微软雅黑";
        text-indent: 0;
    }
```

图8-26　二级标题效果

（5）添加特殊样式，为段落中部分文字添加样式，首先要利用 span 标签装入需要特殊处理的文段，然后定义 ID 属性，最后利用 ID 选择器为文段定义特殊的样式。如图 8-27 所示，利用 span 标签为作者信息添加 ID，设置 CSS 效果，代码如下：

```
<p>牧童骑黄牛，歌声振林樾。意欲捕鸣蝉，忽然闭口立。——
<span id='author'>清代·袁枚《所见》</span>   </p>
    #author {
        font-size: 20px;
        color: #FF7F50;
    }
```

牧童骑黄牛，歌声振林樾。意欲捕鸣蝉，忽然闭口立。—— 清代·袁枚《所见》

图8-27　ID样式效果

为了区分超链接文字和正文的格式，需要为页脚的超链接定义特殊的格式，效果如图 8-28 所示。示例代码和 CSS 样式如下：

```
<p id="footer">
    <a href="index.html" id="textReturn">返回主页 </a>
    <a href="page2-cultrue-1.html">
        <font id="textNext">下一篇：</font>庚子清明：十里春深，念念故人
    </a>
</p>
a:visited  {  color: #FFE4C4;  }
a:hover    {  color: coral;    }
```

返回主页　　下一篇：庚子清明：十里春深，念念故人

图8-28　链接文字效果

8.4　页　面　布　局

早期的网页页面多采用表格布局，设计者按照内容需要，通过设置表格行列属性，实现网页布局。随着网页内容的不断丰富，图像、视频、动画等多媒体网页元素的加入，使表格布局变得十分复杂，代码量巨大。因此，DIV+CSS 布局以其代码简洁、定位精准、载入快捷、维护方便等优点日趋流行。

8.4.1　盒子模型

盒子模型是 CSS 控制页面布局的一个非常重要的概念。页面上的所有元素，包括文本、图像、超链接、div 块等，都可以被看作盒子。由盒子将页面中的元素包含在一个矩形区域内，这个矩形区域则被称为盒子模型。盒子模型是网页布局的基础，掌握盒子模型的规律和特征，可以很好地控制网页中各个元素所呈现的效果。

网页页面布局的过程可以看作在页面中摆放盒子的过程。通过调整盒子的边框、边界等参数控制各个盒子，实现对整个网页的布局。盒子模型由内到外依次分为内容（content）、填充（padding）、边框（border）和边界（margin）4 部分，如图 8-29 所示。

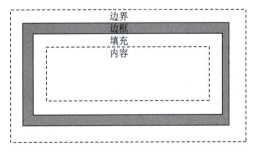

图8-29　盒子模型

盒子模型拥有内边距、边框、外边距、宽度和高度等基本属性，但是并不要求每个盒子模型都必须定义这些属性。

1. 内容

内容（content）是盒子里的物品，是盒子模型中必须有的部分，可以是网页上的任何元素，如文本、图片、视频等各种信息。

内容的大小由属性宽度和高度定义，如果盒子里信息过多，超出 width 属性和 height 属性限定的大小，盒子的高度将会自动放大，需要使用 overflow 属性设置处理方式。定义盒模型的语法格式如下。

```
width: auto | length;
height: auto | length;
overflow: auto | visible | hidden | scroll;
```

属性值 auto 表示盒子的宽度或高度，可以根据内容自动调整；属性值 length 是长度值或百分比值，百分比值是基于父对象的值来计算当前盒子大小。

在 overflow 属性中，auto 表示根据内容自动调整盒子是否显示滚动条；visible 表示显示所有内容，不受盒子大小限制；hidden 表示隐藏超出盒子范围的内容；scroll 表示始终显示滚动条。

2. 边界

边界（margin）是盒子模型与其他盒子模型之间的距离，使用 margin 属性定义，其语法格式如下：

```
margin: auto | length;
```

属性值 length 是长度值或百分比值，百分比值是基于父对象的值。长度值可以为负值，实现盒子间的重叠效果。可以利用 margin 的 4 个子属性 margin-top、margin-bottom、margin-left、margin-right 分别定义盒子四周各边界值，语法与 margin 相同。如果是行内元素，则只有左、右边界起作用。图 8-30 所示为设置 margin-left 和 width 的效果，示例代码如下：

```
p {
    width: 200px;
    margin-left: 150px;            /*设置左外边距*/
    height: 120px;
}
<p class="border">
    环境保护一般是指人类为解决现实或潜在的环境问题，协调人类与环境的关系保护人类的生存环境、保障经济社会的可持续发展而采取的各种行动的总称。
</p>
```

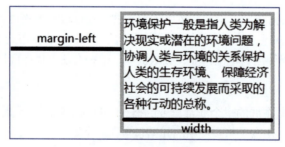

图8-30　边界效果

当对块级元素应用宽度属性 width，并将左右的外边距都设置为 auto，可使块级元素水平居中。示例代码如下：

```
Margin: 0 auto          /* 利用 margin 实现块元素水平居中 */
Margin: 5px auto        /* 利用 margin 实现块元素水平居中，并且上下 5 像素边距 */
```

3. 边框属性

为了分割页面中不同的盒子，通常需要给元素设置边框效果。可以设置单侧边框（上边框、下边框、左边框、右边框）的样式属性、宽度属性、颜色属性，也可以综合设置边框的属性。边框的属性见表 8-16。

表8-16 边框的属性

设置内容	样式属性	常用属性值
边框样式	border-style: 上边 [右边 下边 左边];	none 无（默认）、solid 单实线、dashed 虚线、dotted 点线、double 双实线
边框宽度	border-width: 上边 [右边 下边 左边];	像素值
边框颜色	border-color: 上边 [右边 下边 左边];	颜色值、# 十六进制、rgb(r,g,b)
综合设置边框	Border：四边宽度 四边样式 四边颜色；	同时设置宽度，样式和四边的颜色
圆角边框	border-radius：水平半径参数 / 垂直半径参数；	像素值或百分比

通过案例进一步理解边框属性的效果，效果如图 8-31 所示。代码如下：

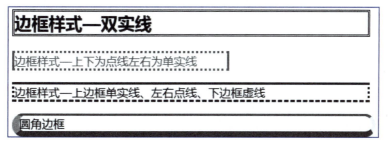

图8-31 边框属性效果

```
<!doctype html>
<html>
    <head>
        <meta charset="utf-8">
        <title>设置边框样式</title>
        <style type="text/css">
            h2,p{width:500px}
            h2{ border-style:double;width:500px}       /*4 条边框相同—双实线 */
            .one{
                border-top-style:dotted;               /* 上边框——点线 */
                border-bottom-style:dotted;            /* 下边框——点线 */
                border-left-style:solid;               /* 左边框——单实线 */
                border-right-style:solid;              /* 右边框——单实线 */
                /* 上面 4 行代码等价于：border-style:dotted solid;*/
                width:300px;
                color:red;
            }
            .two{ border-style: solid dotted dashed;   /* 上实线、左右点线、下虚线 */ }
            .three{
                border:1px solid red;
                border-radius: 50px;
                width:500px;
                border-width:3px 5px 8px 10px;
                border-color:red yellow green orange;
            }
        </style>
    </head>
    <body>
        <h2>边框样式—双实线 </h2>
        <p class="one">边框样式—上下为点线左右为单实线 </p>
        <p class="two">边框样式—上边框单实线、左右点线、下边框虚线 </p>
        <p class="three"> 圆角边框 </p>
    </body>
</html>
```

4. 填充

填充（padding）用来设置内容和盒子边框之间的距离，可用 padding 属性设置，其语法格式如下：

```
padding: length;
```

length 可以是长度值或百分比值，百分比值是基于父对象的值。与 margin 类似，也可用 padding 的子属性 padding-top、padding-bottom、padding-left、padding-right 分别定义盒子 4 个方向的填充值，长度值不可以为负。图 8-32 所示为设置 padding 和 padding-bottom 样式的效果，示例代码如下：

```
p {
    width: 200px;
    padding: 20px;              /*图像4个方向内边距相同*/
    padding-bottom: 50px;       /*单独设置下边距*/
    height: 120px;
}
```

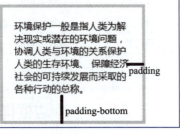

图8-32　填充效果

8.4.2　DIV标签

div 标签的功能是定义 HTML 文档中的分区（division）或分节（section）。div 是一个容器，不含任何语义特性，主要用于页面布局，承载着需要表示的内容，将相关的内容组合在一起，和其他内容进行分隔，使文档结构更加清晰。

div 是一个块级元素，自动占用一整行，起始标签和结束标签之间的所有内容都用来构成这个块，包含元素的特性由 div 标签的属性来控制，或者通过使用样式格式化 div 进行控制，其属性见表 8-17。基本语法为：

```
<div id=" " class=" " style=" "> 内容 </div>
```

表8-17　div标签的属性

属　　性	描　　述
class	设置元素的类名
id	设置元素的唯一 ID
style	设置元素的样式
tabindex	设置元素的 tab 键控制次序

通过案例进一步理解不同 div 样式的效果，如图 8-33 所示。首先需定义两个 div 盒子，用来存放对应的内容。代码如下：

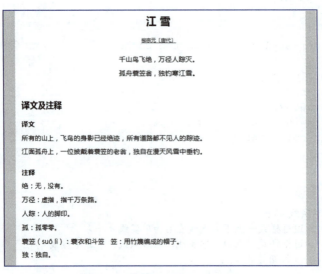

图8-33　不同DIV样式显示效果

```
<div class="cont">
    <h1 style="font-size:26px;">江    雪</h1>
    <p id="author">柳宗元〔唐代〕</p>
        <p>千山鸟飞绝，万径人踪灭。<br />孤舟蓑笠翁，独钓寒江雪。</p>
</div>
<div class="contyishang">
    <div>
        <h2>译文及注释</h1>
    </div>
<p> <strong>译文</strong><br />
        所有的山上，飞鸟的身影已经绝迹，所有道路都不见人的踪迹。<br />
        江面孤舟上，一位披戴着蓑笠的老翁，独自在漫天风雪中垂钓。</p>
    <p>
        <strong>注释<br /></strong>
        绝：无，没有。<br />
        万径：虚指，指千万条路。<br />
        人踪：人的脚印。<br />
        孤：孤零零。<br />
        蓑笠（suō lì）：蓑衣和斗笠  笠：用竹篾编成的帽子。<br />
        独：独自。
    </p>
</div>
```

其次，利用 CSS 样式为 div 标签定义类选择器样式，规划两个 div 块不同的显示效果，代码如下：

```
.cont,
.contyishang {
    width: 670px;
    background-color: white;
    padding: 5px 15px;
    height: auto;
    margin: 1px 20px;
}
.cont{
    text-align: center;
}
```

8.4.3 布局属性

CSS 布局有别于传统的表格布局，一般先利用 div 标签将页面整体分为若干个盒子，然后对各个盒子进行定位。常用的布局方式主要是浮动定位，布局定位属性为浮动属性（float）和清除浮动属性（clear）。

浮动属性（float）可以控制盒子左右浮动，直到边界碰到父对象或另一个浮动对象。浮动设置使用户能够更加自由地布局网页。布局完成之后，如需清除浮动设置，则使用浮动属性 clear。

1. 元素浮动属性float

浮动属性作为 CSS 的重要属性，在网页布局中至关重要。在 CSS 中通过 float 属性来设置浮动。元素设置了浮动属性后，会脱离标准文档流的控制，浮动起来，按照需求移动到左边或者右边，实现浮动的效果。基本的语法格式：

```
float: none | left | right;
```

常用的 float 属性值有 3 个，具体取值及描述见表 8-18。

表8-18 常用的float属性值及含义

属 性 值	描 述
Left	元素浮动到其容器的左侧
right	元素浮动在其容器的右侧
none	元素不会浮动（将显示在文本中刚出现的位置）。默认值

浮动盒子不再占用原本在文档中的位置，其后续元素会自动向前填充，遇到浮动对象边界则停止。

通过"环境保护"排版案例，进一步理解通过 float 浮动属性布局网页。操作步骤如下：

（1）新建一个 HTML 页面，插入三个 div 标签，并插入相应的文字，示例代码如下：

```
<!DOCTYPE html>
<html>
    <head>
    <meta charset="utf-8">
    <title> 关于环保 </title>
    </head>
    <body>
        <div class="first">
            环境保护是利用环境科学的理论和方法，协调人类与环境的关系，解决各种问题，保护和改善环境的一切人类活动的总称
        </div>
        <div class="two">
            环境保护方式包括：采取行政的、法律的、经济的、科学技术的多方面的措施，……扩大有用自然资源的再生产，保证人类社会的发展。
        </div>
        <div class="index_two">
            加大环境治理力度，以提高环境质量为核心……实行省以下环保机构监测监察执法垂直管理制度。
        </div>
    </body>
</html>
```

（2）为了更好地区分各个盒子的范围，为每个 div 设置不同颜色的边框，并设置上边距，所有的元素均不应用 float 属性，效果如图 8-34 所示，每个 div 标签按照标准文档流的样式从上到下顺序显示，单独占有一整行。示例代码如下：

```
<style type="text/css">
    .one{
        margin-top: 5px;
        border: 1px solid greenyellow;
    }
    .two{
        margin-top: 5px;
        border: 1px solid skyblue;
    }
    .three{
        margin-top: 5px;
        border: 1px solid goldenrod;
    }
</style>
```

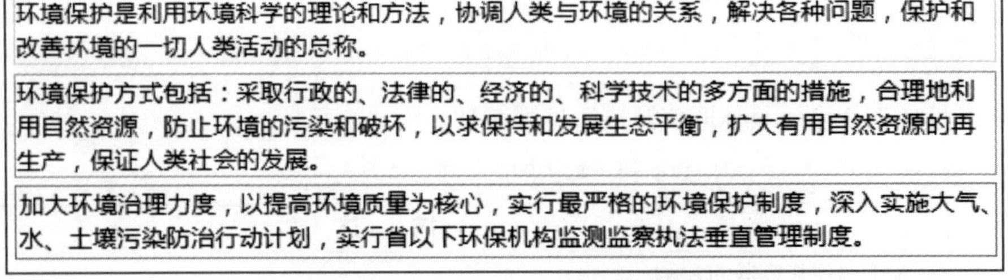

图8-34　不设置浮动排列效果

（3）在 CSS 代码中，为第一个 div 标签添加 float 属性，设置为 left 往左浮动，代码如下：

```
<style type="text/css">
    .one{
        margin-top: 5px;
        border: 1px solid greenyellow;
        float: left;
    }
    .two{
        margin-top: 5px;
        border: 1px solid skyblue;
        }
    .three{
        margin-top: 5px;
        border: 1px solid goldenrod;
    }
</style>
```

（4）保存 HTML 文件，刷新页面，效果如图 8-35 所示，设置左浮动的 div 元素 1（class="one"）漂浮起来，div 元素 2（class="two"）没有受到前面文档流的控制，出现在最顶端。div 元素 1 和 div 元素 2 重叠在一起。

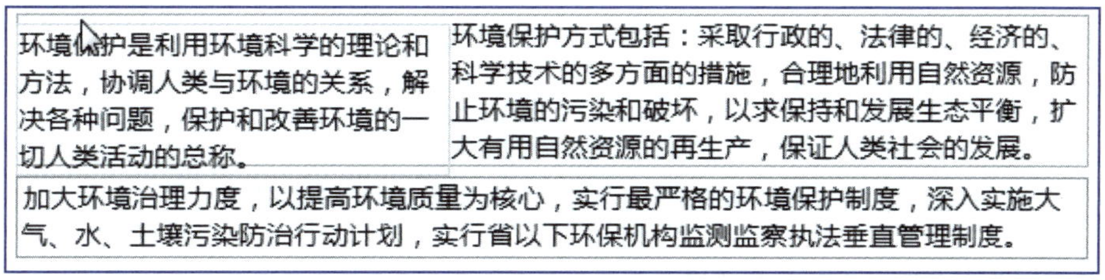

图8-35　div元素1设置往左浮动效果

（5）为 div 元素 2 设置左浮动，为了能更好地看到效果，给两个 div 元素都设置宽度 40%，高度 100 px。样式表的示例代码如下：

```
<style type="text/css">
    .one{
        margin-top: 5px;
        border: 1px solid greenyellow;
        float:left;
        width: 40%;
        height: 100px;
    }
    .two{
        margin-top: 5px;
        border: 1px solid skyblue;
        float: left;
        width: 40%;
        height: 100px;
    }
    .three{
        margin-top: 5px;
        border: 1px solid goldenrod;
    }
</style>
```

（6）保存 HTML 文件，刷新页面，效果如图 8-36 所示。div 元素 1、div 元素 2 都设置了浮动属性，两个盒子整齐地排列在同一行。div 元素 3（class="three"）由于没有受到前面文档流的控制，出现在最顶端，和前面两个 div 重叠在一起。

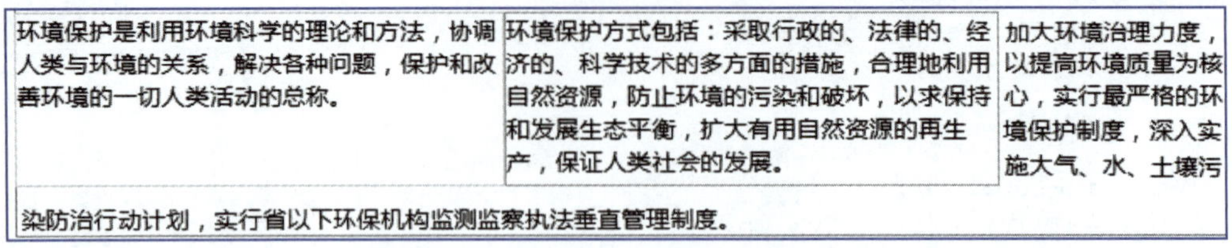

图 8-36　两个 div 设置 float 后的效果

2. 清除浮动 clear 属性

前面的元素设置了浮动属性，导致后面相邻元素产生位置的重叠。如果要避免这样的情况，就必须在后面相邻元素中设置清除浮动。在 CSS 样式中，使用 clear 属性清除浮动，基本语法格式是：

```
clear：属性值；
```

常用的 clear 属性值有 3 个，见表 8-19。

表 8-19　常用 clear 属性值及描述

属　性　值	描　　　述
Left	左侧不允许浮动元素（清除左侧浮动的影响）
right	右侧不允许浮动元素（清除右侧浮动的影响）
both	左侧或右侧均不允许浮动元素（同时清除左右两侧浮动的影响）

图 8-37 所示效果的代码中，div 元素 3 的 CSS 代码修改如下：

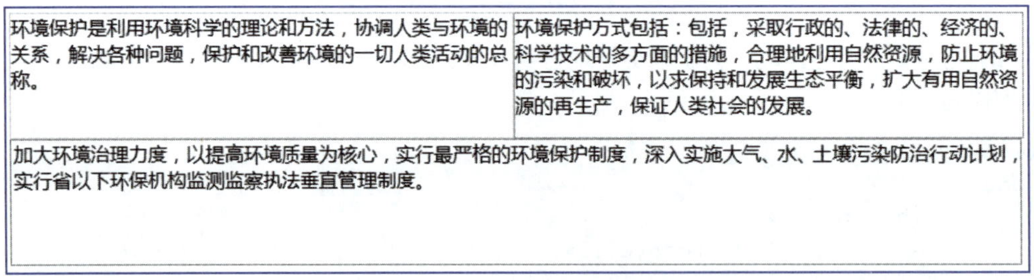

图 8-37　清除浮动后的效果

```
.three{
    margin-top: 5px;
    border: 1px solid goldenrod;
    clear: left;
    width: 80%;
    height: 100px;
}
```

clear 属性设置为 left，表示清除前面两个 div 的 float 效果。保存 HTML 文件，刷新页面，效果如图 8-37 所示。清除 float 后，div 元素 3 不再受到前面 2 个元素浮动的影响，按照自身的默认排列方式，独占一行，排列在浮动元素的下面。通过应用 float 属性和 clear 属性，可以设置每个盒子的位置，让网页内容按设计者的要求排列。

8.4.4　页面布局应用

本节使用 DIV+CSS 样式，对页面进行布局规划，案例效果如图 8-38 所示。具体步骤如下：

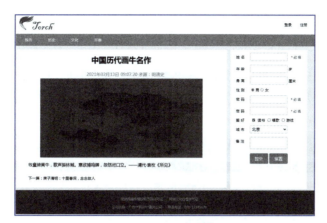

图8-38 页面布局效果

（1）网页结构分析。网页分为头部（header）、菜单栏（menu）、主题内容区（content）、页脚（footer）四部分，各部分根据图 8-38 所示效果进一步细化，结构如图 8-39 所示。

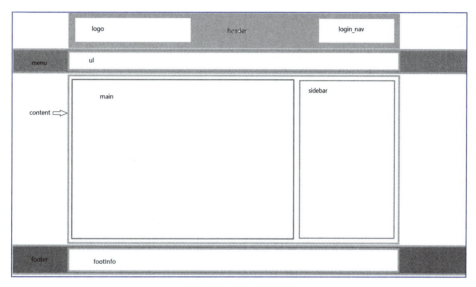

图8-39 网页结构图

（2）新建 HTML 页面，在 body 中，利用 DIV 规划整体页面，代码如下：

```
<body>
    <div class="header">              <!-- 头部行区 -->
        <div class="logo">
        </div>
        <div class="login_nav">
        </div>
    </div>
    <div class="menu">                <!-- 菜单行区 -->
    </div>
    <div class="content">             <!-- 内容行区 -->
        <div class="main">            <!-- 主内容放置区 -->
        </div>
        <div class="sidebar">         <!-- 主内容右侧边区 -->
        </div>
    </div>
    <div class="footer">              <!-- 脚部行区 -->
        <div class="footInfo">
```

```
            </div>
        </div>
    </body>
```

（3）添加 CSS 样式，布局整体页面，效果如图 8-40 所示，分为头部（header）、菜单栏（menu）、主题内容区（content）、页脚（footer）四部分。由于 content 部分内容比较多，没有设置高度，显示默认为一行的高度。代码如下：

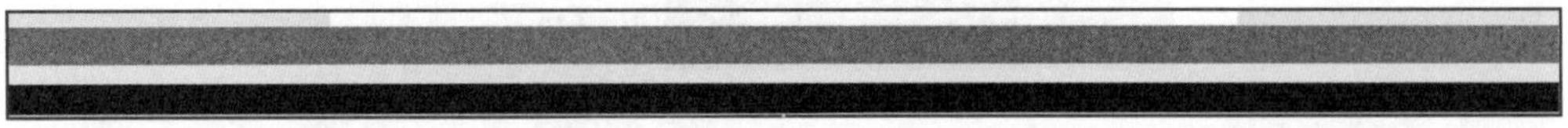

图8-40　整体页面布局效果

```css
body,ul,li,p{          /* 重置标签属性，去除浏览器默认属性值 */
    margin: 0;
    padding: 0;
    border: 0;
}
body{
    background-color:#f3f4f5 ;
}
/* 头部区，包含logo区和头部右侧区login_nav。定义header类：背景白色，宽度1250px，浏览器居中显示，高度80px, */
.header{
    background-color: white;
    height: 80px;
}
/*菜单导航区，定义menu类：背景白色，高度50px，下边距15px*/
.menu{
    background-color: #FF7F50;
    height: 50px;
    margin-bottom: 15px;
}
/* 内容区，content属于行容器，包括主内容区main和右侧栏sidebar，定义content类：浏览器居中，宽度1250px*/
.content{
    margin: 0 auto;
    width: 1250px;
}
/*底部区，定义footer类：  背景色#2f4f4f；上下内边距为20px，左右内边距为10px*/
.footer{
    background-color: #2f4f4f ;
    padding: 20px 10px;

}
/*底部信息区，定义footInfo类：宽度1250px，浏览器居中，高度和行高为60px */
.footInfo{
    width: 1250px;
    margin: 0 auto;
}
```

（4）规划 header 部分。header 分为左右两部分。利用 html 标签插入图片和列表，代码如下：

```html
<div class="header">
    <div class="logo">
        <img src="img/Logo.png">
    </div>
```

```
        <div class="login_nav">
            <ul>
                <li> <a href="#">登录 </a> </li>
                <li> <a href="#">注册 </a> </li>
            </ul>
        </div>
</div>
```

如图 8-41 所示，logo 图片区居左，列表区居右。列表设置为水平排列，具体 CSS 代码如下：

图8-41 header布局效果

```
/* logo 区靠左放置图片，不用限定 img 标签的大小，定义 logo 类：左浮动，高度70px 。（宽度不用设置）*/
.logo{
    float: left;              /*logo 图片区居左浮动 */
    height: 70px;
}
.login_nav{                   /* 头部右侧区 login_nav 类：向右浮动，高度80px。*/
    float: right;             /* 列表区居右浮动 */
    height: 80px;
    margin-right: 25px;
}
.login_nav ul{                /* 定义 login_nav 下的无列表项 ul，高度80px */
    height: 80px;
    list-style: none;
}
/*li 列表项：向左浮动，水平靠右，垂直居中，设定宽度，左内边距 */
.login_nav li{
    float: left;
    height: 80px;
    line-height: 80px;
    width: 50px;
    padding-left: 20px;
    text-align: right;
}
```

（5）导航菜单制作，效果如图 8-42 所示。在 menu 区，利用无序列表 ul 和列表项 li 添加菜单内容，示例代码如下：

图8-42 菜单布局效果

```
<div class="menu">
    <ul>
        <li><a href="index.html">首页 </a></li>
        <li><a href="page1-history.html">历史 </a></li>
        <li><a href="page1-culture.html">文化 </a></li>
        <li><a href="page1-military.html">军事 </a></li>
```

```
        </ul>
    </div>
```

菜单效果要求列表项水平排列，并设置超链接特殊显示效果，CSS 代码如下：

```
.menu ul{                        /* 定义 menu 下的 Ul 列表：设宽度 1250px，居中显示，无列表符号 */
    width: 1250px;
    margin: 0 auto;
    list-style: none;
}
/* 列表项：向左浮动，宽度 100px，高度 50px 和行高 50px，文本对齐方式为居中 */
.menu li {
    float: left;                 /* 使列表水平向左排列 */
    width: 100px;
    height: 50px;
    line-height: 50px;           /* 行高和内容高度（height）一样，使内容垂直居中 */
    text-align: center;          /* 列表文字居中 */
}
/* menu 下的列表项链接 a 的样式：白色字体，显示为块，无下划线 */
.menu li a {
    color: white;
    display: block;              /* 将 a 转换为块 */
    text-decoration: none;       /* 去除下划线 */
}

.menu li a:hover {               /* 鼠标经过 menu 超链接的效果：背景色更改 */
    background-color:  #FFE4C4;
}
```

（6）主体区（content）制作，效果如图 8-43 所示。主体区分为主体内容区和右边侧区，并把本书 8.2.6 表单标签中"3. 表单案例"的 HTML 主体代码复制到 sidebar 区，8.3.5 CSS 样式应用的"案例中 HTML 主体代码"复制到 main 区，代码结构如下：

图8-43　content布局效果

```
<div class="content">
    <div class="main">
        <!-- 主内容放置区 -->
        <div class="main_p"> "CSS 样式案例代码 "</div>
```

```html
        </div>
        <div class="sidebar">
            <div class="main_form">
                <form action="" method="post" name="form1">"表单案例代码"</form>
            </div>
        </div>
    </div>
```

利用 CSS 样式定义两个区的 float 属性，达到效果图的布局，CSS 样式代码如下：

```css
/* 主内容区 main 类：设定宽度 900px，背景白色，左浮动，右边距 15px（跟右侧栏区分隔），下边距 10px*/
.main{
    width: 900px;
    background-color: white;
    float: left;
    margin-right: 15px;
    margin-bottom: 10px;
}
.sidebar{    /* 右侧栏区 sidebar 类：右浮动，宽度 330px，背景白色 */
    width: 335px;
    float: right;
    background-color:white;
}
```

（7）页脚区（footer）制作，在页脚区插入文字信息，设置 CSS 样式，设置内容居中显示，代码结构如下：

```html
<div class="footer">
    <div class="footInfo">
        <p><span>信息网络传播视听节目许可证</span> <span>网络文化经营许可证</span></p>
        <p><span>公司名称:广州 ** 学院 *** 服务公司</span> <span>联系电话:020-12345678</span></p>
    </div>
</div>
/* p 段落标签：字体大小 14px，字体名称 "微软雅黑"，颜色 #afb5bf，文本对齐居中，上下内边距 8px */
.footInfo p{
    /* display: block; */
    font-family: 微软雅黑;
    font-size: 14px;
    color:   #afb5bf;
    text-align: center;
    padding:8px 0;

}
/* span 标签：行内显示（inner-block），右边距 15px（内容块之间的间隔距离）*/
.footInfo span{
    display: inline-block;
    margin-right: 20px;
}
```

（8）保存代码，完成案例的制作，整体效果如图 8-38 所示。

8.5　实　战　开　发

本案例以网页实战开发为中心，结合 HTML 相关标签、CSS 样式属性、排版布局等网页制作知识和技巧，完成环保宣传网站首页的开发，效果如图 8-44 所示。

图8-44　首页效果图

8.5.1　准备工作

设计网站的准备工作，主要包括项目目录创建、文件结构搭建和素材准备等。创建项目能系统地管理网站文件。一个网站文件夹通常由 HTML 文件、图片以及 CSS 样式表等构成。简单来说，创建项目就是定义一个存放网站零散文件的文件夹。项目管理方便增删站内文件夹及文件，对网站本身的维护、内容的扩充和移植都有着重要的作用。

1. 创建网站根目录

在本地磁盘创建网站根目录，新建一个文件夹作为网站根目录，命名为"环保宣传网站"，在根目录下新建 css、images 文件夹，分别用于存放网站所需的 CSS 样式表和图片文件，把需要用到的图片拷贝到"images"文件夹中，如图 8-45 所示。

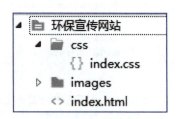

图8-45　网站根目录文件夹结构

2. 导入目录

打开 HBuilder 工具，在【菜单栏→文件→导入→从本地目录导入】中，导入新建的"环保宣传网站"文件夹，项目创建完成。

3. 创建html文件

在网站的根目录文件夹下创建 HTML 文件，命名为 index.html。在 CSS 文件夹内创建对应的样式文件，命名为 index.css。

8.5.2　开发步骤

1. 整体布局

1）分析效果图

环保宣传网站首页分成五大块：导航、图片 banner、关于环保、为环保发声、页脚，整体结构布局如图 8-46 所示。

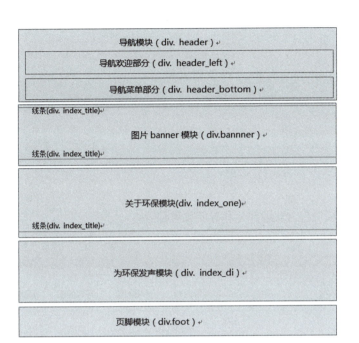

图8-46　首页整体结构布局

2）制作页面结构

打开 index.html 文件，使用相应的 HTML 标签搭建网页结构，代码如下：

```
<body>
    <div class="header">                              <!--导航条模块-->
        <div class="header_top"> </div>               <!--导航模块欢迎部分-->
        <div class="header_bottom"> </div>            <!--导航模块导航菜单-->
    </div>

    <div class="banner">     </div>                   <!--图片 banner 模块-->
    <div class="index_one">   < /div>                 <!--关于环保模块-->
    <div class="index_di">    </div>                  <!--为环保发声模块-->

    <div class="foot">                                <!--页脚导航模块-->
        <div class="foot_center">
            <div class="foot_centerleft">  </div>
            <div class="foot_centerright"></div>
        </div>
    </div>
</body>
```

3）控制样式

为了清除各浏览器的默认样式，网页在所有浏览器中显示效果一致，需要对 CSS 样式进行初始化并声明一些通用的样式。环保宣传网站首页的通用样式包括重置浏览器的默认值样式、字体设置为微软雅黑、列表的项目符号和超链接文字均取消默认显示方式。操作步骤如下：

（1）在 index.html 中导入 index.css 文件：打开 index.html 文件，在"<title>环保宣传网站首页</title>"后面，插入代码"<link href="css/index.css" rel="stylesheet" type="text/css" >"，通过 link 标记，把 index.css 导入 index.html 文件。

（2）设置通用样式，打开样式文件 index.css，插入如下代码：

```
/*重置浏览器的默认值样式，设置统一的内外边距为 0px */
*{
```

```
        padding:0px;
        margin:0px;
}
/* 全局控制，设置页面字体为微软雅黑 */
body { font-family: 'microsoft yahei '}
ul li { list-style:none; }
/* 超级链接默认样式 */
a { text-decoration:none; }
```

2. 导航模块

1）分析效果图

如图 8-47 所示，导航模块包含欢迎部分和导航菜单部分。

图8-47　导航模块效果

欢迎部分包括左（欢迎访问）、右（登录 注册、加入收藏、消息通知）两部分。欢迎部分的左右两边均可通过 <div> 标签进行定义，右边区域的四个功能区通过 <div> 中嵌套 <a> 标签进行定义。

导航菜单部分包括左（logo 图片）、右（菜单导航）两部分。左边 logo 图片部分通过 div 标签定义；右边导航部分通过 <div> 标签中嵌套 <ul> 列表实现。导航模块的结构布局如图 8-48 所示。

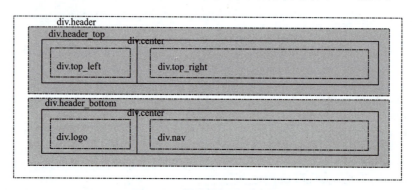

图8-48　导航模块结构布局

2）制作页面结构

使用 HTML 标签来搭建网页导航模块的欢迎部分和导航菜单部分的结构。打开 index.html 文件，插入欢迎部分和导航菜单部分的 HTML 结构代码。在 top_right 模块中，通过行内样式属性 style 设置超链接的背景图片。具体代码如下：

```
<div class="header">     <!-- 导航条模块欢迎部分开始 -->
  <div class="header_top">
    <div class="center">
      <div class="top_left">欢迎访问 </div>
        <div class="top_right">
          <a href="#" style="background:url(images/2.png) no-repeat left center;"> 登录  注册 </a>
          <a href="#" style=" background:url(images/3.png) no-repeat left center;"> 加入收藏 </a>
          <a href="#" style=" background:url(images/4.png) no-repeat left center;"> 消息通知 </a>
```

```html
            </div>
        </ div>
    </div>  <!-- 导航条模块欢迎部分结束 -->
    <div class="header_bottom"><!-- 导航条模块导航菜单部分开始 -->
        <div class="center">
            <div class="logo"><img src="images/logo.png" /></div>
            <div class="nav">
                <ul>
                    <li><a href="index.html" id="cur">网站首页</a></li>
                    <li><a href="#">环保简介</a></li>
                    <li><a href="#">环境问题</a></li>
                    <li><a href="#">环保措施</a></li>
                    <li><a href="#">环保行动</a></li>
                    <li style="margin-right:0px;"><a href="#">环保资讯</a></li>
                </ul>
            </div>
        </div><!-- 导航条模块导航菜单部分结束 -->
    </div>
</div>
```

3）控制样式

在样式表 index.css 文件中插入 css 样式，页面效果如图 8-47 所示。代码如下：

```css
.header{
    width:100%;                /* 元素的宽度自适应浏览器宽度，实现全屏宽度 */
    height:120px;
}
/* 导航条模块欢迎部分样式设置 */
.header_top{
    width:100%;
    height:46px;
    float:left;
    background:#7ec02f;
}
.top_left{
    width:100px;
    line-height:46px;          /* 设置行高，让文本垂直居中 */
    font-size:12px;
    color:#fff;
    float:left;                /* 设置左浮动, */
}
.top_right{
    line-height:46px;
    font-size:13px;
    color:#fff;
    float:right;               /* 设置右浮动 */
}
.top_right a{
    padding-right:20px;
    padding-left:30px;
    line-height:46px;
    font-size:12px;
    color:#fff;
    float:left;
}
/* 导航条模块导航菜单样式设置 */
```

```css
.header_bottom{
    width:100%;
    height:55px;
}
.center{
    width:90%;
    height:auto;
    margin:0px auto;          /* 设置.center 盒子居中显示 */
}
.logo{
    width:240px;
    height:57px;
    float:left;
    margin-top:15px;
}
.nav{
    height:35px;
    float:right;
    margin-top:25px;
}
.nav ul li{
    width:75px;
    height:35px;
    float:left;
    margin-right:25px;
    line-height:35px;
}
.nav ul li a{
    display:block;            /* 把行内元素转换成块级元素 */
    width:75px;
    height:35px;
    float:left;
    line-height:35px;
    font-size:17px;
    color:#444;
    text-align:center;
    font-size:16px;
}
.nav ul li a:hover{
    width:75px;
    height:35px;
    float:left;
    line-height:35px;
    border-bottom:3px solid #7ec02f;
    font-size:17px;
    color:#7ec02f;
    text-align:center;
}
#cur{
    width:75px;
    height:35px;
    float:left;
    line-height:35px;
    border-bottom:1px solid #7ec02f;
    color:#7ec02f;
    text-align:center;
}
```

在上面代码中，float:left（左浮动）和 float:right（右浮动）结合使用实现 top_left 盒子靠左显示，top_right 盒子靠右显示的效果。line-height 属性，设置行高，实现文本垂直居中。margin:0px auto，设置元素上下外边距为 0 px，浏览器的宽度减去盒子宽度并平均分配给左右外边距，设置盒子在页面中居中显示效果。

3. 图片 banner 模块

1）分析效果图

图片 banner 模块效果如图 8-49 所示。

图8-49　banner模块效果图

2）制作页面结构

使用 HTML 标签搭建图片 banner 模块的结构。在 index.html 文件中插入图片 banner 模块的 HTML 结构代码，具体如下：

```
<div class="banner">
    <div class="bannerImg">
        <img src="./images/banner01.png" alt="">
    </div>
</div>
```

在样式表 index.css 文件中插入 css 样式，代码如下：

```
.banner{
    width:100%;
    height:480px;
    overflow: hidden;                            /* 如果图片大小超过 DIV 大小，将隐藏超出部分 */
    border-top:1px solid rgb(98, 174, 34);       /* 设置上边框 */
}
.bannerImg img{
    width: 100%;
    display: block;
    position: relative;
}
```

4. "关于环保" 模块

1）分析效果图

关于环保模块的效果如图 8-50 所示，分为左右两部分，结构布局如图 8-51 所示。

图8-50　关于环保模块效果

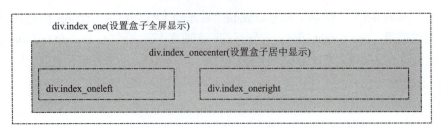

图8-51 关于环保模块的结构布局

当鼠标指针悬停在右边文字段落时,出现绿色的阴影,如图 8-52 所示;当鼠标指针悬停在"了解更多"按钮上时,文字变为黄色。

图8-52 鼠标指针悬停在文本的效果

2)制作页面结构

使用 HTML 标签搭建关于环保模块的结构,效果如图 8-53 所示。在 index.html 中插入关于环保模块的 HTML 结构代码,具体如下:

图8-53 关于环保模块的页面结构

```
<div class="index_one">
    <div class="index_onecenter">
        <div class="index_oneleft"><img src="images/dq-2.png" /></div>
        <div class="index_oneright">
            <h2>ABOUT<p> 关于环保 </p></h2>
            <p> 环境保护是利用环境科学的理论和方法,……保证人类社会的发展。</p>
            <p> 环境保护涉及的范围广……还有其独特的研究对象。</p>
            <a href="about.html"><span class="more">了解更多 </span></a>
        </div>
    </div>
</div>
```

3)控制样式

在样式表 index.css 文件中插入 css 样式,代码如下:

```css
/* 关于环保部分样式设置开始 */
.index_one{
    width:100%;
    padding-top:40px;
    background-color: rgb(253, 254, 238);
}
.index_onecenter{
    width:1200px;
    margin:0px auto;                                /* 设置盒子在页面水平居中显示 */
    height:auto;
}
.index_oneleft{
    width:549px;
    float:left;
}
.index_oneright{
    width:500px;
    float:right;
    padding-top:40px;
    margin: 0 50px;
}
.index_oneright p{
    width:500px;
    line-height:27px;
    font-size:16px;
    float:left;
    color:#686868;
    padding-top:5px;
}
.index_oneright p:hover{                            /* 设置鼠标指针悬停在段落文字的样式 */
    color: #000;
    text-shadow: 2px 2px 2px rgb(98, 174, 34);      /* 设置文本阴影 */
}
.index_oneright   h2{
    line-height:40px;
    font-size:26px;
    font-weight:bold;
    color: rgb(98, 174, 34);
    border-bottom:4px solid rgb(98, 174, 34);
}
.index_oneright h2 p{
    line-height:40px;
    font-size:26px;
    padding-bottom:10px;
}
.index_oneright span{
    width:182px;
    height:41px;
    line-height:41px;
    text-align:center;
    font-size:18px;
    color:#fff;
    border-radius:20px;                             /* 设置圆角边框 */
    background:rgb(98, 174, 34);
    margin-top:25px;
```

```
}
.more{
    color:#555;
    font-size:16px;
    float:right;
    transition:all 0.25s ease-in-out;
    }
.more:hover{                         /*设置鼠标指针悬停在"了解更多"按钮上的样式*/
    color:#fcb43a;
    font-size:20px;
    font-weight:800 ;
    }
```

保存网页，刷新页面，页面显示关于环保模块的效果如图 8-52 所示。

5. "为环保发声" 模块

1）分析效果图

为环保发声模块效果如图 8-54 所示，图片靠左显示，表单信息靠右显示，具体结构布局如图 8-55 所示。

图8-54　为环保发声模块效果图

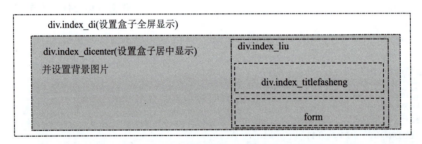

图8-55　为环保发声模块结构布局

2）制作页面结构

使用 HTML 标签搭建为环保发声模块的结构，如图 8-56 所示。在 index.html 中插入为环保发声模块的 HTML 结构代码，具体如下：

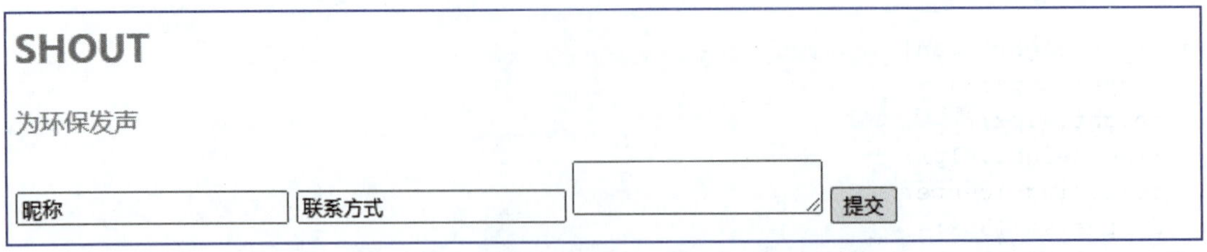

图8-56　为环保发声的HTML页面结构

```
<div class="index_di">
    <div class="index_dicenter">
```

```html
        <div class="index_liu">
            <div class="index_titlefasheng" style=" width:500px;border-bottom:0px;">
                <h2 style="color:#7ec02f;">SHOUT</h2>
                <p style="color:#7ec02f;"> 为环保发声 </p>
            </div>
            <form>
            <input type="text" class="index_liubox" value=" 昵称 " />
            <input type="text" class="index_liubox" value=" 联系方式 " />
            <textarea class="index_liubox1" value=" 口号 "></textarea>
            <input type="submit" class="index_ti" value=" 提交 " />
            </form>
        </div>
    </div>
</div>
```

3）控制样式

在样式表 index.css 文件中插入 CSS 样式代码，保存 index.css 样式文件，刷新页面，效果如图 8-54 所示。具体代码如下：

```css
/* 为环保发声部分样式设置开始 */
.index_di{
    clear: both;                    /*清除上一模块中的浮动 */
    width:100%;
    background:url(../images/foot1.png) no-repeat top center;
    border-top:1px solid rgb(98, 174, 34);
}

.index_dicenter{                    /*设置整个 DIV 宽度，居中显示 */
    width:1200px;
    height:360px;
    margin:0px auto;
    padding-top:10px;
}

.index_liu{                         /*设置实际内容区格式 */
    width:430px;
    height:360px;
    float:right;                    /*页面居右显示 */
    margin-top:5px;
    margin-right:90px;
    color:#7ec02f;
}
.index_titlefasheng h2{             /*设置内容区标题格式 */
    line-height:60px;
    font-size:26px;
    font-weight:bold;
    color:#000000;
    float:left;                     /*向左浮动显示 */
}
.index_titlefasheng p{              /*设置内容区文字格式 */
    color:#000000;
    font-size:19px;
    line-height:60px;
    margin-left:15px;
    float:left;                     /*文字向左浮动显示，和标题显示在同一行*/
```

```css
}
input[type = text]{                          /* 文本框格式 */
    width:410px;
    height:40px;
    border:1px solid #7ec02f;
    padding-left:10px;
    margin-bottom:15px;
    color:#7ec02f;
}
textarea{                                    /* 多行文本框格式 */
    width:410px;
    height:104px;
    border:1px solid #7ec02f;
    padding-left:10px;
    margin-bottom:15px;
    line-height:35px;
    background:none;
    color:#7ec02f;
}
input[type = button]{                        /* 命令按钮格式 */
    width:88px;
    height:42px;
    margin-top:10px;
    background:#7ec02f;
    text-align:center;
    line-height:42px;
    font-size:16px;
    border:0px;
    color:white;
}
input[type = button]:hover{                  /* 命令按钮鼠标hover格式 */
    color:#fcb43a;
    cursor: pointer;                         /* 设置鼠标指针为手型 */
    border:0;
}
```

6. 页脚模块

如图 8-39 的效果图所示，页脚模块包括菜单和版权部分，菜单靠左，版权靠右。页脚菜单和导航菜单，有些细微的差别，字体颜色、大小和鼠标指针悬停在菜单上效果不同于导航菜单。参考菜单栏的设计，自主设计页脚部分。

拓 展 训 练

结合 HTML+CSS 相关知识，完成摄影天地网站首页制作，效果如图 8-57 所示。所需图片在素材包"web前端设计 \images"。网站首页由六个模块组成：

（1）网页头部模块：左边菜单包括"摄影天地首页""创业微学院""摄影微学院""旅游摄影""摄影论坛"；右边包括"登陆|注册""播放记录""APP下载""添加收藏"。

（2）导航模块：左边包括"摄影天地""个人中心""视频播放"三个菜单项；右边包括四个小图标。

（3）图片 banner 模块：图片取自素材文件夹。

（4）"最新作品"模块：图片取自素材文件夹。

（5）"联系我们"模块：包括"姓名""邮箱""电话""密码""留言"等内容输入框和提交按钮。

(6)"页脚版权"模块:设计版权相关内容。

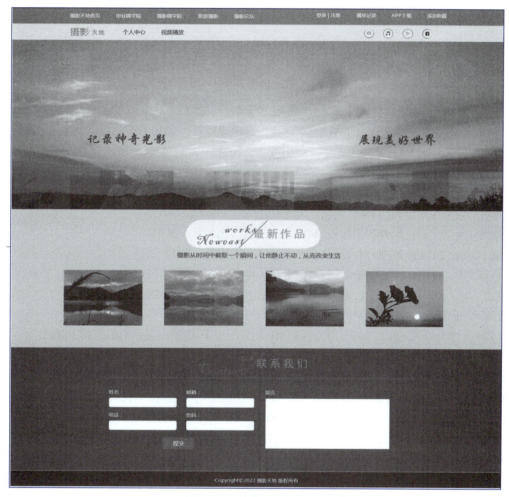

图8-57　摄影天地首页效果

参 考 文 献

[1] 刘冬杰. 计算机应用基础 [M]. 北京：中国铁道出版社，2018.
[2] 曹金风. 大学生信息素养基础 [M]. 北京：人民邮电出版社，2020.
[3] 傅连仲. 信息技术 [M]. 北京：电子工业出版社，2021.
[4] 林豪慧. 大学生信息素养 [M]. 北京：电子工业出版社，2017.
[5] 周建芳. 信息素养与信息检索 [M]. 北京：科学出版社，2021.
[6] 庞慧萍. 信息检索与利用 [M]. 北京：北京理工大学出版社，2017.
[7] 肖凤玲. 大学生信息素养实用教程 [M]. 北京：科学出版社，2021.
[8] 余婕. Office 2016 高效办公 [M]. 北京：电子工业出版社，2017.
[9] 七心轩文化. Office 2016 轻松入门 [M]. 北京：电子工业出版社，2016.
[10] 姚怡. 大学计算机基础 [M]. 北京：中国铁道出版社有限公司，2020.
[11] 段琳琳. 计算机信息素养 [M]. 北京：电子工业出版社，2021.
[12] 聂哲. 大学计算机基础：基于计算思维 [M]. 北京：中国铁道出版社有限公司，2021.
[13] 郭锂. 大学计算机与计算思维 [M]. 北京：中国铁道出版社有限公司，2020.
[14] 储久良. Web 前端开发技术 [M]. 北京：清华大学出版社，2019.
[15] 刘何秀. Web 前端开发技术 (HTML+CSS+JavaScript) [M]. 北京：人民邮电出版社，2019.
[16] 张凡. Photoshop CC2015 中文版应用教程 [M]. 北京：中国铁道出版社，2018.
[17] 周洪建. Photoshop 图像处理与应用教程 [M]. 北京：科学出版社，2020.
[18] 袁诗轩. 会声会影 X9 全面精通 [M]. 北京：清华大学出版社，2017.
[19] 智云科技. 会声会影 X9 视频编辑与制作 [M]. 北京：清华大学出版社，2020.
[20] 张超. 计算机应用基础 [M]. 北京：清华大学出版社，2018.